国家级一流本科专业建设·管理科学与工程教学用书

系统与复杂性理论

韩景倜◎主编　　刘建国　傅桂元◎副主编

Systems and Complexity Theory

上海财经大学出版社

上海学术·经济学出版中心

图书在版编目(CIP)数据

系统与复杂性理论 / 韩景倜主编. —上海：上海财经大学出版社，2023.9
国家级一流本科专业建设·管理科学与工程教学用书
ISBN 978-7-5642-4193-3/F.4193

Ⅰ.①系… Ⅱ.①韩… Ⅲ.①系统复杂性—高等学校—教材 Ⅳ.①N94

中国国家版本馆 CIP 数据核字(2023)第 101562 号

□ 责任编辑　李嘉毅
□ 封面设计　张克瑶

系统与复杂性理论

韩景倜　主　编

刘建国　傅桂元　副主编

上海财经大学出版社出版发行
(上海市中山北一路 369 号　邮编 200083)
网　　址：http://www.sufep.com
电子邮箱：webmaster@sufep.com
全国新华书店经销
上海新文印刷厂有限公司印刷装订
2023 年 9 月第 1 版　2023 年 9 月第 1 次印刷

787mm×1092mm　1/16　13.75 印张(插页：2)　300 千字
定价：58.00 元

序言
FOREWORD

系统是由若干相互联系、相互作用的不同部分组成的具有某些功能的整体。小到组成生命体的分子结构,大到整个宇宙空间,都可以看作一个系统。系统科学是研究系统的一般模式、结构和规律的科学。现实世界中系统并非孤立存在,组成系统的元素本身就是一个系统,它们彼此之间相互关联,形成复杂系统。比如每个人即一个系统,而人与人之间的相互活动关系则形成人类社会系统。与简单系统相比较,复杂系统难以定义边界,呈现级连故障效应。比如 2003 年美国俄亥俄州的一个输变电线路负荷过载,引发了一系列的多米诺骨牌效应,从而造成美国和加拿大许多地区大面积停电。又如 2020 年发生的"新冠"疫情,由小范围快速扩散到引发全球重大公共卫生事件。这些现象如何产生?其背后是否有共同的发生机制?这些问题并非通过传统的还原论方法就可以解决。

复杂性科学是研究复杂系统普遍规律的科学,是系统科学理论的延伸。英国著名物理学家斯蒂芬·威廉·霍金(Stephen William Hawking)称"21 世纪将是复杂性科学的世纪"。复杂性理论将解答为什么社交媒体账户的粉丝数、人们的财富值分布均会服从幂律分布;为什么南美洲的一只蝴蝶,偶尔扇动几下翅膀,可能在两周后引起北美的一场龙卷风;为什么蚁群可以完成精密且复杂的任务;什么因素驱动经济周期;诸如此类的问题。

复杂性科学是超越了还原论的方法论,采用自下而上的综合集成方法重新审视了生物、生态、经济、社会系统等领域的复杂性现象。早在 20 世纪 80 年代,我国著名科学家钱学森就提出探索复杂性科学的方法论。大家用计算机模拟演绎了从简单到复杂的动态过程,或者对大数据进行分析,并取得了一系列成果。动态系统混沌特性、复杂自适应系统、自组织系统、系统演化、复杂网络等研究领域的发展,其理论和应用受到广泛关注。系统与复杂性科学方面的论文、专著甚至科普读物在过去二十年里层出不穷,然而,目前关于研究系统的复杂性的科学理论和方法依然没有完整的体系。

随着新技术的应用与深化,社会系统与技术系统的交互日益繁杂,系统与复杂性科学的研究受到越来越多的认可和重视。2021 年,诺贝尔物理学奖颁给了研究复杂系统的乔治·帕里西(Giorgio Parisi)、真锅淑郎(Syukuro Manabe)和克劳斯·哈塞尔曼(Klaus Hasselmann),而不是给从事基础研究前沿领域如粒子物理、天体物理等的科学家。科技革新不断推动人类社会文明向前,人类社会系统变得更加复杂。最近火爆的元宇宙,将虚拟与现实结合起来,也将为整个社会系统带来前所未有的挑战。党的二十大报告提出要加强基础科学研究,而当前研究对象的复杂性不断加强,学科交叉是基础研究的重要方向。系统与复杂性理论是交叉学科研究的重要工具，可以提供科学的研究思路，构建新的研究范式。系统与复杂性理论是理解人类社会文明系统的重要方法，当前社会技术日新月异，对该理论的需求日益旺盛，编者编写本书以期抛砖引玉。

本书主要阐述复杂系统分析的网络科学理论及其在金融科技系统中的应用。本书内容可以作为高年级本科生以及研究生课程的参考。本书的主编和副主编对全书的内容进行了总的设计和整理。感谢参与本书编写的各位研究生以及其他合作者，没有他们的辛苦付出，本书的编写工作就不能完成。特别感谢潘斌完成第四章的内容，王雅斐完成第五章和第六章的内容，李强完成第七章和第八章的内容，魏菊和刘举胜完成第九章、第十章和第十三章的内容；朱元凯、黄烨和崔漠洋完成第二章、第三章、第十一章和第十二章的内容。

由于编者水平有限，虽然已经反复校对，但是书中难免会有错误，因此热忱欢迎读者们将对本书内容的意见和批评及时反馈给我们，以便我们及时更正，提高质量。

编　者

2023 年 8 月

目录
CONTENTS

第一章	绪 论
2	1.1 复杂性与复杂性科学
3	1.2 复杂性系统的研究方法
5	1.3 系统复杂性理论的主要研究内容
6	1.4 本书的主要内容
6	课程思政
6	思考题
6	参考文献

第二章	系统与复杂性的基本概念
9	2.1 系统的基本特征概述
13	2.2 复杂自适应系统
18	2.3 迭代函数系统、混沌系统、分形
24	课程思政
24	本章小结
24	思考题
25	参考文献

第三章	系统复杂性的基本模型
27	3.1 元胞自动机
36	3.2 热力学定律
37	3.3 伊辛模型
38	3.4 沙堆模型
39	3.5 随机游走
41	3.6 供应链复杂网络系统
42	课程思政

42	本章小结
43	思考题
43	参考文献

第四章　复杂系统与复杂网络

45	4.1 复杂系统的网络表示
46	4.2 复杂网络的图表示
51	4.3 邻接矩阵
54	4.4 度和度分布
55	4.5 二部分网络
58	4.6 集聚系数
60	4.7 路径和距离
63	4.8 连通性和连通分量
66	课程思政
67	本章小结
67	思考题
67	参考文献

第五章　网络的节点重要性方法

70	5.1 节点重要性的算法
74	5.2 算法性能评估
76	5.3 应用实例
78	课程思政
78	本章小结
79	思考题
79	参考文献

第六章　网络的社区结构发现算法

84	6.1 网络社区发现概述
85	6.2 社区发现算法与数据集
90	6.3 社区检测方法初步分析
98	6.4 社区发现算法的质量分析
99	课程思政
99	本章小结
100	思考题

| | 101 | 参考文献 |

第七章　复杂网络的影响力最大化

	105	7.1　影响力极大化问题的定义
	106	7.2　次模函数的定义及性质
	106	7.3　影响力最大化的常用算法
	111	7.4　其他基于影响力的优化问题
	113	7.5　影响力传播学习
	113	7.6　影响力最大化问题的研究、挑战和方向
	114	课程思政
	114	本章小结
	115	思考题
	115	参考文献

第八章　网络模型及特征

	118	8.1　随机网络模型
	120	8.2　小世界网络模型
	123	8.3　无标度网络模型
	125	课程思政
	125	本章小结
	125	思考题
	125	参考文献

第九章　网络的稳健性分析

	128	9.1　稳健性的概念及分析
	129	9.2　最大连通网络
	130	9.3　无标度网络的稳健性
	136	9.4　增强网络稳健性的措施
	136	课程思政
	136	本章小结
	137	思考题
	137	参考文献

第十章　网络信息传播分析

| | 140 | 10.1　信息传播基础模型 |

147	10.2	网络信息传播与网络结构的关系
154	课程思政	
155	本章小结	
155	思考题	
155	参考文献	

第十一章　网络博弈与演化

159	11.1	网络博弈与演化概述
159	11.2	博弈模型
161	11.3	演化博弈论
166	11.4	规则网络上的博弈
168	11.5	小世界网络上的博弈
170	11.6	无标度网络上的博弈
172	11.7	博弈动力学与网络拓扑共演化
176	课程思政	
176	本章小结	
177	思考题	
177	参考文献	

第十二章　复杂系统的可靠性预计

180	12.1	可靠性理论概述
181	12.2	典型系统模型
187	12.3	网络分析法
188	12.4	马尔可夫状态链法
191	12.5	故障树分析法
197	课程思政	
197	本章小结	
198	思考题	
198	参考文献	

第十三章　区块链网络模型中的复杂系统分析

200	13.1	区块链概述及复杂网络
202	13.2	复杂网络在区块链中的应用
206	13.3	区块链网络用于隐私计算分析
211	课程思政	

211	本章小结
211	思考题
212	参考文献

第一章 绪 论

全章提要

- 1.1 复杂性与复杂性科学
- 1.2 复杂性系统的研究方法
- 1.3 系统复杂性理论的主要研究内容
- 1.4 本书的主要内容

课程思政

思考题

参考文献

复杂性科学(Science of Complexity)是一门新兴的边缘、交叉学科。国外有学者称复杂性科学是科学史上继相对论和量子力学后的又一次革命；国内成思危教授认为它是系统科学发展的一个新阶段，戴汝为院士称其为"21 世纪的科学"。有关复杂性科学的学术会议和论文发表数量急剧增加，相关的研究在国内外掀起了热潮。复杂性科学方兴未艾，引起了国内外越来越多学者的关注。

1.1 复杂性与复杂性科学

目前对于复杂性的定义尚没有统一的说法，因为复杂性涉及面很宽，譬如：生物复杂性、生态复杂性、演化复杂性、经济复杂性、社会复杂性等。但需要指出的一点是，我们日常所说的复杂性或复杂指的是混乱、繁杂、反复等意思，而不是科学研究领域中与混沌、分形和非线性相关的"复杂性"。复杂性是不同科学领域所涉及的共同问题，从国内外自然科学、工种技术科学到管理科学和人文社会科学等领域，都会谈论复杂性。

复杂系统是复杂性科学的研究对象。如同复杂性，无论在定性上还是在定量上，复杂系统的概念都是难以把握的。面对这样的复杂系统，人们是如何进行分析和研究的呢？通常的做法是从分析复杂系统的特征入手，建立某种一般性描述。

虽然目前对于复杂系统的认识定义尚未统一，但是一般认为复杂系统具有如下特征：

(1)非线性与动态性：认为非线性是产生复杂性的必要条件，没有非线性就没有复杂性。复杂系统是非线性的动态系统。非线性说明了系统的整体大于各组成部分之和，即每个组成部分不能代替整体，每个层次的局部不能说明整体，低层次的规律不能说明高层次的规律。各组成部分之间、不同层次的组成部分之间相互关联、相互制约，并有非线性相互作用。动态性说明系统随着时间而变化，经过系统内部和系统与环境的相互作用，不断适应、调节，通过自组织作用，经过不同的阶段和不同的过程，向更高级的有序化发展，涌现独特的整体行为与特征。

(2)非周期性与开放性：复杂系统的行为一般是没有周期的，系统的演化具有不规则性和无序性，不具有明显的规律。系统在运动过程中不会重复原来的轨迹，时间路径也不可能回归到它们以前所经历的任何一点，它们总是在一个有界的区域内展示一种通常极其"无序"的振荡行为。系统是开放的，是与外部相互关联、相互作用的，系统与外部环境是统一的。开放系统不断与外界进行物质、能量和信息的交换，没有这种交换，系统的生存和发展是不可能的。任何一种复杂系统，只有在开放的条件下才能形成，也只有在开放的条件下才能维持。开放系统具有自组织能力，能通过反馈进行自控和自调，以达到适应外界变化的目的；具有等稳定性能力，保证系统结构稳定和功能稳定，具有一定的抗干扰性；在不同环境的相互作用中，具有不断复杂化和完善化的演化能力。

(3)混沌特征：初始值敏感性和吸引子特性。初始值敏感性即所谓的"蝴蝶效应"或积累效应,是指在混沌系统的运动过程中,如果起始状态有细微的改变,这种变化就会随着系统的演化被迅速积累和放大,最终导致系统行为发生巨大的变化。这种敏感性使得我们不可能对系统做出精确的长期预测。吸引子即混沌的吸引子域,是一个系统的时间运行轨道激进地收敛到一系列点集。换句话说,吸引子是一个系统在不受外界干扰的情况下最终趋向一种稳定域的形式。

(4) 分形特性:也是结构自相似性,是指系统部分以某种方式与整体相似。分形的两个基本特征是没有特征尺度和具有相似性。对于经济系统,这种自相似性不仅体现在空间结构上,而且体现在时间序列的自相似性中。一般来说,复杂系统的结构往往具有自相似性,或其几何表征具有分数维。

1.2 复杂性系统的研究方法

对于复杂性系统的研究存在两条路线:一是利用计算机仿真的方法通过模拟复杂系统中个体的行为,让一群这样的个体在计算机所营造的虚拟环境中相互作用并演化,从而让整体系统的复杂性行为自下而上涌现,该方法也是美国圣塔菲研究所(SFI)所说的自下而上的"涌现"方法。二是自上而下的"控制"方法。具体地讲,复杂性科学的研究方法可以大致概括为隐喻、模型、数值、计算、虚拟和综合集成6种。

1.2.1 隐喻

隐喻是把隐性知识转化为显性知识的基础,在很多情况下隐喻是复杂系统的"流通货币"。著名的复杂自适应系统理论就是约翰·霍兰(John Holland)使用隐喻方法构建出来的。约翰·霍兰认为隐喻是创造活动的核心,运用隐喻所产生的结果是创新的,它让我们看到新的联系。野中郁次郎(Ikujiro Nonaka)说隐喻可以使具有不同背景和经历的人凭借想象力和符号来直觉地理解事物,而不需要分析和概括。通过隐喻,人们可以把他们各自所知道的显性的和隐性的知识放到一起,并开始交流新知识。

1.2.2 模型

构建模型是人类在认识世界和改造世界的实践过程中的一大创造,也是科学研究最常用的方法之一。由于它综合了还原与整体两种特征,再结合现代的计算机技术,因此模型方法在对复杂系统的研究中有着特别重要的作用。常见的建模方法有元胞自动机、复杂网络、多智能体系统、复杂自适应系统的回声模型、涌现理论中的生成模型、自组织临界性理论的沙堆模型、人工生命模型等。

1.2.3 数值

数值与科学是密不可分的,在数学中已经存在专门的数学分支,叫数值分析。在科学研究中,数值分析也可以作为一种方法存在。所谓"数值方法",就是对系统模型进行计算求解,从而把握系统的组成和运行规律。传统观念认为计算并不能发现新东西,因而只把数值方法作为一种辅助性的方法。但在如今的研究中,许多新现象和规律是通过数值计算发现的,从而数值方法得到人们更多的关注。比如"蝴蝶效应"的发现,就是爱德华·洛伦兹(Edward N. Lorenz)对数值方法的应用。应用数值方法进行复杂性研究所形成的理论主要有混沌理论和分形理论。

1.2.4 计算

复杂性科学中的计算复杂性和算法复杂性主要是依赖计算方法来进行研究,所谓"计算方法",就是从可计算理论出发,对问题是否可以计算,以及怎样计算进行分析,并对计算的方法进行算法描述,以找到问题的解决方案或途径。而今,复杂性理论的许多分支与计算或得法问题有关。比如GA算法、适应学习和复杂自适应系统等这些概念的创立,都是运用计算方法的典型案例。另外,对人工生命的研究从一开始就是从计算的角度来思考生命的本质问题——生命的本质实际上就是一种算法,这种算法的运行即生命,而其研究的目的主要是想通过计算机编程来揭示生命的本质。

1.2.5 虚拟

在科学实验中,人们常采用"模拟"的方法来探索研究对象的现象与规律。在计算机出现以后,虚拟实验和虚拟方法就成为一种新的实验形式和研究方法。这里所说的虚拟方法,也称作计算机模拟或系统仿真,指的是在计算机上对实际系统的数学模型进行模拟实验而达到研究该系统的目的。对复杂系统的研究如果沿用传统的方法是难以奏效的,很多情况下根本无法对其进行受控实验,而使用虚拟方法可以弥补直接实验或受控实验的不足,使复杂系统的实验检验成为可能。

1.2.6 综合集成

在研究中,单独使用前面五种方法的任何一种都难以胜任。所谓"综合集成方法",从广义上来说,就是把研究科学的各种方法综合起来,发挥各自的优势,克服弱点而形成某种真正的综合方法。

上述方法既相互联系又相互区别,作为形象思维的隐喻是对复杂系统探索的起点和基础。通过隐喻类比,建立起复杂系统的科学模型,在模型的基础上,对复杂系统做数值计算、算法描述,并通过计算机在虚拟现实的世界里进行实验验证,最后把得到的对复杂系统的认识综合集成起来,形成一个比较完整的认识。

1.3 系统复杂性理论的主要研究内容

系统复杂性理论研究是一个跨学科的领域,致力于探索复杂系统的共性规律,以期对复杂系统有更深刻的理解。这些系统可能包括自然界中的生态系统、社会网络、经济市场,以及人造系统如交通网络、信息系统等。系统复杂性理论的主要研究内容包括如下几个方面:

1.3.1 复杂系统的特征

复杂性通常被描述为系统内部元素之间的相互作用、多样性和关联性。复杂系统由大量互相耦合的单元组成,它们相互之间存在着非线性的互动关系。这种相互作用可能导致系统呈现非线性、不稳定、自组织和涌现行为。复杂系统整体表现出的宏观特征不能简单归因于个体行为的叠加。系统复杂性理论的一个主要研究内容就是揭示复杂系统的这些特征,并研究系统复杂性的产生机制,包括系统内部组件的多样性、相互作用的多样性,以及外部环境的影响。比如系统的自适应性、反馈机制、自组织等,都可能是复杂性的起源因素。这些因素共同作用导致了系统内部及其与外部之间的复杂相互关系。

1.3.2 系统复杂性的度量

系统复杂性的度量是理解和比较不同系统的复杂性水平的关键。通过这些度量指标,研究人员可以定量地评估系统内部元素之间的相互作用、多样性和关联性。目前,研究人员开发了多种度量方法,包括信息熵、分形维数、各种网络指标等。复杂性的度量研究不仅涉及单一指标的应用,而且常常需要综合多种度量方法来全面理解系统的复杂性特征。这些方法可以让研究者定量地衡量系统的复杂性,从而在不同系统之间进行比较,加深对复杂系统行为的理解。

1.3.3 复杂系统的建模与优化

建立复杂系统的模型是理解与预测复杂系统行为的关键,将系统的多样性、相互作用和关联等特征抽象为数学模型或计算模型。系统优化是设计最佳策略,以实现特定的系统目标,比如通过优化道路交通规则及线路,尽可能缓解城市交通拥堵。

系统复杂性理论分析复杂系统的网络结构以及组成单元之间的相互作用关系。这种关系网络形成了系统内部演化的复杂动力学机制。运用复杂网络分析等方法,研究系统结构与功能的耦合关系,探讨个体单元局部的简单交互规则如何产生系统整体复杂行为的自组织现象。在这种由下及上的过程中会出现新特征和宏观有序模式的涌现。研究如何对复杂系统的自组织行为进行引导和控制,使其向着更优的方向发展,以及研究系统如何通过自组织行为实现对环境的优化适应。

1.3.4 复杂性系统在不同领域的应用

系统复杂性理论在许多领域有广泛的应用。例如,在生态学中,研究人员基于复杂性理论解释生态系统中的物种相互作用、生态平衡和灾难性变化。在社会科学中,系统复杂性理论可用于分析社会网络、群体行为和意见传播。在经济学中,许多学者运用系统复杂性理论解释经济市场波动、金融危机等现象。

1.4 本书的主要内容

系统复杂性理论主要涵盖四个方面的内容:自组织行为、非线性理论、自适应理论和网络理论。本书主要从网络理论的角度研究复杂性理论,主要包括 13 章内容。本书的第二章和第三章分别介绍系统复杂性的概念及复杂性科学研究常用的系统模型和例子;第四章至第九章主要介绍网络科学理论知识,包括网络的基础知识、网络生成模型、网络的节点重要性、社区发现、影响力最大化分析、网络稳健性分析等;第十章和第十一章分别介绍网络中的传播动力学和演化博弈动力学;第十二章主要介绍复杂系统可靠性的设计方法;第十三章则以区块链为例,介绍系统复杂性理论在区块链系统设计上的应用。

课程思政

现实世界是非线性与复杂性的,本章介绍了系统复杂性的表现特征以及主要研究方法。通过本章的学习,我们可以利用复杂性理论与复杂性思维去观察事物不同层面的特征、不同尺度下的特征,并探究事物发生的可能机制,更好地理解人类行为和社会现象的多样性和复杂性。

思考题

1. 什么是系统复杂性?系统复杂性主要有哪些特征?
2. 复杂性理论的研究主要有哪些方法?
3. 举例说明系统复杂性理论在管理学中的应用。
4. 讨论复杂性理论与系统科学的关联关系。

参考文献

[1] 齐磊磊. 系统科学、复杂性科学与复杂系统科学哲学[J]. 系统科学学报,2012,20

(3):7—11.

[2]吴金闪.系统科学导引(第Ⅰ卷:系统科学概论)[M].北京:科学出版社,2018.

[3]段晓君,尹伊敏,顾孔静.系统复杂性及度量[J].国防科学大学学报,2019,41(1):191—198.

[4]曹征,张雪平,曹谢东,尹欣,王东.复杂系统研究方法的讨论[J].智能系统学报,2009,4(1):76—80.

[5]李德昌.管理学基础研究的理性信息人假设与势科学理论[J].管理学报,2010,7(4):489—498.

[6]盛昭瀚,于景元.复杂系统管理:一个具有中国特色的稳定学新领域[J].管理世界,2021(6):36—51.

[7]Siegenfeld A F,Bar-Yam Y. An introduction to complex systems science and its applications[J]. Complexity,2020(27):2020.

第二章
系统与复杂性的基本概念

全章提要

- 2.1 系统的基本特征概述
- 2.2 复杂自适应系统
- 2.3 迭代函数系统、混沌系统、分形

课程思政

本章小结

思考题

参考文献

复杂性科学打破了线性、均衡、简单还原的传统范式,致力于研究非线性、非均衡和复杂系统带来的种种新问题。复杂性科学的出现极大地促进了科学的纵深发展,使人类对客观事物的认识由线性上升到非线性、由简单均衡上升到非均衡、由简单还原论上升到复杂整体论。因此,我们认为复杂性科学的诞生标志着人类的认识水平步入了一个崭新的阶段,其将是科学发展史上又一个新的里程碑。

2.1 系统的基本特征概述

要说系统科学是关于整体性的科学,可能会引起误解。系统科学分为两类整体性:一类是加和整体性,另一类是组合整体性。加和整体性的整体是各个独立元素的总和,比如分子物质的量。组合整体性特征是系统整体的组合,与分散表现出来的特征不一致,比如水中的H元素和O元素,它们分开时我们是看不到它们的,然而组成水分子后我们可以轻易获取。在了解系统组合整体性的同时,我们也要了解部分与部分之间的关系。

现有系统都应具有加和性和整体性。只要涉及物质的质、物质的量以及物质的能量,就必然遵守能量守恒定律,所以整体必然是各个部分的加和。非加和性用更科学的说法阐述,应该是系统的涌现性。

2.1.1 系统的涌现性

涌现(Emergent Properties)在汉语中的意思是(人和事物)大量地出现,即新生事物不断出现。系统涌现性不存在于单个元素中,而是由单个元素从低层向高层演变的一种体现,在系统整体性中之所以能表现出"1+1>2"(整体表现出来的特征大于部分之和),就是因为系统涌现性,在系统涌现中会诞生新的事物。例如:H原子和O原子在生活中对我们的影响不大,但是经过涌现诞生了新的物质——水分子,水分子组成的水则在我们日常生活中尤为重要。

系统涌现性大致分为四类:整体涌现性,规模与涌现性,结构、层次与涌现性,环境与涌现性。

(1)整体涌现性

系统整体具有其他元素或组分的总和不具有的特征,称为系统的涌现性;但一经分解,独立组分便不复存在的特征,即整体涌现性。

系统涌现性有个简单直观的说法,即我们上述提到的"1+1>2"——整体大于部分之和。这里的整体大于部分之和不仅仅是系统的定量特征,而且是系统的定性特征。

系统涌现性归根结底源于三种效应:规模效应、结构效应、环境效应。综合而言,整体涌现性是一种系统效应,其中,组分的基质、特点是造成系统整体特性的实在基础。给定了组分,就决定了系统可能具有的整体特性的范围。

(2)规模与涌现性

规模指的是系统组分的多少,系统规模也指占据空间的大小或地域分布范围的广度,放在时间维度中考察,系统的规模是指过程的长短。

系统规模大小的不同可能对系统的属性和行为产生不可忽视的影响,这种影响则是系统的规模效应,例如蚁群、蜂群在一定规模下会形成一种新的社会行为。

(3)结构、层次与涌现性

组分是产生系统与涌现性的实在基础,组分齐备是形成整体涌现性的必要前提,但仅仅把组分汇集起来不一定会产生整体涌现性。

现实的整体涌现性是通过诸多组分相互关联、相互作用、相互制约、相互激发而产生的,即通过系统的结构方式激发的结果。换言之,对于整体涌现性的形成,组分是基础,结构是主导。相同的建筑材料,采用不同的设计和施工可以得到迥然不同的建筑物;同样的字词,经不同的排列组合可以得到不同的文学作品。

结构效应的一个重要方面是层次效应,涌现性的另一种解释则是高层次具有低层次没有的特性。新层次根源于出现了新的涌现性。作为描述系统结构的概念,层次反映的是系统通过整合、组织而产生系统整体涌现性所历经的台阶。在多层次结构系统中,从元素质到系统质的飞跃不是一次完成的,而是通过中间层次由低到高逐步实现的。复杂系统不可能一次完成从元素性质到系统整体性质的涌现,而是通过一系列中间等级的整合逐步涌现,每个涌现等级代表一个层次。低层次隶属和支撑高层次,高层次包含或支撑低层次。层次结构是系统复杂性的基本来源之一。层次提供了系统研究的参照系。

出现新的涌现性不一定产生新的层次。由相同元素组成的系统在内外因素作用下改变了结构,必然丧失原结构对应的涌现性,出现由新结构决定的另一种涌现性,却没有形成新的层次。

从层次观点看,每种涌现性都是从低层次事物的相互作用中激发出来或提升起来的,如同泉水从地面冒出来。对于自信组织的系统,涌现性可以称为"自涌性"。人工系统也有涌现性。

(4)环境与涌现性

系统的整体涌现性不仅取决于内在的组分和结构,而且取决于外在的环境。

首先,系统的形成、持续和演化发展需要从环境中获取资源和条件。一方面,系统组分的形成、维持、成长和发挥作用均需要从环境中获取支持。任何系统自身的资源都是有限的,大量资源需要从环境中获取。另一方面,组合整合即系统结构建立的过程必须以环境为参照物,以尽可能适应环境和利用环境为准则。也就是说,结构模式的确立无法离开环境,结构是在系统与环境的互动中建立的。系统对环境中获取的素材进行改造、制作以形成组分,同时建立组分之间特定的互动方式,以确保系统能够从环境中获得必要的资源和条件。

其次,环境对系统的塑造不仅在于提供资源和条件,而且在于施加约束和限制。约束和限制固然有不利于系统生成、发展的消极作用,但也有有利于系统生成、发展的建设性作用。系统要从无限的环境中分离出来,成为一个确定的对象,并能够维持自身,就一定要有必要的限制和约束。约束对于系统的塑造是提供资源无法替代的。例如校规校纪对于学生是一种约束,限制了学生的某些自由,但对学生的健康成长必不可少。理论上,每个系统特殊的组分和特殊的结构,不仅与环境提供的特殊资源和条件有关,而且与环境施加的特殊限制和约束有关。例如同样智力的儿童在不同环境下成长,其未来职业道路和个人成就可能有相当大的区别。另外,环境提供的竞争也是对系统的一种塑造——在互为竞争对手的同时互相提供生存方式,如学术争论往往就是由对方的思辨观点激发自己的观点。环境中往往还存在系统的敌对势力,它们压迫或破坏系统,对系统也具有特殊而重要的塑造作用。例如北冰洋的严寒给该地区生物的生存造成了严酷的环境,但也造就了该地区生物的系统适应性。

总之,无论环境对系统是提供资源和条件,还是施加限制或压迫,都会产生环境效应,对于系统整体涌现性的形成不可或缺。

另外,塑造是相互的,系统对环境也有影响,环境是由环境中的所有系统和非系统事物共同构成或塑造的。一个系统从存在到不存在,必定引起环境的变化;外来者进入环境,必定引起环境的变化,进而引起系统的变化,系统只要在变化,就会对环境造成影响,或多或少、或快或慢地引起环境的回应性变化。这是系统塑造环境的基本方式,就如人类系统的进化会反过来改变地球环境系统。对环境的塑造作用也有正负两个方向:正面塑造是指系统行为对环境的建设性作用,负面塑造是指系统行为导致的环境破坏和污染。[1]

2.1.2 系统的其他特征

除了最重要的涌现性特征外,系统的特征还包括以下几点:

(1)集合性

系统是由相互依赖的若干部分组成的,各部分之间存在着有机的联系,构成一个综合的整体,以实现一定的功能。这表现为系统具有集合性,即构成系统的各个部分可以具有不同的功能,但要综合起来实现系统的整体功能。因此,系统不是各部分的简单组合,而要有统一性和整体性,要充分注意各组成部分或各层次的协调和连接,提高系统的有序性和整体的运行效率。

(2)相关性

系统中相关联的部分或部件形成"部件集","集"中各部分的特性和行为相互制约和相互影响,这种相关性确定了系统的性质和形态。

(3)整体性

大多数系统的活动或行为可以完成一定的功能,但不一定所有系统的活动或行为都有目的,如太阳系或某些生物系统。人造系统或复合系统都是根据系统的目的来设定其功能,这类系统也是系统工程研究的主要对象。例如,经营管理系统要按最佳经济效益来优化配置各种资源;军事系统为了保全自己、消灭敌人,就要利用运筹学和现代科学技术研制武器、组织作战。

(4)环境适应性

一个系统和包围该系统的环境之间通常有物质、能量和信息的交换。外界环境的变化会引起系统特性的改变,并相应地引起系统内各部分相互关系和功能的变化。为了保持和恢复系统原有的特性,系统必须具有对环境的适应能力,如反馈系统、自适应系统和自学习系统等。

(5)动态性

物质和运动是密不可分的,各种物质的特性、形态、结构、功能及其规律性都是通过运动表现出来的,要认识物质,首先要研究物质的运动,系统的动态性使物质的运动具有生命周期。开放系统与外界环境有物质、能量和信息的交换,系统内部结构也可随着时间变化。一般来讲,系统的发展是一个有方向性的动态过程。

(6)有序性

由于系统的结构、功能和层次的动态演变有某种方向性,因此系统具有有序性的特点。一般系统论的一个重要成果是把生物和生命现象的有序性和目的性与系统的结构稳定性联系起来,也就是说,有序性使系统趋于稳定,有目的才能使系统走向期望的稳定结构。

2.1.3 系统的功能特征

定义 2.1 系统行为所引起的、有利于环境中某些事物乃至整个环境存续与发展的作用称为系统的功能。

功能是系统行为对其功能对象生存和发展所做的贡献。系统的整体涌现性至少体现在功能上,整体具有部分及其简单加总没有的功能:功能是一种整体特性。

功能也常用于子系统,指子系统对整个系统存续和发展所负的责任、所做的贡献。所谓"系统的功能结构",是指功能子系统的划分及其相互关联的方式。

功能与结构密切相关,但系统的功能是由结构和环境共同决定的(环境提供功能对象)。

功能(Function)与性能(Performance)的区别在于:性能是指系统在内部相关和外部联系中表现出来的特性和能力。性能一般不是功能,功能是一种特殊性能。性能是功能的基础,提供系统发挥功能的客观依据;功能是性能的外化,只能在系统行为过程中表现出来,在系统作用于对象的过程中进行观测和评价。例如,水的流动性是一种性能,利用水的流动性进行运输、发电是水的功能。性能可以在系统与对象分离的条件下被观测和评价。

系统性能的多样性决定其功能的多样性。元素、结构、环境三者共同决定系统功能。环境给定后,才可说结构决定功能。若需要组建具有特定功能的系统,则必须选择具有必要性能的元素,选择最佳的结构方案,选择或创造适当的环境条件。

2.2 复杂自适应系统

复杂自适应系统(Complex Adaptive System,CAS)概念由约翰·霍兰于1994年正式提出。该理论是在自组织和协同论等理论的基础上,将系统元素看作具有目的性、主动性、适应性的,有活力的个体。各个体在交互过程中不断学习,从而调整自身内部结构及行为方式,更好地适应环境,同时改变环境。动态变化的环境又会对个体的行为产生约束和影响。如此反复,这是系统发展和进化的基本动因。

2.2.1 复杂自适应系统理论

复杂自适应系统理论认为系统演化的动力本质上来源于系统内部,微观个体的相互作用生成宏观的复杂性现象,其研究思路着眼于系统内在要素的相互作用,所以其采取"自下而上"的研究路线;其研究深度不限于对客观事物的描述,更注重揭示客观事物形成的原因及其演化的历程。与复杂自适应系统思考问题的独特思路相对应,其研究问题的方法与传统方法也有不同之处,是定性判断与定量计算相结合、微观分析与宏观综合相结合、还原论与整体论相结合、科学推理与哲学思辨相结合。

复杂自适应系统理论把系统的成员看作具有自身目的与主动性的、积极的个体。更重要的是,复杂自适应系统理论认为,正是这种主动性及其与环境的反复的、相互的作用,才是系统发展和进化的基本动因。宏观的变化和个体分化都可以从个体的行为规律中找到根源。约翰·霍兰对个体与环境之间这种主动的、反复的交互作用用"适应"一词加以概括。这就是复杂自适应系统理论的基本思想——适应产生复杂性。

系统中的个体一般被称为元素、部分或子系统。复杂自适应系统理论采用了"具有适应能力的个体"(Adaptive Agent)这个词,是为了强调它的主动性,强调它具有自己的目标、内部结构和生存动力。Agent这个词本来是经济学中的用语,表示代理人或代理商。约翰·霍兰借用这个词表示:经济系统是他建立复杂自适应系统理论时心目中的主要背景之一。

围绕"个体"这个核心概念,约翰·霍兰进一步提出了研究适应和演化过程中特别要注意的七个概念:聚集(Aggregation)、非线性(Non-linearity)、流(Flows)、多样性(Diversity)、标识(Tag)、内部模型(Internal Models)、构筑块(Building Blocks)。在这七个概念中,前面四个是个体的某种属性,它们将在适应和进化中发挥作用,后三个则是个体与环境交流时的机制和有关概念。在这里我们先做简单说明,其详细含义需要在实际应用中体会。

(1)聚集

聚集主要用于个体通过"黏合"(Adhesion)形成较大的多个体的聚集体(Aggregation Agent)。由于个体具有这样的属性,因此它们可以在一定条件下,在彼此接受时,组成一个新的个体——聚集体,在系统中像单独的个体那样行动。

在复杂系统的演变过程中,较小的、较低层次的个体通过某种特定的方式结合起来,形成较大的、较高层次的个体,这是一个十分重要的关键步骤,往往是宏观形态发生变化的转折点。然而,对于这个步骤,以往基于还原论的思想方法是很难加以说明和理解的。聚集这个概念正是归纳与反映了复杂系统在这方面的行为特征。由于承认了个体的主动作用,克服了在整体与局部之间非此即彼的绝对对立,因此复杂自适应系统理论提供了理解与描述上述现象的新的视角。聚集不是简单的合并,也不是消灭个体的吞并,而是新的类型的、更高层次上的个体的出现;原来的个体不仅没有消失,而且在新的更适宜自己生存的环境中得到了发展。这就是后面将要讲到的"黏合"的意义。

还有一点应当指出的是,聚集的概念为人们理解层次提供了有益的启发。层次之间是有质的差别的。把层次之间的差别仅仅理解为量的差别,是一种常见的误解。然而,层次之间的质的差别究竟是怎样涌现的?在这里,聚集起了关键的作用。

(2) 非线性

非线性是指个体以及它们的属性在发生变化时,并非遵从简单的线性关系。特别是在与系统或环境的反复交互作用中,这一点更为明显。近代科学之所以在许多方面遇到了困难,重要原因之一是它把自己的眼界局限于线性关系的狭窄范围,从而无法描述和理解丰富多彩的变化和发展。复杂自适应系统理论认为个体之间的相互影响不是简单的、被动的、单向的因果关系,而是主动的"适应"关系。"历史"会留下痕迹,"经验"会影响将来的行为。

在这种情况下,线性的、简单的、直线式的因果链已经不复存在,实际的情况往往是各种反馈作用(包括负反馈和正反馈)交互影响的、互相缠绕的复杂关系。正因为这样,复杂系统的行为才会如此难以预测;也正因为这样,复杂系统才会经历曲折的进化过程而呈现丰富多彩的性质和状态。

复杂自适应系统理论把非线性的产生归于内因,归于个体的主动性和适应能力。这就进一步把非线性理解为系统行为的必然的、内在的要素,从而大大丰富和加深了对非线性的理解。正因为如此,约翰·霍兰在提出"具有适应能力的个体"这一概念时,特别强调其行为的非线性特征,并且认为这是复杂性产生的内在根源。

(3) 流

在个体与环境之间,以及个体相互之间存在着物质流、能量流和信息流。这些流的渠道是否通畅,周转迅速到什么程度,都直接影响系统的演化过程。自古以来人们就认识到各种流的重要性,并且把这些流的顺畅当作系统正常运行的基本条件。例如,中医所谓的"气""血"就是典型,通则健康发展,不通则生百病。又如,信息系统工程对信息流的分析和设计也是从流的分析入手去认识和理解复杂系统。越复杂的系统,其中的各种交换(物质、能量、信息)就越频繁,各种流也就越错综复杂。所以,复杂自适应系统理论把对各种流的分析当作一个值得注意的重要问题。[16]

(4) 多样性

在适应过程中,由于种种原因,个体之间的差别会发展与扩大,最终形成分化,这是复杂自适应系统的一个显著特点。

多样性的概念目前已经在许多领域中得到了广泛的使用,应该说,这是很大的进步。长期以来,人们误以为世界的统一性就意味着单一性。经过20世纪科学家的多方探索,今天我们已经开始承认和认真地面对多样性。生物的多样性已经成为国际论坛上的热门话题,已经以国际公约的形式表达了人们的共识。文化的多样性也已经得到越来越多的认同。[16]

其实,卡尔·马克思(Karl Marx)早就表示过这样的意见:为什么一定要让玫瑰花散发出茉莉花的芳香呢?用通俗的话说,苹果的味道和梨的味道根本没有必要相同。系统复杂性的重要思想之一就是个体之间的差别、个体类型的多样性。当前的复杂性研究着眼于个体类型多种多样的情况,其中的复杂自适应系统理论则进一步研究这种多样性是怎样产生的,即分化的过程。约翰·霍兰指出,正是相互作用和不断适应的过程,造成了个体向不同的方面发展变化,从而形成了个体类型的多样性。而从整个系统来看,这事实上是一种分工。如果和前面讲到的聚集结合起来看,这就是系统从宏观尺度上看到的"结构"的"涌现",即所谓"自组织现象"的出现。

(5)标识

为了相互识别和选择,个体的标识在个体与环境的相互作用中是非常重要的,因而无论是在建模中,还是在实际系统中,标识的功能与效率都是必须认真考虑的因素。[16]

标识的作用主要在于实现信息的交流。流的概念包括物质流和信息流,起关键作用的是信息流。在以往的系统研究中,信息和信息交流的作用没有得到足够的重视,这是难以深入研究复杂系统行为的原因之一。复杂自适应系统理论在这方面的发展就在于把信息的交流和处理作为影响系统进化过程的重要因素加以考虑。强调流和标识就为把信息因素引入系统研究创造了条件。[16]

众所周知,在经济学中,由于承认了信息的不对称,深入研究了信息和信息流的作用,因此,经济学的研究方法与研究深度才有了突破性的进步,产生了新的经济学思想——信息经济学。可以预见,在复杂系统的研究中,对信息和信息流的深入研究必将对科学的发展产生积极的作用、开辟新的思路。[16]

(6)内部模型和构筑块

复杂系统常常是在一些相对简单的部件的基础上,通过改变它们的组合方式而形成的。因此,事实上的复杂性往往不在于块的多少和大小,而在于原有构筑块的重新组合。内部模型和构筑块的作用在于加强层次的概念。客观世界的多样性不仅表现在同一层次中个体类型的多种多样,而且表现在层次之间的差别和多样性。当我们跨越层次的时候,就会有新的规律与特征出现。这样一来,我们需要深入考虑的就是这样一些问题:怎样合理地区分层次?不同层次的规律之间怎样相互联系和相互转化?内部模型和构筑块的概念就是用来回答这些问题的。概括地说,它们提供了这样一条思路:把下一层次的内容和规律作为内部模型"封装"起来,作为一个整体参与上一层次的相互作用,暂时"忽略"或"搁置"其内部细节,而把注意力集中于这个构筑块和其他构筑块之间的相互作用和相互影响,因为在上一层次中,这种相互作用和相互影响是关键性的、起决定性作用的主导因素。了解计算机科学与技术的读者不难看出,这种思想与计算机领域中的模块化技术以及近年来广为传播的"面向对象的方法"是完全一致的。[16]

复杂自适应系统建模方法的核心是通过局部细节模型与全局模型间的循环反馈和校正来研究局部细节变化如何突显整体的全局行为,其模型组成一般是基于大量参数的适应性个体,其主要手段和思路是正反馈和适应,其认为环境是演化的,个体应主动从环境中学习。正是由于以上这些特点,复杂自适应系统理论具有其他理论所没有的、更具特色的新功能,其不仅以经济系统为主要背景,而且对模拟生态、社会、经济、管理、军事等复杂系统具有巨大潜力。

2.2.2 复杂自适应系统的特征

人们每时每刻都处在并能看到许许多多的复杂系统,如蚁群、生态、胚胎、神经网络、人体免疫系统、计算机网络和全球经济系统。所有这些系统中,众多独立的要素在许多方面进行着相互作用。在每种情况下,这些无穷无尽的相互作用使每个复杂系统作为一个整体形成了自发性的组织。约翰·霍兰把这类复杂系统称为复杂自适应系统。[4]

在约翰·霍兰的复杂自适应系统理论中,复杂自适应系统被看成由用规则描述的、相互作用的适应性个体组成的系统。这些个体不断地学习或积累经验,并根据学到的经验不断变换其规则,改变自身的结构和行为方式,从而体现了个体不断适应环境变化的能力。整个宏观系统的演变或进化,包括新层次的产生、分化和多样性的出现以及新的、聚合而成的、更大的个体的出现等,都是在这个基础上逐步派生出来的。在复杂自适应系统中,任何特定的适应性个体所处环境的主要部分都由其他适应性个体组成,复杂自适应系统中的个体在与环境的交互作用中遵循一般的刺激-反应模式。所以,任何个体在适应上所做的努力都是去适应别的适应性个体。这个特征是复杂自适应系统生成复杂动态模式的主要根源。

尽管在不同领域中存在着众多的复杂自适应系统,并且每一个复杂自适应系统都表现出各自独有的特征,但随着人们对复杂自适应系统认识的不断深化,可以发现它们都有以下四个方面的主要特征:

(1)基于适应性个体

适应性个体具有感知和适应的能力,自身有目的性、主动性和积极的"活性",能够与环境及其他个体随机进行交互,自动调整自身状态以适应环境,或与其他个体合作或竞争,争取生存和延续自身的最大利益。但它不是全知全能的或永远不会犯错、失败的,错误的预期和判断将导致它趋向消亡。因此,正是个体的适应性造就了纷繁复杂的系统复杂性。

(2)共同演化

适应性个体从所得到的正反馈中加强它的存在,也给其延续带来了改变自己的机会,它可以从一种多样性统一形式转变为另一种多样性统一形式,这个具体过程就是个体的演化。但适应性个体不仅演化,而且共同演化。共同演化产生了无数能够完美地相互适应并适应其生存环境的适应性个体,就像花朵靠蜜蜂的帮助来受精繁殖而蜜蜂则靠花蜜来维持生命。共同演化是任何复杂自适应系统突变和自组织的强大力量,其永远趋向混沌的边缘。

(3)趋向混沌的边缘

复杂自适应系统具有将秩序与混沌融入某种特殊的平衡的能力,它的平衡点就是混沌的边缘,也即一个系统中的各种要素从来没有静止在某一个状态中,但也没有动荡到会解体的地步。一方面,每个适应性个体为了有利于自己的存在和连续,都会稍稍加强与对手的相互配合,这样就能很好地根据其他个体的行动来调整自己,从而使整个系统在共同演化中向着混沌的边缘发展;另一方面,混沌的边缘不只是简单地介于完全有序的系统与完全无序的系统之间的区界,而是自我发展地进入特殊区界。在这个区界中,系统会产生涌现现象。

(4)涌现现象

涌现现象的本质特征是由小到大、由简入繁。米歇尔·沃尔德罗普(Mitchell Waldrop)认为,复杂的行为并非出自复杂的基本结构,极为有趣的复杂行为是从极为简单的元素群中涌现的。生物体在共同进化过程中既合作又竞争,从而形成了协调精密的生态系统;原子通过形成彼此间的化学键来寻找最小的能量形式,从而形成分子这个众所周知的涌现结构;人类通过彼此间的买卖和贸易来满足自己的物质需要,从而创建了市场这个随处可见的涌现结构。涌现现象产生的根源是适应性个体在某种或多种毫不相关的简单规则的支配下的相互作用。个体间的相互作用是个体适应规则的表现,这种相互作用具有耦合性的前后关联,而且更多地充满了非线性作用,使得涌现的整体行为比各部分行为的总和更复杂。在涌现生成过程中,尽管规律本身不会改变,但是规律所决定的事物会变化,因而会存在大量不断生成的结构和模式。这些永恒新奇的结构和模式不仅具有动态性,而且具有层次性,涌现能够在所生成的既有结构的基础上再生成具有更多组织层次的结构。也就是说,一种相对简单的涌现可以生成更高层次的涌现,涌现是复杂自适应系统层级结构间整体宏观的动态现象。

2.2.3 开放的复杂巨系统

钱学森等首次向世人公布"开放的复杂巨系统"(Open Complex Giant Systems)这一科学的新领域及其基本观点后,学者们对人脑系统、人体系统、地理系统(包括生态系统)、社会系统等进行了研究,认为它们无论在结构、功能、行为还是演化方面都很复杂。钱学森分别从以下四个方面来论述开放的复杂巨系统:

(1)开放的:周围系统不仅与周围环境有物质、能量、信息的交换,而且对环境有适应与进化。

(2)巨系统:系统包含的子系统很多,成千上万。

(3)复杂的:子系统的种类繁多,有几十、上百甚至上千种。单纯用还原论的定量化、形式化方法来描述是远远不够的,必须从演化的、生成的、自组织的观点来理解,因为与复杂性有着不可分割的联系的等级层次结构是在演化过程中"涌现"的。

(4) 多层次：从子系统到整个系统之间的系统结构有许多层次。如果只有一个层次，那么还原论的方法是适用的。

现代科学技术研究的大多是开放的复杂巨系统，如社会系统、人脑系统、人体系统、地理系统、宇宙系统、历史系统、常温核聚变系统等。此外，许多开放的复杂巨系统，如与社会有关的巨型系统，还表现出人机共存（Human-computer Coexisted）的特点：在系统体系中存在人这个高级智能组件，人既是系统的组件，也是系统演化发展的关键因素——求解问题的复杂性不能仅靠机器处理，也需要发挥人及其群体的常识与创造性。

开放的复杂巨系统理论刚诞生时并未被科技界所认识。此后，经过两次香山科学会议中来自各个领域的专家学者就多个领域进行的报告和相关的讨论，大家对开放的复杂巨系统及其方法论有了进一步的理解和更深的认识。近年来，关于开放的复杂巨系统的研究又有了较大的发展，这一理论及其方法论被纳入学科前沿，并且以宏观经济决策系统作为开放的复杂巨系统的具体事例，设立了国家自然科学基金重大项目"支持宏观经济决策的人机结合综合集成体系研究"，围绕这个项目正在进行大量的研究与综合集成体系支撑环境雏形系统的设计工作。

钱学森谈到，人认识问题只能从具体事例入手，并且要从解决一个个开放的复杂巨系统问题开始。对于确定要研究的开放的复杂巨系统，越接近人们的日常活动，与人们的关系越密切，系统的结构、行为、功能、演化就越易于为人们所理解，分析解决起来也就越容易为人们所接受。这样的研究对于促进人们对开放的复杂巨系统及其方法论的认识，推进开放的复杂巨系统的研究具有示范作用。

科学技术社会化与社会科学技术化是现代社会发展的基本趋势。现代科学技术与社会有着千丝万缕的联系，它广泛地、深刻地影响着人类社会的各个方面，由此引发的复杂性问题层出不穷，诸如生态危机、金融危机、第五次产业革命、中国特色社会主义现代化建设等，成为当前世界科学技术发展前沿的、事关人类命运与前途的重大问题，钱学森敏锐地把握时代的新动向，创造性地提出了开放的复杂巨系统的理论与方法。

2.3 迭代函数系统、混沌系统、分形

2.3.1 迭代函数系统

美国佐治亚理工学院的巴恩斯利（Barnsly）等应用一组收缩仿射变换生成分形图像，即通过对原始图形（生成元）的收缩、旋转、平移等变换形成极限图形，该图形具有自相似的分形结构，并将该仿射变换集称为迭代函数系统（Iterative Function Systems，IFS）。它与复平面上 $f(z)=z^2+c$（z，c 为复数）迭代产生的分形存在内在的联系，只是 $f(z)$ 属于非线性变换，而迭代函数系统属于线性变换。迭代函数系统的理论与方法是分形自然景观模拟及分

形图像压缩的理论基础,其基本思想是认为物体的全局和局部在仿射变换的意义下具有自相似结构,这就形成了著名的拼接定理(Collage Theorem)。迭代函数系统方法的魅力在于它是分形迭代生成的"反问题",根据拼接定理,对于一个给定的图形(比如一幅图片),求得几个生成规则,就可以大幅度压缩信息。

迭代函数系统是一个比较复杂的生成分形图形的方法,以下为迭代函数系统所涉及的定义。

定义 2.2　距离空间

非空集合 S 称为距离空间,是指在 S 上定义了一个双变量的函数 $\rho(x,y)$,满足:

(1) $\rho(x,y) \geqslant 0$,且 $\rho(x,y) \geqslant 0 \Leftrightarrow x = y$;

(2) $\rho(x,y) = \rho(y,x)$;

(3) $\rho(x,y) \leqslant \rho(x,y) + \rho(y,z)$ ($\forall x,y,z \in S$)。

我们称 ρ 为 S 上的一个距离,以 ρ 为距离的距离空间 S 记为 (S, ρ)。

定义 2.3　压缩映射原理

称 $f:(S,\rho) \to (S,\rho)$ 是一个压缩映射,如果存在 $0 < r < 1$ 使得

$$\rho[f(x), f(y) < r\rho(x,y)] \quad (x,y \in S) \tag{2-1}$$

设 (S,ρ) 是一个完备的度量空间,f 是 (S,ρ) 到其自身的一个压缩映射,则 f 在 S 上存在唯一的不动点。

定义 2.4　分形空间

若度量空间 (S,ρ),A 和 B 是 S 的子集,则 A 的 r 开邻域(Open r-neighbor-hood)记为 $Nr(A) = \{y; \rho(x,y) < r, \exists x \in A\}$。

豪斯多夫(Hausdorff)度量 $D(A,B) = inf(r > 0: A \sqsubseteq Nr(B) \text{且} B \sqsubseteq Nr(A))$。

对于一般的集族来说,D 并非确定地定义了距离。例如,由所有实数区间构成的集合,$D((0,1),(0,1)) = 0$,并不满足距离的要求。

为了使 D 成为距离,势必对 A 和 B 加上一些限制,紧致集是一个比较好的选择,距离空间里的紧致集都是有界闭集。

若 S 是距离空间,我们记 $H(S)$ 为 S 的所有非空紧致子集构成的集合,则称 S 为分形空间(the Space of Fractals),D 其实就是集合 $H(S)$ 上的一个距离。

2.3.2　混沌系统

混沌(Chaos)又称"浑沌",是指确定性动力学系统因对初始值敏感而表现出的不可预测的、类似随机性的运动。英语"Chaos"源于希腊语,原始含义是宇宙初开之前的景象,基本含义主要指混乱、无序的状态。作为科学术语,"混沌"一词特指一种运动形态。

动力学系统的确定性是一个数学概念,指系统在任一时刻的状态被初始状态所决定。虽然根据运动的初始状态数据和运动规律能推算出任一未来时刻的运动状态,但由于初始数据的测定不可能完全精确,因此预测的结果必然出现误差,甚至不可预测。运动的可预测

性是一个物理概念。一个运动即使是确定性的,也仍可以是不可预测的。牛顿力学的成功,特别是它在预言海王星上的成功,在一定程度上造成了人们的误解——把确定性与可预测性等同起来,以为确定性运动一定是可预测的。20世纪70年代后的研究表明,在大量非线性系统中,尽管系统是确定性的,但是普遍存在着对运动状态初始值极为敏感、貌似随机的不可预测的运动状态——混沌运动。[8]

混沌是确定性非线性系统的有界的敏感初态的非周期行为。

(1)周期3意味着混沌

周期点的定义:设 $F:J \xrightarrow{F} J$ 是一个映射,其中 $F^0(x)=x$,$F^{n+1}(x)=F[F^n(x)]$($n=0,1,2,\cdots$)。

① 如果 $p\in J$,$P=F^n(p) p\neq F^k(P)$,$1\leqslant k<n$,则称 p 是一个周期 n 的周期点;

② 如果 $\exists n\in N$,使得 p 满足①的条件,则称 p 是一个周期点;

③ 如果 $\exists n\in N$,$pF^m(q)$,则称 q 是一个最终的周期点,其中 p 是周期点。

以周期3为例:假设 $x_{n+1}=f(x_n)$ 是 $[0,1]\to[0,1]$ 的一个迭代,x_0 是这个迭代的一个3周期点,则

$$x_1=f(x_0)\neq x_0 \tag{2-2}$$

$$x_2=f(x_1)\neq x_1\neq x_0 \tag{2-3}$$

$$x_3=f(x_2)=f^2(x_1)=f^3(x_0)=x_0 \tag{2-4}$$

可以看到,x_0 经过一次迭代到 x_1,x_1 经过一次迭代到 x_2,x_2 经过一次迭代又回到 x_0,因为 x_0 经过三次迭代回到原位,所以 x_0 被称为3周期点。

我们注意到,x_1 也是3周期点,因为 x_1 同样可以经过三次迭代后回来;同理,x_2 也是3周期点。所以,周期3的函数至少有三个3周期点,而所谓的"不动点",实际上是1周期点。

(2)沙尔科夫斯基定理

1964年,乌克兰数学家沙尔科夫斯基(A. N. Sharkovskii)提出了关于连续单峰映射是否出现某一周期解的一般性定理。

用正整数定义沙尔科夫斯基次序如下:

$3 \triangleright 5 \triangleright 7 \triangleright \cdots \triangleright 2\cdot 3 \triangleright 2\cdot 5 \triangleright \cdots \triangleright 2^2\cdot 3 \triangleright 2^2\cdot 5 \triangleright \cdots \triangleright 2^2 \triangleright 2 \triangleright 1$

这明显是对正整数的一个重排。

定理2.1 (沙尔科夫斯基定理)假设 $f:R\to R$ 连续,f 有以 k 为真周期的周期点,如果对于沙尔科夫斯基关系中 $k\triangleright l$,则 f 也有以 l 为周期的周期点。也就是说,假设 M 在沙尔科夫斯基次序中排在 N 的前面,那么,如果有 M 周期点,就一定有 N 周期点。

根据沙尔科夫斯基定理我们知道,如果一个函数有3周期,由于3在沙尔科夫斯基次序中处于最前面,因此这个函数就会有任意自然数的周期。

以下是一种证明过程:

首先,不加证明地提出两个基本结论。

若 f 是定义在 $R\to R$ 上的连续映射:

①若 I、J 是 R 中的闭区间，$I \in J$，且 $f(I) \in J$，则 $\exists x_0 \in I$ 使得 $f(x_0) = x_0$。

②对于区间 $\{I_n\}$，如果有 $f(I_i) \sqsupset I_{i+1}$，$(i = 1, 2, 3, \cdots, n-1)$，那么 $\exists x_0 \in I_1$ 使得 $f^n(x_0) = x_0$。

这里，我们记满足上述条件的区间 I_i 与 I_{i+1} 为 $I_i \to I_{i+1}$。

然后，我们将通过上面的结论证明沙尔科夫斯基定理。这个定理包含一个重要的结论：有 3 周期点的函数将有任意 n 周期点。

我们将分情况讨论这个问题。

当 n 为奇数，且 $f^n(x_0) = x_0$ 时，x_0 为 f 的真 n 周期点，且 f 无小于 n 的奇数周期点。

由前面的结论，若 $I_1 \to I_2 \to I_3 \to \cdots \to I_n$，那么 f 一定有 n 周期点。

接下来证明对大于 n 的任何数以及小于 n 的偶数，总能找到上述区间列。

由于 x_0 是 f 的真 n 周期点，因此集合 $P = \{x_0, f(x_0), f^2(x_0), \cdots, f^{n-1}(x_0)\}$ 有 n 个元素，将 $f^i(x_0)(i = 1, 2, \cdots, n-1)$ 从小到大排序，令 (x_i) 为第 i 大的数 $(i = 1, 2, \cdots, n-1)$，那么 $P = x_1, x_2, x_3, \cdots, x_n$，其中 $x_0 < x_1 < x_2 < \cdots < x_n$，$f$ 作用于 P 上就是对 P 的轮换。

因为 x_n 最大，所以 $f(x_n) < x_n$。而上述 x_i 中，至少有一个满足 $f(x_i) > x_i$。取令上述不等式成立的最大的 I，令 $I_1 = [x_i, x_{i+1}]$。明显有 $f(x_i) \geq x_{i+1}$，$f(x_{i+1}) \leq x_i$，因为 x_i 是真 n 周期点，所以不可能有上述不等式同时取到等号的情况（否则将出现 x_i 是 2 周期点的情况）。事实上，上述不等式同时严格大于和严格小于的情况也不可能出现。

由于 $f(x_i) \geq x_{i+1}$，$f(x_{i+1}) \leq x_i$，且 x_i 不是 f 的 2 周期点，因此明显有 $f_i(I_1)$ 包含形如 $[x_j, x_{j+1}]$ 的区间。我们取一个这样的闭区间为 I_2，$I_2 \neq I_1$ 且有 $I_1 \to I_2$；同理，我们可以取 I_3，I_3 形如 $[x_j, x_{j+1}]$，其中，$I_3 \neq I_2 \neq I_1$ 且有 $I_1 \to I_2 \to I_3$。如此进行下去，由于形如 $[x_j, x_{j+1}]$ 的区间至多有 $n-1$ 个，因此上述步骤不可能无限进行下去。

令 $A = \{x \in P | x \leq x_i\}$，$B = \{x \in P | x \geq x_i\}$，由于 n 是奇数，因此明显有 $\tilde{A} \neq \tilde{B}$（$\tilde{A}$ 表示集合 A 中元素的个数），又因为 f 是作用于 P 上的轮换，所以一定存在 $x \in A$，使得 $f(x) \in B$ 或 $x \in B$，$f(x) \in A$；又 $\tilde{A} \neq \tilde{B}$，故不可能对所有 $x \in A$ 有 $f(x) \in B$，即存在一个形如 $[x_j, x_{j+1}]$ 的区间，有 $f([x_j, x_{j+1}]) \sqsupset I_1$。取满足上述条件的最小的 k，令 $I_k = [x_j, x_{j+1}]$，其中 $k \leq n-1$，结合上述区间列 $\{I_i\}$，有链 $I_1 \to I_2 \to I_3 \to \cdots \to I_r$，其中总可以找到一个 k 把上链截断，且有 $I_1 \to I_2 \to I_3 \to \cdots \to I_k \to I_l$。在前面的叙述中我们知道 $f(I_1) \sqsupset I_1$，即 $I_1 \to I_1$。

接下来讨论 k 的大小问题，由上面的证明可以得出链 $I_1 \to I_2 \to I_3 \to \cdots \to I_k \to I_l$ 或 $I_1 \to I_2 \to I_3 \to \cdots \to I_k \to I_1 \to I_1$，其中至少有一个环导致 f 有 k 周期点或 $k+1$ 周期点，k 和 $k+1$ 至少有一个是奇数，又知道 f 无小于 n 的奇数周期点，因此有 $k = n$ 或 $k+1 = n$，又 $k \leq n-1$，所以 $k = n-1$。

到目前为止，对于任何 $m(m > n)$ 的情况，可以通过构造环 $I_1 \to I_2 \to I_3 \to \cdots \to I_{n-1} \to I_1 \to I_1 \to \cdots \to I_1$（后面加入 $m-n+1$ 个 I_1）来寻找 f 的 m 周期点。由于在满足沙尔科夫斯基次序下 $m \triangleright n$ 的 m 是小于 n 的偶数，因此接下来证明 f 有小于 n 的偶数周期点。

先考虑闭区间链$\{I_i\}$是如何取出的。I_i在数轴上按一定次序排列,也反映了f是如何作用在P上的。

注意我们取得区间I_k是形如$[x_j,x_{j+1}]$闭区间最小的k,也就是说,链$I_1 \to I_2 \to I_3 \to \cdots \to I_k \to I_l$是最短的一个环;换言之,不可能有$I_i \to I_j$,其中$j>i-1$,否则环可以进一步缩短为$I_1 \to I_2 \to I_3 \to \cdots \to I_k \to I_l$,而这与$k$是最小的矛盾。

因此,对于上述链$I_1 \to I_2 \to I_3 \to \cdots \to I_k \to I_l$,有$I_1 \to I_2$且无$I_1 \to I_j (j>2)$,由此得出以下结论:

由于已证明了对于I_1有$f(x_i) \geqslant x_{i+1}$、$f(x_{i+1}) < x_i$,又证明了$k=n-1$,即$I_1 \to I_2 \to I_3 \to \cdots \to I_{n-1}$包含了所有形如$[x_j,x_{j+1}]$的区间,因此不可能有$f(x_i) > x_{i+1}$和$f(x_{i+1}) < x_i$同时成立,否则就有$f(I_i)$至少覆盖了两个形如$[x_j,x_{j+1}]$的区间,也就是对于某一个$j$,有$I_1 \to I_j(j>2)$,即$f(x_i) \geqslant x_{i+1}$和$f(x_{i+1}) < x_i$中至少有一个可以取到等号。不妨令$\hat{A} > \hat{B}$,此时$f(x_i)=x_{i+1}$(反之同理证明)。又因$I_2 \to I_3$不可能$I_2 \to I_j(j>3)$,同理说明$f(x_{i+1})=x_{i-1}$。如此进行下去,直到遍历所有$x_i(i=1,2,\cdots,n)$。

这样就能发现:

$$f(x_i)=x_{i+1}, f(x_{i+1})=x_{i-1} \tag{2-5}$$

$$f(x_{i-1})=x_{i+2}, f(x_{i+2})=x_{i-2} \tag{2-6}$$

$$f(x_2)=x_n f(x_n)=x_1 \tag{2-7}$$

$$f(x_1)=x_i \tag{2-8}$$

由于$f(x_i)=x_i, f(x_2)=x_n$,有$f(x_{n-1})=[x_i,x_n]=I_1 \cup I_3 \cup I_5 \cup \cdots \cup I_{n-2}$,也就是$I_{n-1} \to I_j$($j$为小于$n$的奇数),那么对小于$n$的偶数$m$,构造环$I_{n-m} \to I_{n-m+1} \to \cdots \to I_{n-1} \to I_{n-m}$,这样$f$就有所有小于$n$的偶数周期点。

到这里便完成了当n为奇数时的定理证明。

当n为偶数时,我们先证明f一定有2周期点。

与证明n为奇数时的原理一样,可以取$I_1=[x_i,x_{i+1}]$,令$A=\{x \in P | x \leqslant x_i\}$,$B=\{x \in P | x \geqslant x_i\}$,若存在一个$x \in P$,使得$x \in A, f(x) \in B [x \in B, f(x) \in A]$,存在$x' \in A$,使得$x \in A f(x) \in A [x \in B, f(x) \in B]$,那么与$n$为奇数时的情况一致,取$I_{n-2} \to I_{n-1} \to I_{n-2}$,找到2周期点,若不存在上述$x$、$x'$,那么必有$f(A)=B$、$f(B)=A$,于是有$f([x_1,x_i]) \supset [x_1,x_i]$,则$f$必然在$[x_1,x_i]$内存在一个2周期点。

对于$n=2^m$的情况,$k=2^l$,$l<m$,取$g=f^{\frac{k}{2}}$,那么g有2^{m-l+1}周期点。因为g有2周期点$x_0, g^2(x_0)=x_0$,所以有$f^k(x_0)=x_0$,即f有k周期点。

对于n为其他偶数时的情况,也可以通过构造函数类似证明。

2.3.3 分形

一般将在系统、结构和信息等方面具有自相似性或同级自相似性的研究对象称为分形。

分形集合的产生使我们发现了一些表面上看似杂乱无章但实际存在着规律性的现象,即无特征尺度的自相似性。

在经典的欧几里得几何学中,可以用直线、立方体、圆锥、球等这类规则的形状去描述诸如道路、建筑物、车轮等人造物体。但是,自然界大多数的图形是十分复杂且不规则的,如海岸线、山形、河川、岩石、树木、森林、云团、闪电、海浪等,不具有数学分析中的连续、光滑可导等基本性质。分形几何学(Fractal Geometry)应运而生。分形几何学是一门以非规则几何形态为研究对象的几何学。由于不规则现象在自然界是普遍存在的,因此分形几何学又称描述大自然的几何学。

"分形"这个名词是由美国 IBM 公司研究中心的芒德布罗(Mandelbrot)在 1975 年首次提出的,其原义是"不规则的、分数的、支离破碎的"物体,这个名词是参照拉丁文 fractus(弄碎的)造出来的,它含有英文中 frature(分裂)和 fraction(分数)的双重意义。早在 19 世纪初,法国数学家庞加莱(Poincare)就在研究三体问题的过程中使用了新的几何方法,但由于其理论的艰深难懂而很少有人注意到。1861 年,德国数学家魏尔斯特拉斯(Weierstrass)构造了一个处处连续却处处不可微的函数。之后,康托尔(Cantor)构造了有很多奇异性质的三分康托尔集。意大利数学家佩重诺(Peano)在 1890 年发现了理论上能够填充空间的曲线。1904 年瑞典数学家科赫(Kohm)设计出了类似雪花和岛屿边缘的曲线。1915 年波兰数学家谢尔宾斯基(Sierpiński)画出了地毯和海绵似的几何图形。20 世纪 20 年代,德国数学家豪斯多夫提出了分数维的概念并将其应用于奇异集合性质与量的研究,之后有几位数学家采用了分数维的概念并将其应用于解决各自的研究问题。直到 1975 年,这些领域才被汇集起来成为一个新的领域。

分形几何学的基本思想:客观事物具有自相似性的层次结构,局部与整体在形态、功能、信息、时间、空间等方面具有统计意义上的相似性。例如,一块磁铁中的每一部分都像整体一样具有南北两极,不断分割下去,每一部分都具有和整体相同的磁场。这种自相似的层次结构,适当地放大或缩小几何尺寸,整个结构不变。

分形理论认为维数也可以是分数,这类维数是物理学家在研究混沌吸引子等理论时需要引入的重要概念。为了定量地描述客观事物的"非规则"程度,数学家从测度的角度引入了维数概念,将维数从整数扩大到分数,从而突破了一般拓扑集维数为整数的界限。

分形理论的创始人所提出的两个分形的概念如下:

定义 2.5　局部以某种方式与整体相似的集。

定义 2.6　豪斯多夫维数大于其拓扑维数的集合。

实际上,自相似是分形理论的核心,是所有特征中的基本特征。一个分形几何图形就是由与整体以某种方式相似的各个部分所组成的,像是一个"无穷嵌套"。云团、山峦、海岸线、树皮、闪电等自然现象都是分形几何最直接的表现。为了进一步分析分形的几何性质,引进了特征尺度的概念。所谓"特征尺度",是指某一事物在空间或时间方面具有特定的数量级。对于特定的数量级,要用合适的尺子去测量。例如,人身高的特征尺度是米,而台风的特征尺度是数千千米。如果我们将台风视为漩涡，从漩涡的几何结构角度来研究，大漩涡嵌套着小漩涡，这种现象发生在不同的尺度范围内，将尺度相差多个数量级的系统称为多尺度系统，又称为无特征尺度系统。

耗散系统的混沌都是发生在奇怪吸引子这种分形结构上的运动体制，只有在相空间中具有某种自相似结构的分形点集才能描述这种复杂运动。洛伦兹吸引子和吕兹勒（Rossler）吸引子都是这种点集，任意取出一部分放大看，其仍然像整体那样极不规则，具有无穷精细结构和某种自相似性。

课程思政

系统与复杂性的研究为我们认识社会的本质和发展提供了新的途径。复杂自适应系统的特征与社会的发展相呼应，迭代函数系统、混沌系统、分形等模型的应用使我们能够更好地理解社会的多样性和变化。迭代函数系统与混沌系统的研究使我们认识到微小的变化可能引发复杂的结果，与马克思主义辩证法的观点相契合，即小的矛盾可能引发大的变革。分形是一种具有自相似性的几何图形，无论放大多少倍，其结构都是相似的。分形理论在社会科学中的应用揭示了社会现象的多层次结构和内在规律。社会也具有自相似性，从个体行为到整个社会的结构都呈现重复和相似的特点。复杂系统理论为我们解释社会发展中的多样性和变化提供了新的途径。社会是一个由多个子系统组成的大系统，各个子系统之间相互关联、相互影响。通过深入研究复杂系统，我们能够更好地理解社会现象的内在规律，为社会发展提供科学支持。

本章小结

本章主要介绍了系统、系统复杂性、系统的基本属性和特性，以及复杂自适应系统的特征，还有迭代函数系统、混沌系统、分形等复杂系统的特性。

思考题

1. 什么是系统的涌现性？举例说明现实生活中哪些现象具有涌现性。
2. 复杂自适应系统的主要特征表现在哪些方面？
3. 简要阐述混沌系统的主要特征，并举例说明。
4. 分形的主要含义是什么？举例说明现实中哪些现象具有分形特性。

参考文献

[1]段晓军,林益,赵城利,等.系统科学教材[M].北京:科学出版社,2019.

[2]陈理飞,史安娜,夏建伟,等.复杂自适应系统理论在管理领域的应用[J].科技管理研究,2007(8):1—2.

[3]普里戈金,斯唐热.从混沌到有序[M].上海:上海译文出版社,1987.

[4]莫兰.复杂思想:自觉的科学[M].北京:北京大学出版社,2001.

[5]谭跃进,邓宏钟.复杂适应系统理论及其应用研究[J].系统工程,2001,19(5):1—6.

[6]黄顺基.从系统工程到开放的复杂巨系统[J].辽东学院学报,2010(5):4—5.

[7]钱学森.钱学森再谈开放的复杂巨系统[J].模式识别与人工智能,1991,4(1):5—8.

[8]刘寄星.中国大百科全书74卷(第二版)[M].北京:中国大百科全书出版社,2009:238—240.

[9]Wirth,E.,Szabó,G.,Czinkóczky,A.. Measure Landscape Diversity with Logical Scout Agents[J]. ISPRS-International Archives of the Photogrammetry,Remote Sensing and Spatial Information Sciences,2016(6):491—495.

[10]Wirth,E.. Pi from Agent Border Crossings by NetLogo Packageñ[M]. Wolfram Library Archive,2015.

[11]Bak,P.,Tang,C. and Wiesenfeld,K.. Self-organized Criticality[J]. Physical Review A,1988,38(1):364—374.

[12]P. Bak and C. Tang. Earthquakes as a Self-organized Critical Phenomena[J]. J. Goephys. Res. 94,1989(11):15635.

[13]Stephen Wolfram. A New Kind of Science[M]. Champaign:Wolfram Media,2002.

[14]吴孟达,成礼智,吴翊,等.数学建模教程[M].北京:北京高等教育出版社,2013.

[15]李士勇,等.非线性科学与复杂性科学[M].哈尔滨:哈尔滨工业大学出版社,2006.

[16]宋学锋.复杂性、复杂系统与复杂性科学[J].中国科学基金,2003,17(5):262—269.

第三章
系统复杂性的基本模型

全章提要

- 3.1 元胞自动机
- 3.2 热力学定律
- 3.3 伊辛模型
- 3.4 沙堆模型
- 3.5 随机游走
- 3.6 供应链复杂网络系统

课程思政
本章小结
思考题
参考文献

复杂性科学是一个交叉了数学、计算机科学和自然科学的跨学科领域,它主要关注有许多交互组件的复杂系统。离散化模型是复杂性科学所使用的重要工具之一,它包括元胞自动机、热力学定律、伊辛模型、沙堆模型、随机游走和供应链复杂网络系统的模拟。

3.1 元胞自动机

元胞自动机(Cellular Automata,CA)由冯·诺依曼(von Neumann)最早提出,用于模拟生命系统所具有的自复制功能,是一个在时间和空间上都离散的动力系统,散布在规则格网(Lattice Grid)中的每一元胞(Cell)都取有限的离散状态,遵循同样的作用规则,依据确定的局部规则进行同步更新。元胞自动机可归结为一种仿真模型,不是由严格的物理或函数定义,而是由一系列模型构造的规则构成,用于描述局部规则明确但全局或整体规律未知的系统变化,可认为是一种确定性的仿真方法。

3.1.1 历史发展

人工生命被认为是走向21世纪的科学。阿兰·图灵(Alan Turing)是人工科学的第一位先驱。他在1952年发表了一篇蕴意深刻的论形态发生(生物学形态发育)的数学论文。在这篇论文中,他提出了人工生命的一些萌芽思想。他证明了相对简单的化学过程可以从均质组织产生新的秩序。两种或更多的化学物质以不同的速率扩散可以产生不同密度的"波纹",如果是在一个胚胎或生长的有机体中,就很可能产生重复的结构,比如腺毛、叶芽、分节等。扩散波纹可以在一维、二维或三维中产生有序的细胞分化。在三维空间中,可以产生原肠胚,其中,球形的均质细胞发育出一个空心(最终变为管状)。就像阿兰·图灵自己所强调的那样,进一步发展他的思想需要更好的计算机,而他自己只能借助很原始的计算机,所以,他的论文尽管对分析生物学有重大的贡献,但并没有立刻产生作为一门计算学科的人工生命。

冯·诺依曼也是人工科学的先驱。20世纪40年代和50年代,他在数字计算机设计和人工智能领域做了很多开创性的工作。与阿兰·图灵一样,他也试图用计算的方法揭示生命最本质的方面。但与阿兰·图灵关注生物的形态发生不同,他试图描述生物自我繁殖的逻辑形式。在发现基因和遗传密码前,他已经认识到,任何自我繁殖系统的遗传物质,无论是自然的还是人工的,都必须具有两个不同的基本功能:一方面,它必须起到计算机程序的作用,是一种在繁衍下一代过程中能够运行的算法;另一方面,它必须能够复制和传到下一代。为了避免当时电子管计算机技术的限制,他提出了元胞自动机的设想:把一个长方形平面分成很多个网格,每一个格点表示一个元胞或系统的基元,每一个元胞都是一个很简单、很抽象的自动机,每一个自动机每一次处于一种状态,下一次的状态由它周围元胞的状态、它自身的状态以及事先定义好的一组简单规则决定。冯·诺依曼证明,确实有一种能够自我繁殖的元胞自动机存在,虽然它复杂到了当时的计算机不能模拟的程度。冯·诺依曼的这项工作表明:一旦把自我繁殖看作生命独有的特征,机器也能做到这一点。

冯·诺依曼的人工生命观念与阿兰·图灵关于形态发生的观念一样,被研究者忽视了许多年。研究者的注意力集中在人工智能、系统理论和其他研究上,因为这些领域的内容在早期计算技术的帮助下可以得到发展。而当时阿兰·图灵和冯·诺依曼的人工生命研究的进一步含义则需要相当强的计算能力,由于当时没有这样的计算能力,因此其发展不可避免地受到了限制。

冯·诺依曼未完成的工作,在他去世多年后由约翰·康威(John Conway)、沃尔弗拉姆(Stephen Wolfram)和兰顿(Chris Langton)等进一步发展。1970 年,剑桥大学的约翰·康威编制了一个名为"生命"的游戏程序,该程序由几条简单的规则控制,这几条简单的规则的组合就可以使元胞自动机产生无法预测的延伸和变形等复杂的模式。这一意想不到的结果吸引了一大批计算机科学家研究"生命"程序的特点。最后证明元胞自动机与图灵机等价,即给定适当的初始条件,元胞自动机可以模拟任何一种计算机。在此之后,以元胞自动机为代表的人工生命迅猛发展。

3.1.2 定义及结构

元胞自动机(也有人译为"点格自动机""分子自动机"或"单元自动机"),是在时间和空间上都离散的动力系统。散布在规则网格中的每一元胞取有限的离散状态,遵循同样的作用规则,依据确定的局部规则做同步更新。大量元胞通过简单的相互作用,随时间做同步演化就可以描述复杂非线性系统的动态演化,其数学构造非常简单,根据简单的局部规则同时运行而得到所有元胞在某时刻的状态全体,即元胞自动机的一个构型,其随时间变幻呈现丰富而复杂的瞬时演化过程,因此元胞自动机可作为一个无穷维动力系统。不同于一般的动力学模型,元胞自动机不是由严格定义的物理方程或函数确定,而是由一系列模型构造的规则构成。凡是满足这些规则的模型都可以算作元胞自动机模型。因此,元胞自动机是一类模型的总称,或者说是一个方法框架。其特点是时间、空间、状态都离散,每个变量只取有限多个状态,且其状态改变的规则在时间和空间上都是局部的。

定义 3.1 元胞自动机是在一个由具有离散、有限状态的元胞组成的元胞空间内,按照一定的局部规则,在离散的时间维上演化的动力学系统。

一个元胞在某时刻的状态取决于上一时刻该元胞的状态以及该元胞的所有邻居元胞的状态。元胞空间内的元胞依照这样的局部规则进行同步的状态更新,整个元胞空间则表现为在离散的时间维上的变化。

美国数学家赫德(L. P. Hurd)等对元胞自动机从集合论角度进行了描述。设 d 代表空间维数,k 代表元胞的状态,并在一个有限集合 S 中取值,r 表示元胞的邻居半径。Z 是整数集,表示一维空间,t 代表时间。

为简单起见,不妨在一维空间内考虑元胞自动机,即假定 $d=1$。那么整个元胞空间就是在一维空间整数集 Z 上的状态集 S 的分布,记为 S^Z。元胞自动机的动态演化就是在时间上状态组合的变化,可记为

$$F: S_t^Z \rightarrow S_{t+1}^Z \tag{3-1}$$

这个动态演化又由各个元胞的局部演化规则 f 所决定。局部函数 f 通常被称为局部规则。对于一维空间,元胞及其邻居可以记为 S^{2r+1},局部函数可记为

$$f: S_t^{2r+1} \rightarrow S_{t+1}^{2r+1} \tag{3-2}$$

对于局部规则 f,函数的输入、输出集均为有限集合。对元胞空间内的元胞,独立作用于上述局部函数,则可得到全局的演化:

$$F(c_{t+1}^i) = f(c_t^{i-r}, \cdots, c_t^i, \cdots, c_t^{i+r}) \tag{3-3}$$

c_t^i 表示在位置 i 处的元胞,至此,就得到一个元胞自动机模型。

(1)元胞自动机的构成

元胞自动机最基本的组成包括元胞和元胞空间、状态、邻居、局部规则四个部分。元胞自动机可视为由一个元胞空间和定义于该空间的变换函数所组成:$A = (Ld, S, N, f)$。其中,A 为一个元胞自动机;Ld 为元胞空间;d 为元胞空间的维数;S 为元胞的有限状态集;N 表示一个所有邻域内元胞的组合,为包含 n 个不同元胞的空间矢量,$N = (s_1, s_2, \cdots, s_n)$,$n$ 是邻居元胞个数,$s_i \in Z$(整数集)($i = 1, 2, \cdots, n$);f 表示将 S_n 映射到 S 上的一个状态转换函数。

①元胞和元胞空间:元胞又可称为"基元",是元胞自动机最基本的组成部分,分布在离散的一维、二维或多维欧几里得空间的格点上。元胞所分布的空间,即网格集合,就是元胞空间,它可以是任意维数欧几里得空间的规则划分。由于计算机显示问题,目前研究集中在一维和二维。对于一维元胞自动机,元胞空间的划分只有一种;而对于二维元胞自动机,元胞空间通常可以按三角形、四边形、六边形三种网格排列。

②状态:取值于一个有限的离散集。严格意义上,元胞自动机的元胞只能有一个状态变量,以二进制的形式表示,如(0,1)、(生,死)、(黑,白)等,但在实际应用中,往往可以扩展。

③邻居:在提出规则前,必须定义一定的邻居规则,明确哪些元胞属于该元胞的邻居。在一维元胞自动机中,通常以半径 r 来确定邻居,距离一个元胞 r 内的所有元胞均被认为是该元胞的邻居。二维元胞自动机的邻居定义较为复杂,但通常有冯·诺依曼型、摩尔(Moore)型及扩展摩尔型等。

④局部规则:根据元胞当前状态以及邻居状况确定下一时刻该元胞状态的函数,也被称为状态转移函数。

(2)元胞空间边界条件

理论上,元胞空间是无限的,但在实际应用中无法达到这一理想条件。常用的边界条件包括周期型、定值型、绝热型和反射型。

周期型边界条件是指相对边界连接起来的元胞空间。对一维空间,首尾相接形成一个圆环;对二维空间,上下相接,左右相接,形成一个拓扑圆环面,形似车胎。周期型空间与无

限空间最为接近,因而在理论探讨时,常用此类空间做实验。

定值型边界条件是指所有边界外元胞均取某一固定常量。

绝热型边界条件是指边界外邻居元胞的状态始终和边界元胞的状态一致,即具有状态的零梯度。

反射型边界条件是指边界外邻居元胞的状态以边界元胞为轴形成镜面反射。

(3)元胞自动机的分类

沃尔弗拉姆详细研究了元胞自动机的演化行为,并将它们按结构定性地分为以下四大类,即元胞自动机的稳定行为只能是下述几类之一:

第一类:均匀状态,即点吸引子。

第二类:简单的周期性结构,即周期吸引子。

第三类:混沌的非周期性模式,即混沌吸引子。

第四类:具有某种局部结构的复杂模式。

从研究元胞自动机的角度讲,最具研究价值的是第四类行为,因为这类元胞自动机被认为具有涌现计算功能,可以用作通用计算机来仿真复杂的计算过程。而我们所关心的是这类自动机网络作为一类系统的动态模型确实能反映所描述的系统的状态和演化过程。

3.1.3 经典元胞自动机模型

在元胞自动机的发展过程中,科学家们构造了各种各样的元胞自动机模型。以下几个典型模型对元胞自动机的理论方法的研究起到了极大的推动作用,因此,它们又被认为是元胞自动机发展历程中的几个里程碑。

(1)约翰·康威和"生命游戏"

"生命游戏"(Game of Life)是约翰·康威在 20 世纪 60 年代末设计的一种单人玩的计算机游戏。其与现代的围棋游戏在某些特征上略有相似:围棋中有黑白两种棋子,"生命游戏"中的元胞有("生""死")两个状态{0,1};围棋的棋盘是规则划分的网格,黑白两子在空间的分布决定双方的"生死";"生命游戏"也是规则划分的网格(元胞似国际象棋分布在网格内,而不像围棋的棋子分布在格网交叉点上),根据元胞的局部空间构形来决定"生死",只不过规则更简单。下面介绍"生命游戏"的构成及规则:

①元胞具有 0 和 1 两种状态,0 代表"死",1 代表"生"。

②元胞以相邻的 8 个元胞为邻居,即摩尔邻居形式;边界采用定值型,均为 0。

③一个元胞的"生死"由其在该时刻本身的生死状态和周围 8 个邻居的状态(确切地讲是状态的和)决定:在当前时刻,如果一个元胞状态为"生",且 8 个相邻元胞中有 2 个或 3 个的状态为"生",则在下一时刻该元胞保持"生",否则"死";在当前时刻,如果一个元胞状态为"死",且 8 个相邻元胞中正好有 3 个为"生",则该元胞在下一时刻"复活",否则保持"死"。

$$S^t=1,则 S^{t+1}=\begin{cases}1, & S=2,3 \\ 0, & S\neq 2,3\end{cases}$$

$$S^t = 0, 则 S^{t+1} = \begin{cases} 1, & S = 3 \\ 0, & S \neq 3 \end{cases}$$

生命游戏模型已在多方面得到应用。其演化规则近似地描述了生物群体的生存繁殖规律:在生命密度过小(相邻元胞数<2)时,由于缺乏繁殖机会、缺乏互助,因此会出现生命危机,元胞状态值由 1 变为 0;在生命密度过大(相邻元胞数>3)时,由于环境恶化、资源短缺以及相互竞争而出现生存危机,因此元胞状态值由 1 变为 0;只有处于个体适中(相邻元胞数为 2 或 3)位置的生物才能生存(保持元胞的状态值为 1)和繁衍后代(元胞状态值由 0 变为 1)。正由于它能够模拟生命活动中的生存、灭绝、竞争等复杂现象,因此得名"生命游戏"。约翰·康威还证明,这个元胞自动机具有通用图灵机的计算能力,与图灵机等价,也就是说,给定适当的初始条件,生命游戏模型能够模拟任何一种计算机。

尽管"生命游戏"的规则看上去很简单,但它是具有产生动态图案和动态结构能力的元胞自动机模型。"生命游戏"的优化与初始元胞状态值的分布有关,给定任意的初始状态分布,经过若干步的运算,有的图案会很快消失,有的图案则固定不动,有的周而复始地重现两个或几个图案,有的蜿蜒而行,有的则保持图案定向移动,形似阅兵阵……其中最为著名的是"滑翔机"图案。

(2)沃尔弗拉姆和初等元胞自动机

初等元胞自动机(Elementary Cellular Automata,ECA)是状态集 S 只有两个元素$\{s_1, s_2\}$,即状态个数 $k=2$,邻居半径 $r=1$ 的一维元胞自动机。它几乎是最简单的元胞自动机模型。通常我们将其状态记为$\{0,1\}$。此时,邻居集 N 的个数 $2r=2$,局部映射 $f:S_3 \to S$ 可记为 $S_i^{t+1} = f(S_{i-1}^t, S_i^t, S_{i+1}^t)$,其中变量有 3 个,每个变量取 2 个状态值,那么就有 8 种($2 \times 2 \times 2$)组合,只要给定在这 8 个自变量组合上的值,f 就完全确定了。例如,以下映射(如表 3-1 所示)便是其中的一个规则:

表 3-1 映射规则

t	111	110	101	100	011	010	001	000
$t+1$	0	1	0	0	1	1	0	0

通常这种规则也可以表示为如图 3-1 所示的方式(■代表1,□代表0)。

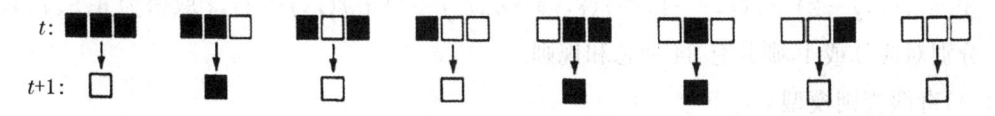

图 3-1 映射规则示意图

这样,对于任何一个一维的 0-1 序列,应用以上规则,可以产生下一时刻的相应序列。以下序列就是应用以上规则产生的:

t:0101111101010111100010

$$t+1:1010001010101010001$$

以上 8 种组合分别对应 0 或 1,因而这样的组合共有 256 种(2^8),即初等元胞自动机只可能有 256 种不同规则。其各类吸引子所占比例见表 3-2。沃尔弗拉姆定义由上述 8 种构形产生的 8 个结果组成一个二进制(注意高低位顺序),如上可得 01001100,然后计算它的十进制值 R:

$$R = \sum_{i=0}^{i=1} S_i 2^i = 76 \tag{3-4}$$

表 3-2　一维元胞自动机中各类吸引子所占比例

吸引子的类型	$k=2,r=1$	$k=2,r=2$	$k=2,r=3$	$k=3,r=4$
1	0.50	0.25	0.09	0.12
2	0.25	0.16	0.11	0.19
3	0.25	0.53	0.73	0.60
4	0.00	0.06	0.06	0.07

示例及分析如下:

①若在 256 种演化规则中施加两个限定条件:一是组合 000 对应 0;二是演化规则对称映射部分的元胞演化一致,即 110 与 011、100 与 001 要演化成相同的元胞。加上以上两个条件后,256 种演化规则只保留了其中的 32 种。

②沃尔弗拉姆对这 256 种模型一一进行了详细而深入的研究。研究表明,尽管初等元胞自动机十分简单,但它们表现出各种各样高度复杂的空间形态。经过一定时间,有些元胞自动机生成一种稳定状态,或静止,或产生周期性结构,有些产生自组织、自相似的分形结构。沃尔弗拉姆借用分形理论计算了它们的维数约为 1.59 或 1.69。

③随机初始条件下的元胞演化性态。

(3) 总和规则模型

总和规则模型的构成及规则如下:

①元胞具有 0 和 1 两种状态。

②元胞的下一状态由周围 $2 \times r + 1$ 个元胞决定。定值型边界。

③$s = a(i,j-2) + a(i,j-1) + a(i,j) + a(i,j+1) + a(i,j+2)$,$s$ 取值为 6、5、4、3、2、1、0,分别对应 0 或 1,则共有 64 种总和规则。

(4) 奇偶规则模型

奇偶规则模型的构成及规则如下:

①元胞空间:经典方格空间。

②邻域:冯·诺依曼邻域(包含自身在内的存在公共边的 5 个格子);特殊地,如果元胞在空间的边界上,邻域不足 5 个,我们就视对边为同一条边,跨越边界取对边对应区域的元胞补充进邻域。周期型边界。

③状态集:黑色的格子对应1,白色的格子对应0。
④规则函数:若在空邻域内的"1"的数量为奇数,则该元胞状态反转;否则,保持原状态。

如果改变初始条件,若干次演化后就将产生完全不一样的图形,且演化过程中的图形复杂多样。

3.1.4 元胞自动机与混沌分形

(1)元胞自动机与"混沌的边缘"

"混沌的边缘"是当前复杂性科学研究的一个重要成果和标志性口号,指生命等复杂现象和复杂系统存在或产生于"混沌的边缘",有序不是复杂,无序同样也不是复杂,复杂存在于无序的边缘。"混沌的边缘"这个概念是诺曼·帕卡德(Norman Packard)和兰顿在对元胞自动机深入研究的基础上提出的,在此做简要介绍。

沃尔弗拉姆于1984年对元胞自动机做了全面的研究。他将元胞自动机分成四种类型:类型Ⅰ,元胞自动机演化到一个均质的状态;类型Ⅱ,元胞自动机演化到周期性循环的模式;类型Ⅲ,元胞自动机的行为变成混沌,没有呈现明显的周期性,并且后续的模式表现随机,随着时间的变化,没有内在的或持续的结构;类型Ⅳ,元胞自动机的行为呈现没有明显周期的复杂模式,但展现局域化和持续的结构,特别是其中有些结构具有通过元胞自动机的网格传播的能力。

类型Ⅰ和类型Ⅱ的元胞自动机产生的行为,在生物学的模型建构中显得太平淡而失去了研究意义。虽然类型Ⅱ的元胞自动机产生了丰富的模式,但是类型Ⅲ那里没有涌现的行为,也就是说,没有连贯的、持久的、超出单一元胞层次的结构出现。在类型Ⅳ的元胞自动机中,我们确实发现了涌现行为:从纯粹局部相互作用的规则中涌现秩序。

为什么有些元胞自动机能够产生有意义的结构,而另外一些却不能呢?这个问题吸引了当时还在读研究生的兰顿。兰顿定义了一个参数λ来测量元胞自动机的活动性。λ的值越大,元胞自动机的元胞转为"活"的状态的概率就越大;反之,元胞自动机的元胞转为"活"的状态的概率就越小。兰顿用不同的λ值做了一系列试验,结果发现,沃尔弗拉姆的四类元胞自动机倾向于完全落入参数λ的某些确定范围。他发现,当$0<λ<0.2$时,类型Ⅰ的元胞自动机发生;当$0.2<λ<0.4$时,类型Ⅱ和类型Ⅳ的元胞自动机发生;当$0.4<λ<1.0$时,类型Ⅲ的元胞自动机发生。这就是说,当活动水平非常低时,元胞自动机倾向于收敛到单一的、稳定的模式;如果活动性非常高,无组织的、混沌的行为就会发生;只有对于中间层次的活动性,局域化的结构和周期性的行为(类型Ⅱ和类型Ⅳ)才会发生。类型Ⅱ和类型Ⅳ的差别是,类型Ⅱ中局域化的、周期性的结构并不在空间中移动,而类型Ⅳ中局域化的结构可以通过网格传播。兰顿推测,在类型Ⅳ中,传播结构的存在意味着局域化的周期性结构和传播性的周期性结构之间可能有任意复杂的相互作用。

兰顿因此把类型Ⅳ的元胞自动机看作表达了部分发展了的混沌行为,并把具有这种行为状态的元胞自动机称为处于"混沌的边缘"的元胞自动机。在"混沌的边缘",既有足够的稳定性来存储信息,又有足够的流动性来传递信息,这种稳定性和流动性使得计算成为可能。在此基础上,兰顿做了一个更为大胆的假设,认为生命或者智能就起源于"混沌的边缘"。兰顿构造了一些具体的类型Ⅳ的元胞自动机,它们非常像"真实的"生命的一些方面。例如,在 $\lambda=0.218$ 的一个模拟中,两个相互作用的物种形成一种"催化周期",其中两个物种都图谋维护彼此的群体水平。

根据 λ 的连续变化能够得到四种元胞自动机之间的过渡转化图景:

Ⅰ→Ⅱ→Ⅳ→Ⅲ,即固定点→周期→复杂→混沌

因此我们说,复杂的结构诞生于"混沌的边缘"。"混沌的边缘"是一种处于凝固的周期状态与活跃的混沌之间的过渡,或者我们称其为"相变过程"。所谓"相变",就是指系统从量变到质变的飞跃。就像煮开水,当温度达到100℃左右的时候,水会突然沸腾,这种状态就是相变,因为从此水由液态变成了气态。

元胞自动机系统的连续变化过程就好像水的固态、液态以及从固态到液态之间的变化过程。

元胞自动机的Ⅰ和Ⅱ两种类型可以被看作固态,就像冰一样凝固在一起,非常有秩序,同时没有活性。元胞自动机的类型Ⅲ如液态水,完全流动、随机,没有一个时刻能停下来,然而这类系统过于松散,不可能产生有价值的结构。类型Ⅳ的元胞自动机就刚好存在于从固态的冰到液态的水转变的瞬息之间狭小的空间内。

在这里,复杂的结构形成了神奇的王国,你会不断地看到若干水分子结合成有趣的结构与秩序,同时这些结构和秩序永远不会被冻结,它们会偶尔被破坏,但新的结构马上会生成。这样的状态被"人工生命"之父兰顿称为"混沌与秩序的边缘"。科学家们已经对固体、液体的性质研究得比较清楚了,然而对于固体转变为液体这样一种相变的过程仍然认识得不够清楚,原因就在于这样的状态具有太多复杂的结构,很难预言其具体性质。类型Ⅳ的元胞自动机也是这样,除了按照它的"物理规律"运行外,别无他法,因为复杂的元胞自动机的行为难以预测。

将"混沌的边缘"的概念推广,也就是把秩序、周期这些动态的情况看作一种凝固的吸引力,它保证了系统能够固定于某一种结构;另外,随机、混沌形成了一种张力,它使得系统趋于不稳定,但也为系统提供了创新的动力。仅当这两种力处于一种恰到好处的平衡态的时候,也就是系统处于"混沌的边缘"的条件下,该系统才会更有活力,并且演变得越来越复杂。

对于元胞自动机的分类以及"混沌的边缘"的概念不仅适用于一维元胞自动机,而且对于二维甚至多维的元胞自动机仍然适用。显然,我们熟悉的"生命游戏"也正是处于一种"混沌的边缘"状态。经计算,"生命游戏"对应的 λ 为 0.25。

简言之,兰顿在对沃尔弗拉姆动力学行为分类进行分析和研究的基础上,提出"混沌的边缘"这个名词,认为元胞自动机,尤其是类型Ⅳ的元胞自动机是最具创造性的动态系统,其复杂状态恰恰位于秩序与混沌之间。在大多数非线性系统中,往往存在由秩序到混沌的转换参数。例如,我们日常生活中水龙头的滴水现象,随着水流速度的变化而呈现不同的稳定

的一点周期、两点或多点周期乃至混沌、极度紊乱的复杂动态行为,显然,这里的水流速度,或者说水压就是这个非线性系统的状态参数。兰顿相应地定义了一个关于转换函数的参数,从而将元胞自动机的函数空间参数化。该参数变化时,元胞自动机可展现不同的动态行为,得到与连续动力学系统中相图相类似的参数空间。兰顿的方法如下:

首先定义元胞的静态(Quiescent State)。元胞的静态具有这样的特征:如果元胞的所有邻域都处于静态,则该元胞在下一时刻将仍处于这种静态(类似于映射中的不动点)。现考虑一元胞自动机,每个元胞具有 k 种状态(状态集为 Σ),每个元胞与 n 个相邻元胞相连,则共存在 k^n 种邻域状态。选择 k 种状态中任意一种 $s \in \Sigma$ 并称之为静态 s_q。假设对转换函数而言,共有 n_q 种变换将邻域映射为该静态,剩下的 $k^n - n_q$ 种状态被随机地、均匀地映射为 $\Sigma - s_q$,则其中的每一个状态可定义为

$$\lambda = \frac{k^n - n_q}{k^n}, 0 \leqslant \lambda \leqslant 1 \tag{3-5}$$

这样,对任意一个转换函数,定义了一个对应的参数值 λ。随着参数 λ 由 0 到 1 地变化,元胞自动机的行为可从点状态吸引子变化到周期吸引子,并通过类型Ⅳ的元胞自动机的复杂模式达到混沌吸引子。因此,类型Ⅳ的元胞自动机具有局部结构的复杂模式,处于"秩序"与"混沌"之间,被称为"混沌的边缘",在上述的参数空间内,元胞自动机的动态行为(定性)具有点吸引子→周期吸引子→复杂模式→混沌吸引子的演化模式。

同时,赋予元胞自动机的动力学行为的分类新含义,即 λ 低于一定值(这里约为0.6),那么系统将过于简单。换句话说,太多的有序使得系统缺乏创造性。另一个极端情况——λ 接近 1 时,系统变得过于紊乱,无法找出结构特征,那么,λ 只能在某个值附近,所谓"混沌的边缘",系统变得极为复杂,只有在此时,"生命现象"才可能存在。在这个基础上,兰顿提出和发展了人工生命科学。在现代系统科学中,耗散结构学指出"生命"以负熵为生,而兰顿则创造性地提出生命存在于"混沌的边缘",从另一个角度对生命的复杂现象进行了更深层次的探讨。

(2)元胞自动机与分形

元胞自动机与分形理论有着密切的联系。元胞自动机的自复制、混沌等特征,往往导致元胞自动机模型在空间构形上表现出自相似的分形特征,即元胞自动机的模拟结果通常可以用分形理论来进行定量描述。同时,在分形的经典范例中,有些模型本身就是或者接近元胞自动机模型,如凝聚扩散模型。因此,某些元胞自动机模型本身就是分形动力学模型。但是,究其本质,元胞自动机与分形理论有着巨大的差别。

元胞自动机重在对现象机理的模拟与分析,分形重在对现象的表现形式的表达与研究。元胞自动机建模时,从现象的规律入手,构建具有特定含义的元胞自动机模型;而分形多是从物理或数学规律、规则入手构建模型,而后应用于某种特定复杂现象,其应用方式多为描述现象的自相似性和分形特征。此外,两者都强调从局部到整体的过程,但在这个过程的实质上,两者却存在巨大的差异。分形理论的精髓是自相似性。这种自相似性不局限于几何

形态而具有更广泛、更深刻的含义,它是局部(部分)与整体在形态、功能、信息和结构特性等方面具有统计意义上的相似性。因此,分形理论提供给我们分析问题的方法论就是从局部结构推断整体特征。相反,元胞自动机的精华在于局部的简单结构在一定的局部规则作用下所产生的整体上的"涌现"性复杂行为,即系统(整体)在宏观层次上,其部分或部分的加总所不具有的性质。所以,分形理论强调局部与整体的相似性和相关性,但元胞自动机重在表现"涌现"特征,即局部行为结构与整体行为的不确定性、非线性关系。

3.2 热力学定律

3.2.1 热力学第一定律

热力学第一定律是能量守恒定律。一个热力学系统的内能增量等于外界向它传递的热量与外界对它做功的总和。(如果一个系统孤立与环境,那么它的内能将不会发生变化。)表达式:

$$\Delta U = W + Q$$

热力学第一定律的数学表达式也适用于物体对外做功、向外界散热和内能减少的情况。

①如果单纯通过做功来改变物体的内能,内能的变化就可以用做功的多少来度量,这时物体内能的增加(或减少)量 ΔU 就等于外界对物体(或物体对外界)所做功的数值,即 $\Delta U = W$。

②如果单纯通过热传递来改变物体的内能,内能的变化就可以用传递热量的多少来度量,这时物体内能的增加(或减少)量 ΔU 就等于外界吸收(或对外界放出)热量 Q 的数值,即 $\Delta U = Q$。

③在做功和热传递同时存在的过程中,物体内能的变化则要由做功和所传递的热量共同决定。在这种情况下,物体内能的增量 ΔU 就等于从外界吸收的热量 Q 和对外界做功 W 之和,即 $\Delta U = W + Q$。

能量守恒定律:能量既不能凭空产生,也不能凭空消失,它只能从一种形式转化为另一种形式,或者从一个物体转移到另一个物体。

能量的多样性:物体运动具有机械能,分子运动具有内能,电荷运动具有电能,原子核内部的运动具有原子能……可见,在自然界中,不同的能量形式与不同的运动形式相对应。不同形式的能量的转化"摩擦生热",是通过克服摩擦力做功将机械能转化为内能;水壶中的水沸腾时,水蒸气对壶盖做功将壶盖顶起,表明内能转化为机械能;电流通过电热丝做功,可将电能转化为内能……这些实例说明不同形式的能量之间可以相互转化,且这一转化过程是通过做功来完成的。

能量守恒的意义如下:

第一,能量的转化与守恒是分析和解决问题的一个极为重要的方法,它比机械能守恒定律更普遍。例如,物体在空中下落受到阻力时,物体的机械能不守恒,但包括内能在内的总能量守恒。

第二,能量守恒定律是19世纪自然科学中的三大发现之一,也庄重宣告了第一类永动机幻想的彻底破灭。第一类永动机——不消耗任何能量却能源源不断地对外做功的机器不可能存在,因为其违背了能量守恒定律。

第三,能量守恒定律是认识自然、改造自然的有力武器,这个定律将广泛的自然科学技术领域联系起来。

3.2.2 热力学第二定律

热力学第二定律有几种表述方式,其中:克劳修斯(Clausius)表述为热量可以自发地从较热的物体传递到较冷的物体,但不可能自发地从较冷的物体传递到较热的物体;开尔文-普朗克(Kelvin-Planck)表述为不可能从单一热源吸取热量,并将这热量变为功,而不产生其他影响。这两种表述看上去似乎没什么关系,然而实际上它们是等效的,即由其中一个可以推导出另一个。热力学第二定律的每一种表述都揭示了大量分子参与的宏观过程的方向性,使人们认识到自然界中涉及热现象的宏观过程都具有方向性。

从微观上来讲,一切自然过程总是沿着分子热运动的无序性增大的方向进行,这也说明了第二类永动机,即只从单一热源吸收热量,使之完全变为有用的功而不引起其他变化的热机不可能制成。因为大量事实证明,在任何情况下,热机都不可能只有一个热源,热机要不断地把吸取的热量变成有用的功,就不可避免地将一部分热量传给低温物体,所以第二类永动机的效率不会达到100%。虽然第二类永动机不违反能量守恒定律,但它违反了热力学第二定律。

3.2.3 热力学第三定律

热力学第三定律通常表述为,绝对零度时,所有纯物质的完美晶体的熵值为0或者绝对零度($T=0K$)不可达到。R. H. 否勒(R. H. Fowler)和 E. A. 古根海姆(E. A. Guggenheim)还提出热力学第三定律的另一种表述形式:任何系统都不能通过有限的步骤使自身温度降低到0K,称为"0K不能达到"原理。

另外,还有热力学第零定律:如果两个热力学系统中的每一个都与第三个热力学系统处于热平衡,那么它们也必定处于热平衡。

3.3 伊辛模型

20世纪初,威廉·楞次(Wilhelm Lenz)曾向他的学生恩斯特·伊辛(Ernst Ising)建议研究磁性的一个简单模型。恩斯特·伊辛于1925年发表他的研究结果,但是该模型只能在一维情况下求解，在任何不为绝对零度的温度下无自发磁化。1936年佩尔斯(Peierls)论证了二维伊辛模型(Ising Model)确有自发磁化。现在看来，伊辛模型是铁磁体的一种最简单的理论模型，它可近似描述单轴各向异性铁磁体、气-液相变、二元溶液相变以及合金的有序-无序相变等。

设有 N 个自旋处于晶格格点位置，每个自旋只能取向上、向下两个态，并只考虑近邻自旋之间的相互作用，这样的自旋系统称为伊辛模型，其哈密顿量为

$$H = -J \sum_{<i,j>} S_i S_j - \mu B \sum_{i=1}^{N} S_i \qquad (3-6)$$

其中：S_i 代表第 i 个格点位置的自旋，取值为 $+1$ 或 -1，分别对应自旋向上或向下；$<i,j>$ 表示对一切可能的近邻对求和；J 为交换积分成正比的耦合常数，这里令 $J>0$，代表铁磁体。

在式(3-6)的哈密顿量下，正则系统的配分函数为

$$\begin{aligned} Q(T,B) &= \sum_{S_1 = \pm 1} \sum_{S_2 = \pm 1} L \sum_{S_N = \pm 1} e^{-H'K_B t} \\ &= \sum_{S_I} e^{-H'K_B t} \end{aligned} \qquad (3-7)$$

其中，S_I 代表对一切可能的自旋态求和，每一个自旋有两个可能取值，故总态数为 2^N。如果计算出配分函数 Q，则可按下列公式求得各热力学量：

$$F(T,B) = -K_B T \ln Q(T,B) \qquad (3-8)$$

$$U = E(T,B) = -T^2 \frac{\partial}{\partial T}\left(\frac{F}{T}\right) \qquad (3-9)$$

$$C_B = \frac{\partial U}{\partial T} = -T \frac{\partial^2 F}{\partial T^2} \qquad (3-10)$$

$$M = \overline{\mu \sum S_I} = -\frac{\partial F}{\partial B} \qquad (3-11)$$

若 $M(T, B=0) \neq 0$，则称为自发磁化。

3.4 沙堆模型

沙堆模型模拟了一个沙堆的形成和坍塌过程，用一个画满了正方形小格子的平面表示沙堆的所在区域，每个小格子表示沙堆中的一个局部区域，而小格子中有一个数字表示这个局部区域的沙粒数目。根据我们玩沙的经历可以知道，当沙堆堆到一定的高度时，会不断坍塌。这个现象被皮尔·巴克(Per Bak)等抽象为沙堆模型中的坍塌规则：当某个小格子的沙粒超过一个特定的坍塌数值时，这个小格子中的沙粒会因为过于不稳定而发生"沙崩"，所有沙粒都会因为坍塌而平均地流向相邻的格子。局部的"沙崩"也许会引起连锁反应，比如刚好让相邻格子的沙粒也超过了坍塌的数值而发生坍塌，然后继续影响它周围的格子。我们

可以根据某一个"沙崩"影响格子的多少来定义一个"沙崩"的大小。当你不断地向这个"沙堆"加入沙粒时,会不断产生"沙崩","沙崩"大小的不停演化取决于沙堆的状态和沙粒添加的位置。这是一个很简单的模型,用一个普通的个人电脑就可以做出模型的模拟计算。也正因为简单,所以这个模型可以有很强的普遍性,比如,如果认为地震过程只是地壳间的摩擦、碰撞,沙堆模型就类似于地震的发生现象。

在地震研究领域内,有一个著名的实验现象规律叫作古登堡-理查德定律(Gutenberg-Richter Law)。这个定律描述了在某一个地区一段较长的时间内不同大小的地震发生的频率的规律。随着观察水平的提高,这个规律被后来的科学家用更多、更新的数据重新发现。与我们的经验相符的是,数据表明,大地震很少,小地震很多。但超乎直觉的是,从震级为2的小地震到震级为7的大地震,发生的次数与震级大小符合数学上的幂律关系,专业描述是地震的发生次数随其大小按照幂律下降。如果将这些地震的数据点画在横轴是震级大小、纵轴是次数的双对数图上,就是一条直线。这是一个很惊人的发现,因为地震的大小每提高一个里氏级,其释放的能量增大约30倍。震级为2的地震与震级为7的地震释放的能量相差2 500万倍,但能量相差如此之大的地震,其统计数据点奇迹般地落在了古登堡-理查德定律所描述的直线上。当然,这个定律只是现象描述,并没有涉及地震产生的机理。大地震与小地震落在同一条直线上是否表示这些地震,不论其大小,都有着相同的机理呢?皮尔·巴克和汤超于1989年提出的地震现象正是沙堆模型里所描述的自组织临界性的一个实例。

3.5 随机游走

随机游走(Random Walk,RW)又称"随机游动"或"随机漫步",是一种数学统计模型,它由很多串轨迹组成,其中每一串轨迹都是随机的。其概念接近布朗运动,是布朗运动的理想数学状态。它能用来表示不规则的变动形式,如同一个人酒后乱步所形成的随机过程记录。1905年卡尔·皮尔逊(Karl Pearson)首次提出,任何分子所带的守恒量都各自对应一个扩散运输定律。

随机游走过程 S_t 遵循几何布朗运动,满足微分方程:

$$dS_t = uS_t dt + \sigma S_t dW_t \tag{3-12}$$

$$\frac{dS_t}{S_t} = u dt + \sigma dW_t \tag{3-13}$$

设定初始状态 S_0,根据伊藤积分可以解出:

$$S_t = S_0 \exp\left[\left(u - \frac{\sigma^2}{2}\right)t + \sigma w_t\right] \tag{3-14}$$

其中,u 和 σ 是常量。

在我们的生活中处处存在着与随机游走有关的自然现象,例如气体分子的运动、墨在水中晕染、气味的扩散等。随机游走是扩散过程的基础,因此它被广泛地用于对物理和化学等扩散现象的模拟上。

此外，随机游走又是设计随机算法的一个常用工具，其中一个典型的例子就是"马尔可夫链蒙特卡罗"法（MCMC）。该方法是解决近似计算问题的一种重要方法，它能以比确定性算法快指数级的速度提供解决问题的最好随机方法，目前已经被广泛地应用在统计领域。

随机游走是随机过程（Stochastic Process）的一个重要组成部分，通常描述的是最简单的一维随机游走过程。一个简单的随机游走的例子是在整数轴上的随机游走。它从0开始，每一步以相同的概率移动+1或-1。实际操作如下：首先在0的位置放上一个标记，然后掷一枚公平硬币。若头朝上，则将标记向右移动一个单位；反之，则将标记向左移动一个单位。五次翻转后，标记现在可能在1、-1、3、-3、5或-5的位置。若五个翻转中得到三个头和两个尾，则不管任何顺序，标记都会落在1。一共有10种方式落在1（三个头和两个尾），10种方式落在-1（三个尾和两个头），5种方式落在3（四个头和一个尾），5种方式落在-3（四个尾和一个头），1种方式落在5（五个头），1种方式落在-5（五个尾）。

举例说明：考虑在数轴原点处有一只蚂蚁，它从当前位置[记为$x(t)$]出发，在下一个时刻[$x(t+1)$]以0.5的概率向前走一步[$x(t+1)=x(t)+1$]，或者以0.5的概率向后走一步[$x(t+1)=x(t)-1$]，这样蚂蚁每个时刻到达的点序列就构成一个一维随机游走过程。

在更高的维度中，随机游走点集具有一些特别的几何属性。我们得到一个离散的分形，它在很大的尺度上有着随机的自相似特性，在小尺度上可以观察到因点阵的形状而产生的锯齿。下面引用的两本劳勒（Lawler）的书里有不少关于这个主题的资料。若我们忽略到达每一点的时间，那么随机游走的轨迹就是所有曾经到达的点的集合。在一维中，随机游走的轨迹就是最小高度和最大高度之间的所有点。

随机游走可以在各种空间上进行，通常的研究包括图、整数或实数线、向量空间、曲面、高维的黎曼流形，以及群、有限生成群或李群。在最简单的情况下，时间是离散的，随机游走的路径为一个由自然数索引的随机变量序列。但是，也可以定义在随机时间采取步骤的随机游走，在这种情况下，必须定义X_t的所有时间$t\in[0,+\infty)$。

通常，我们可以假设随机游走是以马尔可夫链或马尔可夫过程的形式出现，但是比较复杂的随机游走则不一定以这种形式出现。在某些限制条件下，会出现一些比较特殊的模式，如布朗运动、醉汉走路或莱维飞行。

随机游走在各个领域有许多应用，例如在工程学、生态学、心理学、计算机科学、物理、化学、生物学以及经济学。在数学中，我们可以用个体为本模型的随机游走估算π的值。它可以用来模拟分子在液体或气体中传播时的路径、觅食动物的搜索路径、波动的股票价格和赌徒的财务状况。在这些领域中，随机游走可以用来解释许多观察到的现象，因此它是记录随机活动的基本统计模型。

本质上，随机游走是一种随机化的方法，在实际生活中，如醉汉行走的轨迹、花粉的布朗运动、证券的涨跌等都与随机游走有密不可分的关系。当前研究者们已经开始将随机游走应用到信息检索、图像分割等领域，并且取得了一定的成果，其中一个突出的例子就是谢尔盖·布林(S. Brin)和拉里·佩奇(L. Page)利用基于随机游走的网页排名(PageRank)技术创建了谷歌(Google)公司。

3.6 供应链复杂网络系统

3.6.1 供应链拓扑网络界定

供应链在空间结构上表现为由交织成网的各节点和关系构成的网络。它不仅是物料有向流动的载体,而且对流量、流速、时间、成本等多种运行参数产生重大影响。拓扑网络反映了这种空间结构。根据拓扑学,供应链拓扑网络由节点和边的集合构成,即 $G=(V,E)$。节点数 $N=V$,边数 $M=E$;加权矩阵为 $\{w_{ij}\}$,w_{ij} 表示边的权重(合作程度),$w_{ij}=0$ 表示企业 i 和 j 之间不存在合作关系。[15]

根据官西民立体多核网络结构理论,本书将供应链网络界定为由"基础设施形成的物理网络",及由物流、信息流和资金流(后文简称"三流")形成的非物理网络。"三流"依托各基础设施运行,基础设施建设提高了"三流"的效率。在"三流"中,本书选取物流作为研究对象,下面是对供应链拓扑网络的界定:

(1)供应链网络节点

供应链网络节点是功能性空间集聚场所,集中了交易、通信、生产制造、库存管理、金融活动和人才调用等诸多功能,既是物料集散点,也是供应链发生交易关系的起点和终点。

基于宏观和微观视角,可将节点划分为不同层次和范围。基于宏观的全球产业视角,节点代表供应商、生产商、分销商和零售商等企业个体;基于微观的企业视角,节点代表制造中心、仓库、配送中心等供应链基础设施。

(2)供应链网络链路

供应链网络链路包含两层内容:一是节点间的交易关系及基于交易关系的"三流"交互关系;二是基础设施物理路径,主要包括公路、铁路、水路、航空和管道等物流通道,以及通信设施、金融设备等。本书选取实现物资流通的物流链路作为研究对象。

(3)供应链网络是流网和纯网的结合

根据复杂网络理论,仅考虑拓扑结构和连通性,将网中流量视为常数而非网络状态函数的,称为"纯网";不仅考虑拓扑结构,而且考虑网络流特性的,称为"流网"。流网和纯网的结合不仅考虑网络拓扑结构,而且考虑节点供需量、成本函数等物流特性和供需模式特性。供应链物理网络是纯网抽象,物流网络是流网抽象。

3.6.2 供应链网络特征

供应链是一种典型的技术网络系统,遵循社会经济网络的一般规律,是一个典型的复杂

网络自适应系统[12],这主要体现在以下三个方面:

(1)供应链网络的结构复杂性和个体行为复杂性

在同一供应链网络中,某一节点可以跨越层级行使不同的功能。它既可能是某条供应链中的三级分销商,也可能同时是另一条供应链的一级原材料供应商。这种复杂的交互关系体现了供应链的结构复杂性。供应链网络是一个多个体系统,各个体具有自己的价值偏好和风险偏好,会根据自己的特点、偏好和效用函数进行决策,并且与其他个体协同合作。这是个体复杂性,它导致了供应链网络复杂的交易关系。[15]

(2)供应链网络的自适应性

供应链网络的自适应性主要体现在:供应链个体面对外部环境具有自我调整、自我学习的自适应能力;基于供应链网络无标度特性,供应链对随机故障具有较高的稳健性,对人为攻击具有高度脆性;供应链复杂自适应网络通过内部个体间的非线性作用,以及个体与外界环境间的相互作用产生新特性;供应链结构随着个体的目标、约束条件及个体的稳健性、弹性的改变而改变。

(3)供应链网络的择优性

供应链保持安全运行的同时满足所有功能是不可能的,它可根据具体问题选择必须满足的功能。例如,当供应链面临的主要问题是中断风险时,它会加强稳健性以防止供应中断事件的发生,如就近选择供应商或采取备用供应商策略。

课程思政

复杂系统模型与社会发展之间有着紧密的联系。社会是一个多层次、多维度的系统,模型可以帮助我们更好地理解其中的相互影响和变化机制。例如,在经济领域,运用元胞自动机模型可以模拟市场的供求关系,分析市场的稳定性和波动性。在政治领域,混沌理论可以帮助我们预测舆论的传播路径和趋势。在环境领域,热力学模型可以帮助我们优化资源配置和环境保护策略。复杂系统模型让我们看到社会现象背后的深层规律。这些模型能够从不同维度、不同角度解析社会现象的本质,帮助我们认识社会发展的内在机制。通过模拟实验,我们可以揭示个体行为如何在相互作用下演化、市场价格如何受到多重因素的影响、社会网络如何传播信息。

本章小结

本章详细介绍了复杂系统的特色模型,了解了什么是元胞自动机,元胞自动机的发展、定义以及构造,学习了元胞自动机与混沌的联系,热力学定律,复杂系统的特色模型——伊辛模型、沙堆模型和随机游走,以及供应链中的复杂网络系统。

思考题

1. 元胞自动机的主要原理是什么？其具有哪些特点？其主要用于哪些方面？
2. 什么是伊辛模型？该模型有哪些特征？请给出具体的数学推导。
3. 什么是沙堆模型？尝试用元胞自动机方法模拟沙堆模型，并说明什么是自组织临界点。
4. 阐述供应链网络的复杂性特征。

参考文献

[1]段晓军,林益,赵城利,等.系统科学教材[M].北京:科学出版社,2019.
[2]普里戈金,斯唐热.从混沌到有序[M].上海:上海译文出版社,1987.
[3]莫兰.复杂思想:自觉的科学[M].北京:北京大学出版社,2001.
[4]刘寄星.中国大百科全书74卷(第二版)[M].北京:中国大百科全书出版社,2009:238—240.
[5]胡煜东.Ising模型的数值模拟研究[D].重庆大学,2006.
[6]Wirth, E., Szabó, G., Czinkóczky, A.. Measure Landscape Diversity with Logical Scout Agents[J]. ISPRS-International Archives of the Photogrammetry, Remote Sensing and Spatial Information Sciences,2016(6):491—495.
[7]Wirth E.. Pi from Agent Border Crossings by NetLogo Package[M]. Wolfram Library Archive,2015.
[8]Pearson, K.. The Problem of the Random Walk[J]. Nature,1905,72(1865):294.
[9]Bak, P., Tang, C. and Wiesenfeld, K.. Self-organized Criticality[J]. Physical Review A.,1988,38(1):364—374.
[10]P. Bak and C. Tang. Earthquakes as a Self-organized Critical Phenomena[J]. J. Goephys. Res. 94,1989(11):15635.
[11]Stephen Wolfram. A New Kind of Science[M]. Champaign:Wolfram Media,2002.
[12]吴孟达,成礼智,吴翊,等.数学建模教程[M].北京:北京高等教育出版社,2013.
[13]李士勇,等.非线性科学与复杂性科学[M].哈尔滨:哈尔滨工业大学出版社,2006.
[14]陶倩,徐福缘.基于机制的复杂适应系统建模[J].计算机应用研究,2008:13—14.
[15]曹伟,供应链复杂系统脆性传播模型与管控方法研究[D].北京交通大学,2020:31—32.

第四章 复杂系统与复杂网络

全章提要

- 4.1 复杂系统的网络表示
- 4.2 复杂网络的图表示
- 4.3 邻接矩阵
- 4.4 度和度分布
- 4.5 二部分网络
- 4.6 集聚系数
- 4.7 路径和距离
- 4.8 连通性和连通分量

课程思政
本章小结
思考题
参考文献

在当今世界，各种学科之间的边界逐渐变得模糊，许多社会现象和复杂系统往往需要借助多种学科进行刻画和分析。年轻的网络科学作为一门高端交叉学科，充分汲取各个学科的养分，发挥着越来越重要的作用和影响。计算机科学与应用数学利用理论框架和数学模型来刻画系统中的复杂性；从经济学的角度，可以解释人们的行为动机以及对他人行为预期的影响；社会学告诉我们，人群的互动中存在强弱关系，并形成各种各样的社会结构。以上每个学科都有着悠久的研究历史和独到的技术、观点，但是面对复杂的现代社会仍然力不从心，正因如此，网络科学应运而生。学科的融合预示着全新的研究领域，社会学、心理学、计算机、管理科学与工程、市场营销、舆情分析、公共管理的背后都可以看到网络科学的身影。

4.1 复杂系统的网络表示

自然界中存在的大量复杂系统可以通过形形色色的网络加以描述。一个典型的网络由许多节点与节点之间的连边组成，其中节点用来代表真实系统中不同的个体，边则用来表示个体之间的关系，往往是两个节点之间具有某种特定的关系则连一条边，反之则不连边，有边相连的两个节点在网络中被看作相邻。例如，神经系统可以看作大量神经细胞通过神经纤维相互连接形成的网络；计算机网络可以看作自主工作的计算机通过通信介质，如光缆、双绞线、同轴电缆等相互连接形成的网络。类似的还有电力网络、社会关系网络、交通网络、调度网络等。

这些复杂系统的许多方面值得研究。有些人研究单个组件的性质，如计算机如何工作或人类如何感觉或行为；有些人研究连接或交互的性质，如互联网上使用的通信协议或人类的动态友谊。但是，这些交互系统的第三个方面——组件之间的连接模式有时会被忽视，然而其对复杂系统是至关重要的。

给定一个复杂系统中的连接模式，它可以表示为网络：系统的个体是网络节点，连接是边。这种网络结构、特定的交互模式会对系统的行为产生重大影响。例如，互联网上计算机之间的连接模式会影响信息在网络上的传播路径以及网络传输的效率。社交网络中的联系会影响人们学习、形成观点和收集新闻的方式，还会影响其他不太明显的现象，如疾病的传播。除非我们对这些网络的结构有所了解，否则我们无法完全理解相应复杂系统的工作原理。

网络是一种简化的表示，它将复杂系统简化为抽象结构，仅包含连接模式的基础知识而删除了其他内容。网络中的节点和连边可以用附加信息（如特征或属性）进行标记，以捕获复杂系统的更多细节。但即便如此，在将复杂系统简化为网络表示的过程中，通常也会丢失大量信息。

多年来，各个领域的科学家开发了一套工具广泛用于分析、建模和理解网络，包括但不限于数学、计算和统计模型。这些工具从网络的一组节点和连边开始，经过适当的计算后，告诉我们一些关于网络的信息，如哪个是最重要的节点、从一个节点到另一个节点的路径等。其他工具对网络上发生的传播过程进行数学预测，如信息在互联网上的流动方式或疾病在社区中的传播方式。

由于这些工具采用了抽象形式处理网络,因此理论上它们可以应用于几乎任何表示为网络的复杂系统。如果我们对某个复杂系统感兴趣,并且可以有效地将其表示为一个网络,就有数百种不同的工具应用于复杂系统分析,这些工具已被开发并被很好地理解。当然,分析的结果取决于系统是什么、做什么以及我们试图回答哪些具体问题。

网络是表示复杂系统各部分之间的交互模式的强大手段。在本章中,我们会介绍不同领域中特定网络的许多示例,以及来自数学、物理、计算机和信息科学、社会科学、生物学和其他领域的分析技术。在此过程中,我们汇集了来自许多学科的广泛思想和专业知识,对网络科学进行了全面介绍。

4.2　复杂网络的图表示

4.2.1　网络的定义

想要科学地研究复杂网络,首先需要精确地定义。本书所研究的网络(Network),是由若干节点(Node)以及节点之间的边(Link)所构成的集合。节点对应网络中的个体(如用户、网站、银行),边则代表个体之间的关系(如社会关系、超链接、转账)。

图4-1展示了作者的一部分社会网络——作者微信上最密切的好友以及他们之间是否互相认识,当然,完整的社会网络要复杂得多。在社会计量学(Sociometric)中,这样的图称作"自我中心网络"(Ego-centered Network)。网络的中心节点(Ego)是我们想要研究的特定对象,周围是网络中该对象的所有邻居节点(Alters)。

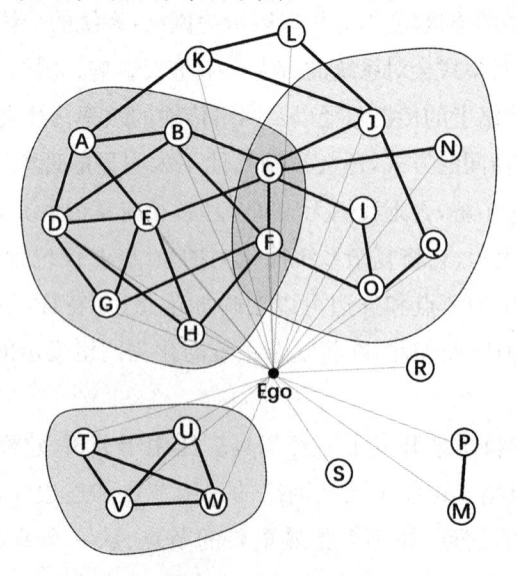

图4-1　自我中心网络

仔细观察图 4-1 中的这个网络,会发现一些联系紧密的群体。朋友们互相之间也是朋友,而且被划分成了若干个社交圈。任何不认识作者的读者都能猜到这些社交圈与作者不同的生活经历有关,比如左上角是作者本科期间的同学,右上角是作者硕士研究生期间的朋友,左下角则是作者的家人。在这个网络中有许多有趣的现象,背后蕴含了网络科学的核心问题。

这个网络可以被分成三个社交圈和一些离散点(比如节点 R、节点 S)。我们发现同一个社交圈的节点之间连边较多,不同社交圈的节点之间连边较少。作者的家人之间互相认识,并且没有作者同学的联系方式,因此单独形成一个社交圈。在网络科学中,人们发现许多实际网络具有类似的结构,这些内部联系紧密、外部联系松散的群体被称作"社区"(Community),将网络分成不同社区的过程被称作"社区发现"(Community Detection)。

你可能还注意到,在图 4-1 的网络中,一些人有很多朋友(比如节点 E、节点 F),一些人只有一个朋友(比如节点 R、节点 S)。虽然这个网络不完整,但是在现实的社会网络中总有那么一群人有很多朋友,而且数量庞大到令人吃惊。我们可以用网络科学中的度(Degree)来衡量朋友数量,并且将那些高连接度的节点称作"中心节点",这些节点是网络中重要的信息传播(Information Diffusion)渠道。如果你仔细观察,还能够发现度大节点倾向于与度大节点相连(比如节点 C 和节点 E),类似于富人和富人之间更容易建立关系,这些有趣的社会现象在网络科学中被称作"同配性"(Assortative Mixing)。

你可以根据这个网络判断节点 N 和节点 C 中,谁与作者的联系更加紧密。网络科学提供了一种直观解释,节点 C 和作者的共同好友更多,因此与作者更亲密。这个指标可以通过节点相似性(Similarity)计算。

当作者认识一个新朋友,并且他已经和节点 A 和节点 J 建立了联系,接下来这个新朋友和哪些节点连边的概率更大呢?这个问题可以用链路预测(Link Prediction)来解决。

正如波特兰州立大学的梅拉妮·米歇尔(Melanie Mitchell)教授在《复杂》中提到的:"我们可以使用以上方法分析各种自然网络、社会网络和技术网络,网络科学的目的就是提炼出不同网络的共性,并以它们为基础,用共同的语言来刻画各种不同的网络。同时,网络科学家也希望能够理解自然界中的网络是如何发展而来的,以及它们是如何随时间变化的。对网络的科学理解不仅会改变我们对各种自然和社会系统的理解,而且会帮助我们更好地规划和更有效率地利用复杂网络。"[13] 一言以蔽之,网络科学的使命是"寻找复杂性背后的简单性"。

4.2.2 网络科学术语

数学家研究网络拓扑结构的学科被称作"图论",可以溯源至 1736 年欧拉(Euler)研究的"七桥问题"。在此基础上,其他学科将图论和不同的问题场景相结合后,衍生出各种各样与网络相关的研究领域。例如,神经科学家研究生物神经网络,流行病学家研究疾病在人类网络中的传播过程,社会学家和社会心理学家研究社会网络的结构,经济学家研究经济网络和决策行为；在企业方面，航空公司研究和规划全球机场之间的航班网络，希望在一定条件下获得更多利润。这些研究人员基本上各干各的，并不知道其他人的工作。

20世纪90年代掀起了网络研究的热潮，标志是两篇重量级论文——《小世界网络的集体动力学》和《随机网络中标度的涌现》。这两篇文章分别发表在著名的科学期刊《自然》和《科学》上，很快就引起了巨大反响。截至2020年7月，两篇论文的引用次数已经分别达到42 000次和36 000次。随后，网络成为理想的研究对象，越来越多的物理学家、应用数学家、社会学家带着各自的学科问题加入网络科学的发展中。其中，一些从物理学、数学转型而来的网络科学家已经成为这个领域的领导者。

年轻的网络科学充满生机和可能性，得到各个学科的参与和支持。但是百家争鸣的背后是混乱的术语名词，以及无法明确的学科界限。例如，网络的两个基础概念——个体和关系，数学中使用Vertex和Edge来表示，物理学中使用Site和Bond来表示，而社会学中使用Actor和Tie来表示；但是，越来越多的网络科学家倾向于使用Node(节点)和Link(边)来刻画网络。又如，图论作为纯数学的一个分支，有些问题十分简单，而有些则极其复杂。从本书的角度看，我们并不需要陷入晦涩艰深的数学证明中，也没有必要专门去学习社会学、物理学的基础知识。本书使用图论中的许多概念和术语，借此把许多问题抽象化，分析更严谨，但是不拘泥于严苛的数学定义与证明；同时，本书尽力囊括各种现实网络场景，尤其着重于社交网络，向读者介绍丰富的网络分析、应用和模型。

4.2.3　网络与图的不同

你或许在教科书和文章中频繁看到"网络"和"图"这两个名词，它们有时可以互相代替，有时又互有区别。在正式介绍网络之前，这里用一点篇幅来阐释本书是如何看待网络和图的。

(1) 网络

当我们的研究对象是现实生活中的客观系统，并且可以用节点和连边去抽象、描述这个现象时，我们倾向于从网络的角度去讨论。

当你想要了解人类社会的运转方式时，可以将全世界居民看作节点，个体之间有各种各样的交流，我们就可以使用社交网络(Social Network)模型描述这些交流现象。比如，你可以提问：不同文化群体的交流模式是否存在差异？地理距离是否会影响交流的频率？哪些个体扮演着最重要的角色？

当你想要了解人体细胞的运作方式时，可以将细胞中的各种分子看作节点，并将存在交互行为的分子进行连边。这个细胞网络模型介绍了细胞中的各种分子，以及分子必须按照特定的方式工作才能维持细胞存活。我们如果想要研究一种药物，就可以观察它是如何改变细胞的底层网络结构，从而推测药物的作用原理和效果。

当我们谈论大脑时，不妨用网络建模，大脑不就是上亿个神经元组成的网络吗？利用现代医学技术绘制出大脑神经网络后，就可以从全新的视角看待大脑是如何工作的。

(2)图

图(Graph)是由点和边构成的,是一种抽象结构,现实中并不存在。通过图结构可以把许多现实问题抽象化,能够帮助我们更好地分析问题,透过现象看到本质。

在线上社交的场景中,用户可以抽象成节点,两个节点有好友关系就进行连边。从图结构的角度,我们更关心用户之间与信息流通相关的问题。例如,随机挑选两个用户,他们之间是否存在连通性?中间经过了几个好友?然而从网络的角度,我们或许会提问:异性之间的沟通模式与同性之间的沟通模式是否存在差异?用户的地理距离是否影响沟通?相比之下,网络保留了节点属性(性别、地理位置、功能)和连边属性(聊天内容);图结构则将用户和关系抽象成点和边,只关心网络的拓扑性质(Topological Property)。

图4-2中,(a)描述了四个用户之间构成的社交网络,(b)是指大脑中细胞与细胞之间的相互作用网络。虽然这两个网络的节点属性和连边规则不同,但是可以抽象成同一个图结构(c),其中,节点数 $N=4$,连边数 $L=4$。这些信息的丢失并不会影响图论问题的求解。

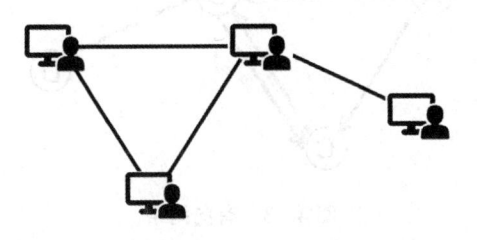

(a) 社交场景下的用户网络

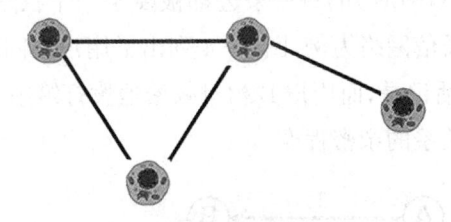

(b) 大脑中的细胞网络

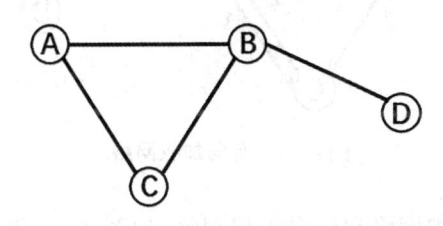

(c) 抽象的图结构

图4-2 网络表示不同的场景

知识图谱(Knowledge Graph)也可以被看作图结构,《蒙娜丽莎》的作者是达·芬奇,达·芬奇的国籍是意大利,这三个实体之间存在抽象的关系,可以用图结构很好地刻画出来。

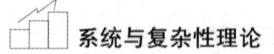

总体而言,网络和图的区别已经非常模糊,在大部分情况下,两者是可以互相替换的。本书对网络和图不做区分。

4.2.4 网络类型

根据边是否有方向(Direction),可以将网络分成有向网络和无向网络。根据是否有权重(Weight),可以将网络分成加权网络和无权网络。

有向网络(Directed Network)的每一条边都是有方向的,有向边(A,B)意味着存在一条从节点 A 指向节点 B 的边,但并不意味着存在边(B,A)。图 4-3 列出了节点 A、B、C、D 之间的有向关系,可以表示很多实际生活中的有向网络。例如:电话通信网络中用户们会相互之间拨打电话,微博用户之间存在关注和被关注的关系,用户 A 关注用户 B 并不意味着用户 B 也关注用户 A。

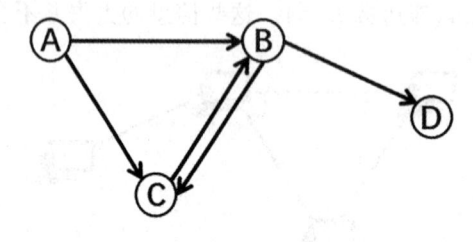

图 4-3 有向网络

加权网络(Weighted Network)的每一条边都被赋予一个权重,可以刻画两个节点之间关系的强度。依旧以电话通信网络为例,图 4-4 列出了用户之间的通话次数,可以看到,用户 B 和用户 C 之间互有通话记录,而用户 B 相对频繁地拨打给用户 D。因此,我们可以通过加权网络来表示用户之间关系的亲密程度。

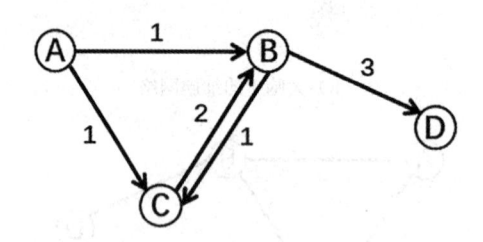

图 4-4 有向加权网络

除此之外,还有无向加权网络和无向无权网络,如图 4-5 所示。这四种类型的网络之间可以互相转化,比如通过无向化得到无向网络,通过阈值化(权重大于阈值则连边,否则不连边)得到无权网络。

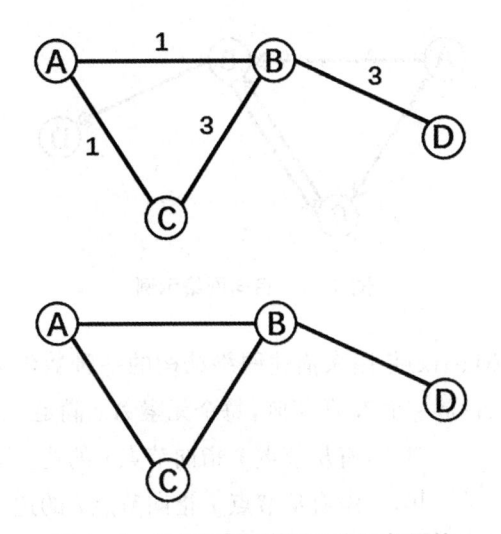

图 4-5 无向加权网络和无向无权网络

在本书涉及的无向网络中,我们通常认为两个节点之间只存在一条边,极少数情况下存在多条边,这些边被称为"重边"(Multi-edge);通常认为节点不会和自己连边,连接节点自身的边被称作"自环"(Self-loop 或 Self-edge)。没有重边和自环现象的网络被称作"简单网络"(Simple Network)。图 4-6 中节点 B 和节点 C 之间有重边,节点 A 有自环,因此图 4-6 不是简单网络。

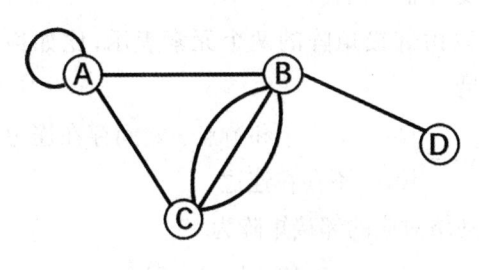

图 4-6 自环和重边

4.3 邻接矩阵

4.3.1 邻接矩阵的含义

在对网络进行分析前,如何准确地描述这个网络呢?对于图 4-7 中的网络,你可以用语言描述为"一共有 4 个节点""节点 A 和节点 B、C 相连""节点 B 和节点 A、C、D 相连"等。这个方法既费时又容易出错。

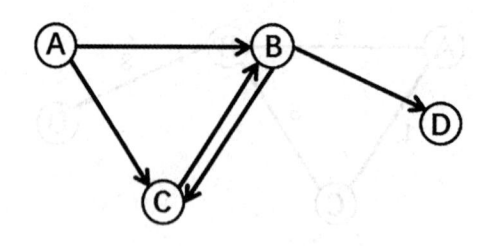

图 4-7 有向网络示例

邻接矩阵(Adjacent Matrix)是用来描述网络结构的一种数学方法。对含有 N 个节点的有向网络,其邻接矩阵 A 是一个 N 阶矩阵,每个元素 A_{ij} 满足

$$A_{ij}=\begin{cases}1, & \text{有从节点 } j \text{ 指向节点 } i \text{ 的边} \\ 0, & \text{没有从节点 } j \text{ 指向节点 } i \text{ 的边}\end{cases} \quad (4-1)$$

例如,图 4-7 中有向网络对应的邻接矩阵为

$$A=\begin{pmatrix} 0 & 1 & 1 & 0 \\ 0 & 0 & 1 & 1 \\ 0 & 1 & 0 & 0 \\ 0 & 0 & 0 & 0 \end{pmatrix} \quad (4-2)$$

注意,$A_{ij}=1$ 是指从节点 j 到节点 i 的连边,这个下标顺序似乎违反直觉,但是这个定义在后面的矩阵运算中会变得非常便捷。

无向网络的一条边可以由邻接矩阵的两个元素表示,比如边(1,2)表示成 $A_{12}=1$ 和 $A_{21}=1$。每个元素 A_{ij} 满足

$$A_{ij}=\begin{cases}1, & \text{节点 } i \text{ 和节点 } j \text{ 之间存在连边} \\ 0, & \text{不存在连边}\end{cases} \quad (4-3)$$

例如,图 4-8 中无向网络对应的邻接矩阵为

$$A=\begin{pmatrix} 0 & 1 & 1 & 0 \\ 1 & 0 & 1 & 1 \\ 1 & 1 & 0 & 0 \\ 0 & 1 & 0 & 0 \end{pmatrix} \quad (4-4)$$

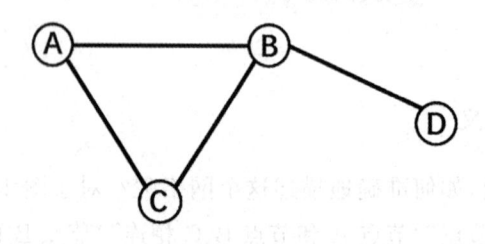

图 4-8 无向网络示例

注意，所有无向图对应的邻接矩阵都是对称的。

4.3.2 重边、自环、有向、加权

邻接矩阵还可以描述权重、重边、自环等网络结构。

有向加权网络中的权重可以由邻接矩阵表示，每个元素 A_{ij} 满足

$$A_{ij} = \begin{cases} w_{ij}, & \text{有从节点 } j \text{ 指向节点 } i \text{ 的边并且权重为} w_{ij} \\ 0, & \text{没有从节点 } j \text{ 指向节点 } i \text{ 的边} \end{cases} \quad (4-5)$$

例如，图 4-9 中有向加权网络对应的邻接矩阵为

$$A = \begin{pmatrix} 0 & 1 & 1 & 0 \\ 0 & 0 & 1 & 3 \\ 0 & 2 & 0 & 0 \\ 0 & 0 & 0 & 0 \end{pmatrix} \quad (4-6)$$

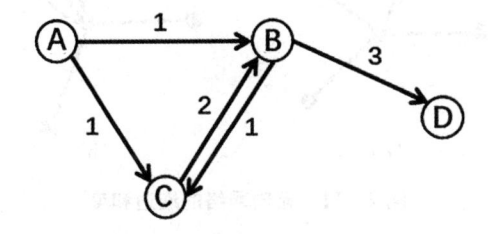

图 4-9 有向加权网络示例

在无向网络中，假设节点 i 和节点 j 存在重边，则将 A_{ij} 设置成重边的数量即可。比如 2 号节点和 3 号节点之间存在三条重边，则令 $A_{23}=3$。假设节点 i 存在自环，则令 $A_{ii}=2$。为什么是 2 而不是 1？可以把无向边看作两条有向边的组合，比如无向网络中节点 i 和节点 j 之间分别存在两条路径 (i,j) 和 (j,i)；同理，节点 i 与自环边有两处"接触"，自环边也可以看作两条有向边的组合。因此，$A_{ii}=2$。

图 4-10 中的无向网络既存在重边，也存在自环，其邻接矩阵为

$$A = \begin{pmatrix} 2 & 1 & 1 & 0 \\ 1 & 0 & 3 & 1 \\ 1 & 3 & 0 & 0 \\ 0 & 1 & 0 & 0 \end{pmatrix} \quad (4-7)$$

图 4-10 无向网络图

4.4 度和度分布

4.4.1 无向网络的度

在无向网络中,一个节点的度是与其相连的边的个数。在社交网络中,一个用户的度代表其有多少个朋友。需要注意的是,度有时候不等于邻居的个数,尤其在涉及重边和自环的情况下。如果一个节点和邻居之间存在两条重边,这两条边就都算入节点的度中。比如图 4-11(b)的中心用户有 3 个邻居,而度等于 5。

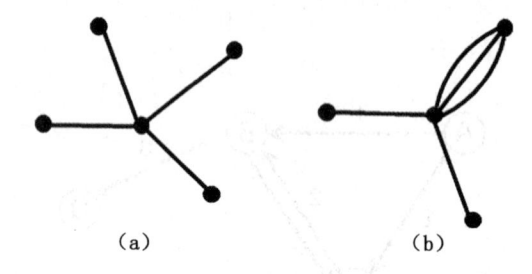

(a)　　　(b)

图 4-11　无向网络的连边和度

从直观上看,度(有时也称"度信息")的定义非常简单,却是网络科学中最常用的统计量,许多概念和公式离不开度。本书将节点 i 的度标记为 k_i,所有节点的度的平均值称作网络的"平均度"(Average Degree),记作 $\langle k \rangle$。无向网络节点的度可以从邻接矩阵 A 中获得:

$$k_i = \sum_{j=1}^{n} A_{ij} \tag{4-8}$$

$$\langle k \rangle = \frac{1}{N}\sum_{i=1}^{N} k_i = \frac{1}{N}\sum_{i,j=1}^{N} A_{ij} \tag{4-9}$$

网络边数 L 与度之间有如下关系:

$$2L = N\langle k \rangle = \sum_{i=1}^{n} k_i = \sum_{ij} A_{ij} \tag{4-10}$$

在无向网络中,每一条边贡献了 2 个度数,分别被两端节点占有。换句话说,网络中存在 L 条边,意味着网络中所有节点的度加起来等于 $2L$。

4.4.2 有向网络的度

在有向网络中,度的定义依然非常简洁。节点的入度(In-degree)记作 k_i^{in},是其他节点指向节点 i 的连边的个数;节点的出度(Out-degree)记作 k_i^{out},是节点 i 指向其他节点的连边的个数。注意,邻接矩阵中 $A_{ij}=1$ 的下标指的是节点 j 指向节点 i。入度和出度的计算公式如下:

$$k_i^{in} = \sum_{j=1}^{n} A_{ij}, k_j^{out} = \sum_{i=1}^{n} A_{ij} \qquad (4-11)$$

在有向网络中,网络的平均入度⟨k^{in}⟩等于平均出度⟨k^{out}⟩:

$$\langle k^{in} \rangle = \langle k^{out} \rangle = \frac{1}{N}\sum_{ij} A_{ij} = \frac{L}{N} \qquad (4-12)$$

有向网络中,每一条边贡献了1个出度和1个入度,因此出度之和永远等于入度之和,即 L。

4.4.3 度分布

度分布(Degree Distribution)可以进一步刻画整个网络的一些性质。统计网络中,所有节点的度信息中度为 k 的节点的占比为 p_k。图4-12中一共有8个节点,3个节点度为1,3个节点度为2,1个节点度为4,1个节点度为5,则度分布如下:

$$p_1 = \frac{3}{8}, p_2 = \frac{3}{8}, p_4 = \frac{1}{8}, p_5 = \frac{1}{8}$$

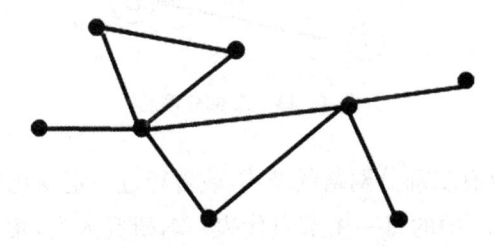

图4-12 网络结构图

p_k 也可以看作概率,即网络中随机挑选一个节点,其度等于 k 的概率。由此可以计算度等于 k 的节点个数 $N_k = Np_k$,除此之外,还可以计算网络的平均度⟨k⟩:

$$\langle k \rangle = \sum_{k=0} k p_k \qquad (4-13)$$

有向网络的度分布可以进一步分成出度分布和入度分布,定义相似。

4.5 二部分网络

4.5.1 二部分网络的定义

在现实生活中,有许多场景包含了两种类型的个体,并且只允许不同类型的个体之间存在联系,比如消费者挑选商品、学生选择课程、学者撰写论文等。以上场景可以被二部分网络(Bipartite Network)很好地刻画。二部分网络的节点集合 N 被分成两种类型——U 和 V,满足

$$U \cap V = \varnothing$$
$$U \cup V = N \qquad\qquad\qquad\qquad (4-14)$$

图 4-13 中的二部分网络包括 7 个 U 类型节点和 4 个 V 类型节点。每一条连边连接一个 U 类型节点和一个 V 类型节点,同种类型的节点之间不存在连边。

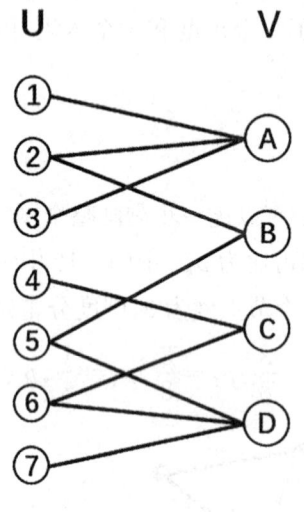

图 4-13 二部分网络

许多实际网络天然具有二部分网络的结构,或者经过一定变化后可以得到二部分网络。在科研合作网络中,集合 U 中的每一个节点代表一名研究人员,集合 V 中的每一个节点代表一篇论文,则一篇文章可以有多个作者,一个作者也可以拥有多篇论文;在学生选课网络中,如果一个学生选修了某门课程,则在该学生和该课程之间有一条边。

4.5.2 超图

在一些特殊的网络中,一条边同时连接了多个节点,我们将这种结构称作"超图"(Hypergraph),这种边称作"超边"(Hyperedge)。举一个生活中的例子,我们按照(父亲、母亲、孩子)的三人结构组成一个家庭关系,家庭关系包含了 3 个个体。在社区中构建家庭关系网络,每条边连接 3 个节点,每个节点可以被多条边连接,比如一个男性在这个社区中,既可以作为父亲,也可以作为孩子。如果一个社区中有 100 个居民,其中包含了 40 个三人家庭关系,则该如何表示这个网络呢?

如图 4-14(a)所示,一个三代家庭中包含 7 个成员和 3 个家庭关系,对应 3 条超边。换个角度看,每条超边可以看作一个组别(Group),每个组里圈住 3 个节点,比如家庭 A 中包含成员 2、3、4,家庭 C 中包含成员 1、2、5。这时候就可以把超图转化成节点和组别构成的二部分网络,如图 4-14(b)所示。这两个网络可以相互转化,并传递出相同的信息——7 个成员和 3 个家庭关系。

(a)   (b)

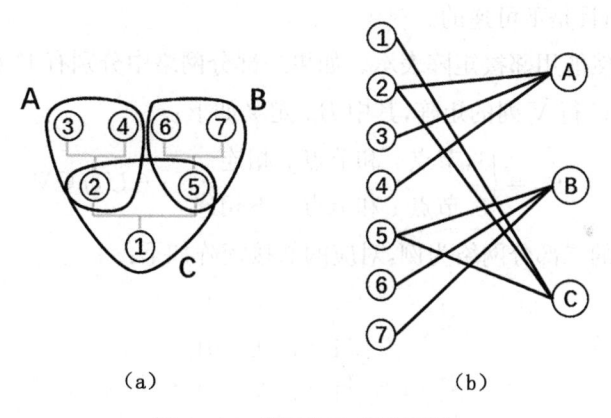

图 4-14 超图与二部分网络

4.5.3 投影

在实际生活中,二部分网络可以定义同类型节点之间的"合作"关系。例如在科研合作网络中,两个研究人员合作发表过论文,则两个节点之间的连边代表科研合作关系,从而得到研究人员构成的科研关系网络;类似的,可以构造学生通过选课形成的同学关系网络。把二部分网络投影(Project)到集合 $U(V)$ 可以得到由同一类型节点构成的单分网络(Unipartite Network),如图 4-15 所示,左边是基于 U 类型节点构成的单分网络,右边是基于 V 类型节点构成的单分网络。

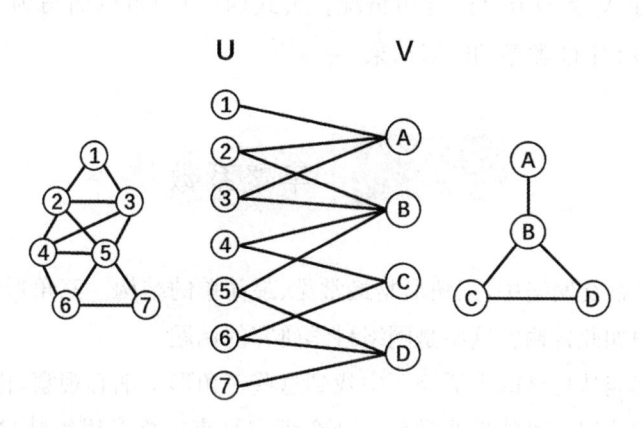

图 4-15 二部分网络的投影

在对图 4-15 中的二部分网络进行投影的过程中,两个单分网络里都出现了聚在一起的节点,比如左侧单分网络中节点 1、2、3 组成了三角形,节点 2、3、4、5 组成了全连接的四边形,这个结构被称作"派系"(Clique),派系内所有节点之间均互相连接。投影可以直观反映同类型节点之间的关系,但是这个过程中损失了二部分网络的一些原始信息,比如我们无法根据右侧单分网络获知节点 A 和节点 B 共享了多少 U 类型节点。在演员合作网络中,虽然两个演员有过合作,但是无法从演员关系网络中获知合作电影的数量。因此,投影的过程会损失一部分信息，而且是不可逆的。

二部分网络依然能用邻接矩阵表示。如果二部分网络中分别有 U 和 V 个节点，则邻接矩阵 B_{ij} 可以写成 U 行 V 列的矩阵，其中 B_{ij} 定义如下：

$$B_{ij}=\begin{cases}1,\text{节点}\ i\ \text{和节点}\ j\ \text{相连}\\0,\text{节点}\ i\ \text{和节点}\ j\ \text{不相连}\end{cases}\quad i\in U, j\in V \quad (4-15)$$

以图 4-15 中的二部分网络为例，对应的邻接矩阵如下：

$$B=\begin{pmatrix}1&0&0&0\\1&1&0&0\\1&1&0&0\\0&1&1&0\\0&1&0&1\\0&0&1&1\\0&0&0&1\end{pmatrix} \quad (4-16)$$

二部分网络的投影过程可以用邻接矩阵运算表示。想要获得 V 类型的单分网络对应的邻接矩阵，公式如下：

$$P_{ij}=\sum_{k=1}^{u}B_{ki}B_{kj}=\sum_{k=1}^{u}B_{ik}^{T}B_{kj} \quad (4-17)$$

其中，当且仅当 V 类型的节点 i 和节点 j 同时连接了 U 类型的节点 k 时，$B_{ki}B_{kj}=1$。因此矩阵 P 反映了 V 类型节点的连边情况。公式（4-17）可以简写为 $P_V=B^TB$。同理，$P_U=BB^T$ 可以表示对 U 类型的映射结果。

4.6　集聚系数

在网络尤其是社交网络中，三角形是最常见、最简单的结构。三角形是如何产生的？为何三角形在网络中如此普遍？这些是网络科学研究的话题。

几乎所有人都能从自己的生活经历中找到这些三角形。细心观察，你能发现，你的任意两个朋友之间互相认识的可能性非常大。社会学家马克·格兰诺维特（Mark Granovetter）在 1973 年的论文《弱关系的力量》中很好地刻画了这个现象，并推广了"三元闭包"（Triadic Closure）的概念。三元闭包的概念表示，在一个社交圈内，若两个人有一个共同的朋友，则这两个人在未来成为朋友的可能性就会提高。

在网络中，三元闭包可以解释三角形结构的产生。如果节点 B 和节点 C 有一个共同的朋友 A，则节点 B 和节点 C 之间一条边的形成就产生了三角形。边（B，C）在三角形中起到"闭合"的作用，这就是"三元闭包"名称的由来。三元闭包现象对社交网络的研究具有启发性，在此基础上我们提出了集聚系数（Clustering Coefficient）。集聚系数 C_i 表示目标节点 i

的朋友之间相连的概率,换句话说,集聚系数即与节点 i 相邻的节点之间边的实际数与相邻节点对的个数之比。假设网络中的节点 i 的度为 k_i,即有 k_i 个邻居节点,这 k_i 个邻居节点之间两两相连,最多有 $k_i(k_i-1)/2$ 条边,但是实际情况中未必全部相连。集聚系数的定义如下:

$$C_i = \frac{E_i}{k_i(k_i-1)/2} = \frac{2E_i}{k_i(k_i-1)}, k_i \geq 2 \tag{4-18}$$

其中,E_i 是 k_i 个邻居节点之间的实际边数。根据定义 $0 \leq C_i \leq 1$,如图 4-16 所示,当节点 i 的任意两个邻居节点互不相连时,$C_i = 0$;当所有邻居节点两两相连时,$C_i = 1$。

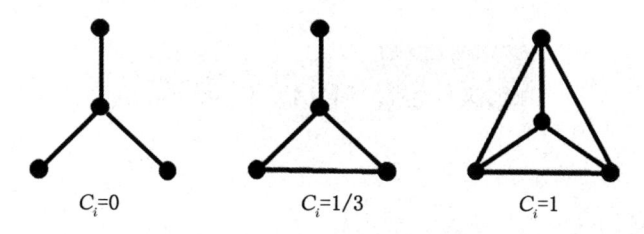

图 4-16 三元闭包与集聚系数

我们也可以从三角形的角度阐释集聚系数。E_i 可以看作以节点 i 为节点的三角形的数目。两个朋友之间每增加一条边,相应地就增加一个三角形。节点 i 有 k_i 个邻居节点,至多可能存在 $k_i(k_i-1)/2$ 个三角形,集聚系数则是实际三角形所占的比例。因此,我们可以得出集聚系数的等价定义:

$$C_i = \frac{\text{包含节点 } i \text{ 的三角形数目}}{\text{包含节点 } i \text{ 的三角形的理论最大数目}} \tag{4-19}$$

集聚系数描述了以某个节点为中心的网络局部特征。网络的集聚系数定义为所有节点集聚系数的平均值:

$$C = \frac{1}{N} \sum_{i=1}^{N} C_i \tag{4-20}$$

显然,$0 \leq C \leq 1$,当且仅当网络中所有节点的集聚系数均为 0 时,$C = 0$;当且仅当网络中所有节点的集聚系数均为 1 时,$C = 1$,此时网络是一个完全图,即任意两个节点都相连。

考虑图 4-17 所示的网络,对于节点 1,有 $E_1 = 3, k_1 = 5$,因此

$$C_1 = \frac{2E_1}{k_1(k_1-1)} = \frac{3}{10}$$

同样可以求出

$$C_2 = 1, C_3 = \frac{2}{3}, C_4 = \frac{2}{3}, C_5 = 1, C_6 = 0$$

于是,整个网络的集聚系数如下:

$$C = \frac{1}{6} \sum_{i=1}^{6} C_i = 0.606$$

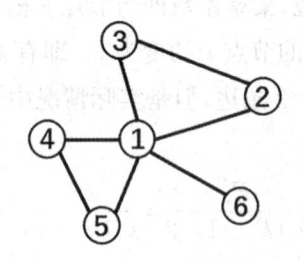

图 4-17 网络中的集聚系数

4.7 路径和距离

4.7.1 路径定义

现实生活中,两个城市的远近可以用地理距离来表示。在网络中,应该如何衡量两个社交用户之间的距离呢?路径长度(Path Length)可以衡量两个节点之间的距离。在无向网络中,路径(Path)由一连串节点组成,路径的长度等于包含的连边数目,其中相邻的节点之间路径长度为1。在有向网络中,路径必须考虑边的方向性。

在图 4-18(b)的有向网络中,从节点 1 到达节点 7 有许多条路径,路径(1,2,5,4,7)就是其中之一,其路径长度为 4。

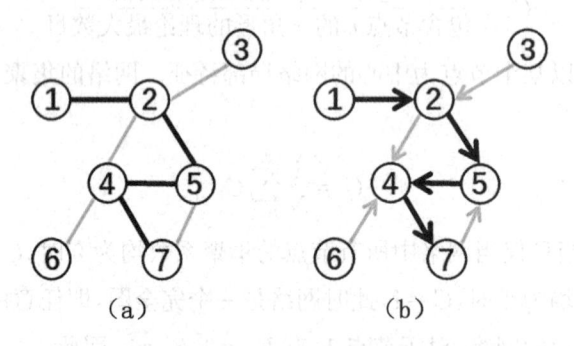

图 4-18 网络路径

本书认为,路径中的节点可以重复。比如在图 4-18(a)的无向网络中,节点序列(1,2,3,2,5,4,7)两两之间存在连边,虽然节点 2 重复了,但仍然是一条路径。特别地,如果路径中各个节点互不相同,则可以称作"简单路径"(Simple Path)。在一些教科书中,将重复的节点序列称作 Walk,将不重复的节点序列称作 Path。

4.7.2 最短路径

网络中两个节点 i 和 j 之间的最短路径(Shortest Path)是指连接这两个节点的边数最

少的路径,有时也称作"测地距离"(Geodestic Path)。节点 i 和节点 j 之间的最短距离(Shortest Distance) d_{ij} 是指最短路径的长度,大部分情况下,"两节点之间的距离"默认是最短距离。在网络中,任何两个节点之间可能存在不止一条最短路径,比如图 4-18(a)中,路径(1,2,4,7)和(1,2,5,7)均是节点 1 和节点 7 之间的最短路径。值得注意的是,无向网络中 $d_{ij}=d_{ji}$,而有向网络中 $d_{ij}\neq d_{ji}$。

4.7.3 平均距离和直径

网络的平均距离(Average Length)$\langle d \rangle$被定义为网络所有节点对的距离的平均值:

$$\langle d \rangle = \frac{1}{\frac{1}{2}N(N-1)}\sum_{i<j}d_{ij} \tag{4-21}$$

平均距离可以衡量网络的紧密程度,信息传递的效率等。对于图 4-18(a)中的无向网络,其平均距离$\langle d \rangle=1.81$。

在社会关系网络中,平均距离意味着任意两个人之间建立联系需要经过多少人。全世界人口已经接近 78 亿人,在这个庞大的社会网络中,其平均距离是否也很大呢?我们或许有过这样的经历:偶尔碰到一个陌生人,同他聊了一会儿后发现你认识的某个人居然他也认识,然后一起发出"这个世界真小"的感叹。这个主观经验告诉我们,社会关系网络的平均距离不会很大,但是具体有多"小"呢?

20 世纪 60 年代美国哈佛大学的社会心理学家斯坦利·米尔格伦(Stanley Milgram)通过一些实验得出结论:中间的联系人平均只需要 5 个。他把这个结论称为"六度分离":平均只要通过 5 个人,你就能与世界任何一个角落的任何一个人发生联系。这个结论定量地说明了我们的世界的"大小",或者说人与人关系的紧密程度。2011 年,全球最大的社交网络脸书(Facebook)上任意两个用户之间的平均距离仅为 4.74。

贝肯数(Bacon Numbers)是一个"六度分离"基础上的概念,是描述好莱坞影视界一个演员与著名影星凯文·贝肯(Kevin Bacon)"合作距离"的一种方式。美国弗吉尼亚大学计算机系的科学家建立了一个电影演员的数据库,目前存有近 60 万个世界各地的演员的信息以及近 30 万部电影的信息。通过简单地输入演员名字就可以知道这个演员的贝肯数。比如,输入"周星驰",就可以得到这样的结果:周星驰在 1991 年的《豪门夜宴》中与洪金宝合作,洪金宝在李小龙的最后一部电影即 1978 年的《死亡游戏》中与考林·加普(Colleen Camp)合作,考林·加普又曾与凯文·贝肯合作,这样,周星驰的贝肯数为 3。在 78 万个演员中,平均贝肯数仅为 2.95。

尽管许多实际网络的节点数非常大,但是网络的平均距离意外地非常小,这被称作"小世界现象"(Small World Phenomenon)。

网络的直径(Diameter)记作 D,是网络中长度最大的最短路径。网络直径和平均距离一样,可以衡量网络的紧密程度。研究表明,许多实际网络的直径随着网络规模的增大而变得越来越小,被称作"直径收缩现象"(Shrinking Diameter)。

4.7.4 邻接矩阵运算

利用邻接矩阵可以很方便地计算任意两个节点之间的距离 d_{ij} 和最短路径的数量 N_{ij}。如果 $A_{ij}=1$,则节点 i 和 j 之间存在一条边,$d_{ij}=1$;若 $A_{ij}=0$,则需要进一步考虑。

如果存在一个节点 k 使得 $A_{ik}A_{kj}=1$,意味着节点 i 和节点 k 之间存在连边,节点 k 和节点 j 之间存在连边,则 $d_{ij}=2$。满足条件的节点 k 可能存在多个,即节点 i 和节点 j 之间长度为 2 的路径不止一条,不同路径的数量如下:

$$N_{ij}^{(2)} = \sum_{k=1}^{n} A_{ik}A_{kj} = [A^2]_{ij} \tag{4-22}$$

上式同时表明,如果 $[A^2]_{ij}>0$,则节点 i 和节点 j 之间存在 $N_{ij}^{(2)}$ 条长度为 2 的路径,$d_{ij}=2$;若 $[A^2]_{ij}=0$,则需要进一步考虑。

类似地,如果 $[A^d]_{ij}>0$,则节点 i 和节点 j 之间存在 $N_{ij}^{(d)}$ 条长度为 d 的路径,$d_{ij}=d$。当我们讨论两个节点的距离(Distance)时,往往指这两个节点之间的最短路径的长度。节点 i 和节点 j 之间的距离 d 是满足 $N_{ij}^{(d)}>0$ 的最小值。虽然网络中任意两个节点的距离公式非常简洁,但是面对大型网络时,实际操作中经常使用效率更高的广度优先搜索(Breadth First Search,BFS)算法。

4.7.5 广度优先搜索算法

对于小规模网络,也许用肉眼就能观察到最短路径。一旦网络规模达到一定程度,就需要使用计算机算法来求解。广度优先搜索算法从目标节点开始,第一步遍历它的邻居,第二步遍历它邻居的邻居,直到找到目标节点为止,这个过程花费的步数就是两个节点之间的距离。

以图 4-19(a)为例,利用广度优先搜索算法寻找从节点 A 到节点 B 的最短路径,过程描述如下:

①以节点 A 为初始节点,标记为 0 号。

②搜索 0 号节点的所有邻居节点,并全部标记为 1 号,如图 4-19(b)所示,一共有 3 个 1 号节点。

③搜索所有 1 号节点的所有邻居节点,并且邻居节点还未被标记,将其标记为 2 号,如图 4-19(c)所示,一共有 3 个 2 号节点。

④搜索所有 2 号节点的所有邻居节点,并且邻居节点还未被标记,将其标记为 3 号,如图 4-19(d)所示,一共有 1 个 3 号节点。

⑤已经找不到 3 号节点的还未被标记的邻居节点,算法结束。

(a)　　　　　　　　　(b)

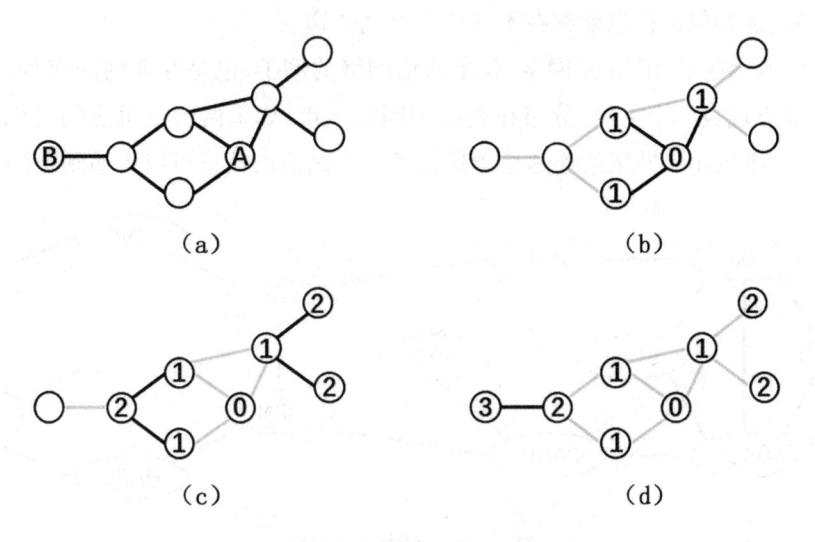

(c)　　　　　　　　　(d)

图 4‑19　广度优先搜索算法流程

此时,可以把网络转化成一棵以节点 A 为根的树,如图 4‑20 所示,所有 1 号节点在第一层,到节点 A 的距离为 1;所有 2 号节点在第二层,到节点 A 的距离为 2。由于节点 B 在第三层,因此节点 A 和节点 B 之间的距离为 3。

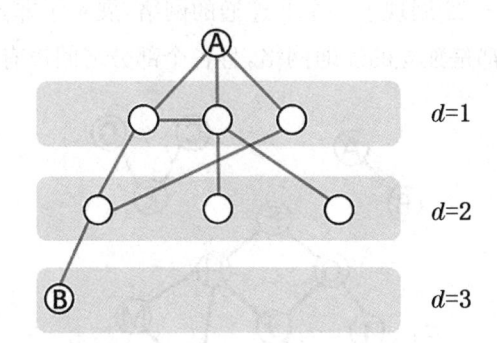

$d=1$

$d=2$

$d=3$

图 4‑20　广度优先搜索算法与树结构

4.8　连通性和连通分量

4.8.1　连通性定义

给定一个网络,其中一个很重要的问题是,网络中的任意一个节点能否到达其他所有节点?由此引出"网络连通性"(Connectness)的概念:若节点 i 和节点 j 之间存在一条路径,则称这两个节点是连通(Connected)的;若一个网络中任意两点之间都存在路径,则称此网络为连通的。连通性是网络的重要性质,比如交通网络需要保证任意两个站点之间存在一条路线,通信网络需要保证信息能够在不同节点之间传递。

图4-21所示的ARPAnet网络,就是通信网络的例子,也是互联网的前身。ARPAnet网络中每个节点代表一个主机,分布在美国不同的城市,如果两台主机之间可以直接通信,则用边连接。ARPAnet网络的连通性确保任意一个站点的信息可以传递到美国其他城市。

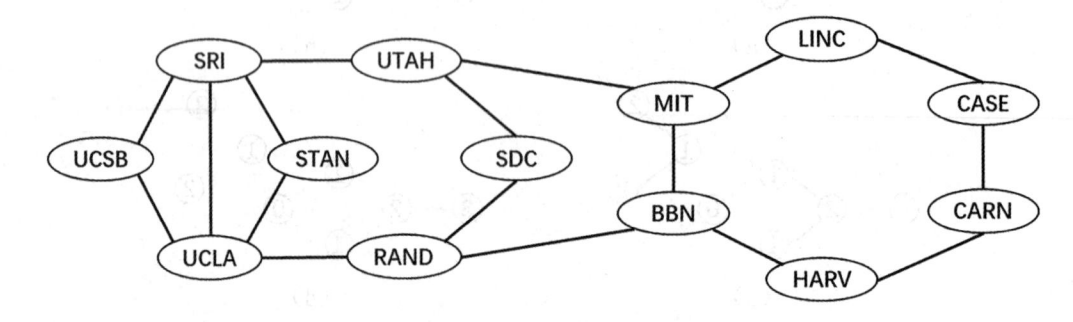

图4-21 ARPAnet网络

4.8.2 最大连通分量

我们不能保证其他场合的所有网络均是连通的,比如在社交网络中,很有可能找到两个完全没有关联的人。图4-22展现了一个非连通的网络,展示了非连通网络的特性:网络被分成若干部分,每个部分都是独立的连通网络,且各个部分之间没有交集。

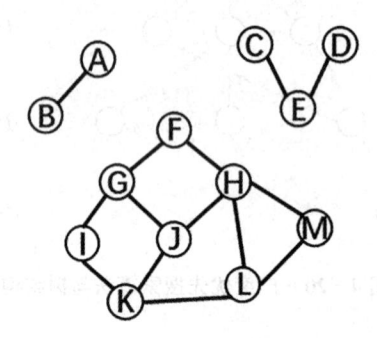

图4-22 网络中的连通分量

为了更加精确地定义这个"部分",我们称其为网络的"连通分量"(Connected Component)。一个不连通的网络由多个连通分量组成,并且连通分量满足:一是连通性,即每一个连通分量内任意两个节点之间都存在路径;二是独立性,即网络中不属于该连通分量的任意节点与该连通分量内的节点不存在路径。图4-22网络中一共有3个连通分量,一个包含节点A和节点B,一个包含节点C、节点D和节点E,还有一个包含其余节点。特别地,节点集合$\{F,G,H,J\}$并不能构成一个连通分量,因为其违反了第二个条件:尽管集合内的节点之间都存在路径,但是集合外的节点I、节点M和节点L等均和集合存在路径,实际上它隶属于连通分量$F,G,\cdots,L,M$。

"连通分量"概念的引入为研究非连通网络提供了方向。前文提到的路径和距离并不适用于非连通网络,比如图 4-22 中节点 A 和节点 M 之间并不存在路径,且距离 $d_{AM}=\infty$,因此网络的平均距离也趋于无穷。除此之外,网络科学中许多概念的成立依赖于一个连通的网络,所以当我们分析实际网络时,往往只分析其最大的连通分量。

只保留最大的连通分量而抛弃其他分量,是否会影响样本的有效性?如果最大的连通分量只占 55%,是否意味着要抛弃近一半的数据量呢?

让我们尝试思考一个问题:全球友谊网络是连通的吗?答案大概是否定的。毕竟网络的连通性是非常"脆弱"的,任何一个孤立的节点(或者一小群节点)都可以破坏网络的连通性。例如,一个没有任何朋友的个体,在全球友谊网络中即一个单独的连通分量。又如,《鲁滨孙漂流记》中被困在岛上的鲁滨孙和星期五彼此联系,却与世隔绝。这些孤岛的存在影响了整体网络的连通性。

虽然全球友谊网络不是连通的,但是其中的连通分量可能是相当巨大的。以读者你为例,你和你的朋友处在同一个连通分量,这群朋友衍生出的友谊网络包含了他们的亲戚朋友,可以认为所有人都处于同一个连通分量中。即使这些人与你素昧平生,和你的生活毫无交集,也许你永远不会踏上他们所在的城市,这个连通分量到最后也很可能遍及世界各地、各色人种,它所占世界人口的比例恐怕是非常惊人的。

上述例子是依靠个人直觉来回答的,其实也发生在现实生活中。在实际的大型网络中,通常存在超大的连通分量,其规模远远超过其他分量,一般被称作"最大连通分量"(Giant Connected Component,GCC)。一般情况下,一个网络不会存在多个超大的连通分量。再回到全球友谊网络的例子,假设有两个超大的连通分量,每一个分量的规模都达到了数亿人口,那么只需要一条边就能将两个超大连通分量合二为一。两个超大连通分量之间严格保证不产生一条边是很难想象的。研究表明,两个超大连通分量同时存在的概率趋近于 0。在实际网络规模逐渐扩大的过程中,两个超大连通分量会迅速合并,从而形成一个最大连通分量。

非连通网络的邻接矩阵可以由分块对角矩阵(Block Diagonal Matrix)表示(如图 4-23 所示),非零元素集中在一个个分块中,且不同分块之间不连通。

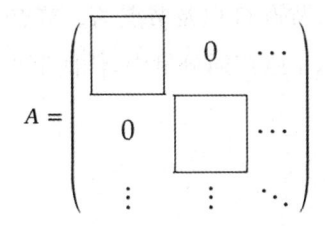

$$A = \begin{pmatrix} \square & 0 & \cdots \\ 0 & \square & \cdots \\ \vdots & \vdots & \ddots \end{pmatrix}$$

图 4-23 连通分量的邻接矩阵

连通性的定义可以推广到有向网络中,特别需要考虑路径中边的方向性。如果存在一条从节点 i 到节点 j 的有向路径,则从节点 i 到节点 j 是连通的,但是并不意味着从节点 j

到节点 i 是连通的。

如果一个有向网络是弱连通(Weakly Connected)的,则把有向网络中的边无向化后,所得到的无向网络是连通的。如果一个有向网络是强连通(Strongly Connected)的,则对于网络中任何的节点对 i 和 j,既存在从节点 i 到节点 j 的有向路径,也存在从节点 j 到节点 i 的有向路径,换句话说,节点 i 和节点 j 是强连通的。

有向网络中的极大强连通子图被称为"强连通分量"(Strongly Connected Components, SCC)。强连通分量是网络的节点子集,集合内任何两个节点之间都是强连通的,并且网络中不属于强连通分量的节点与强连通分量不存在强连通关系。比如在图 4-24 中,节点 A 和节点 D 是强连通的,但是它们组成的集合不是强连通分量,因为节点 D 仍然和节点 A 是强连通的关系。事实上,节点 A、节点 D 和节点 E 构成一个强连通分量,是网络中满足条件的"极大"节点集合。除此之外,强连通分量可以只包括单个节点,比如图 4-24 中的节点 B。任何一个节点均只能属于一个强连通分量。

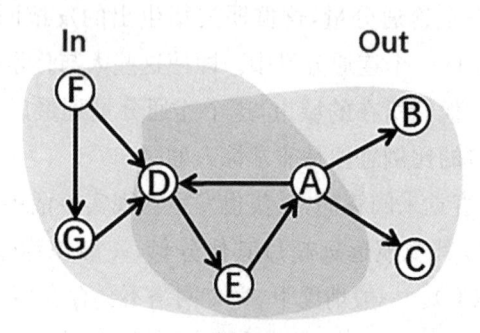

图 4-24 有向网络中的连通分量

我们可以用另一种方式描述强连通分量。在万维网(World Wide Web)构成的有向网络中,可以根据超链接来判断从一个初始点出发可以跳转到哪些网页。我们将这些可达网页的集合称作初始网页的"出分量"(Out-component)。例如图 4-24 中从节点 A 出发,分别可以到达节点 B、节点 C、节点 D 和节点 E,这 4 个节点以及节点 A 自身构成节点 A 的出分量。入分量(In-component)可以描述成网络中能够到达节点 A 的节点集合,在图 4-24 中分别是节点 D、节点 E、节点 F、节点 G 以及节点 A。节点 A 的出分量和入分量的交集,即包含节点 A 的强连通分量。在这个强连通分量中,任何节点都能够到达节点 A 并且都能被节点 A 到达。

课程思政

网络科学在当今社会中占据非常重要的地位,随着 IT 技术的不断发展,互联网已成为全球经济、文化、社交、政治生活等的重要元素。发展网络科学对实现国家发展战略和政策方面有着重要的意义,可以帮助我们更好地分析和解决当今社会中复杂的经济、社会、文化、政治等方面的问题。通过深入的学习和探讨,可以深化我们对网络科学领域的理解和认知,为国家的发展和建设提供有价值的支持;同时,有助于进一步推进社会主义核心价值观在网络空间的宣传和推广。

本章小结

网络科学是用来研究复杂现象,从而建立并解释这些现象的工具。不同的领域,如电信网络、计算机网络、生物网络、认知和语义网络以及社会网络,都可以抽象成网络,其中的节点代表不同的元素或行为者,连边代表元素或行为者之间的联系。该领域的理论和方法包括数学的图论、物理学的统计力学、计算机科学的数据挖掘和信息可视化、统计学的推理模型和社会学的社会结构。

本章介绍了网络的基本元素和常用的统计指标,对接下来的模型构建和应用起到了铺垫作用。

思考题

1. 大数据时代的社会网络研究具有什么特点?
2. 大数据驱动的社会网络如何服务于社会经济分析?
3. 什么是度和度分布?
4. 什么是集聚系数?
5. 网络的连通性和网络距离有什么内在联系?

参考文献

[1] 王小帆,李翔,陈关荣. 复杂网络理论及应用[M]. 北京:清华大学出版社,2006.

[2] 史定华. 无标度网络:基础理论和应用研究[J]. 电子科技大学学报,2010,39(5):644—650.

[3] 史定华. 网络度分布理论[M]. 北京:高等教育出版社,2011.

[4] 汪小帆,李翔,陈关荣. 网络科学导论[M]. 北京:高等教育出版社,2012.

[5] 吕琳媛. 复杂网络链路预测[J]. 电子科技大学学报,2010,39(5):651—661.

[6] 吕琳媛,周涛. 链路预测[M]. 北京:高等教育出版社,2013.

[7] 陈关荣. 复杂动态网络环境下控制理论遇到的问题与挑战[J]. 自动化学报,2013,39(4):312—321.

[8] 程学旗,沈华伟. 复杂网络的社区结构[J]. 复杂系统与复杂性科学,2011,8(1):57—66.

[9]郭雷,许晓鸣.复杂网络[M].上海:上海科技教育出版社,2010.

[10]刘常昱,胡晓峰,司光亚,等.基于小世界网络的舆论传播模型研究[J].系统仿真学报,2006,18(12):3608—3611.

[11]李果,高建民,高智勇,等.基于小世界网络的复杂系统故障传播模型[J].西安交通大学学报,2007,41(3):334—338.

[12]王波,王万良.WS和NW两种小世界网络模型的建模及仿真研究[J].浙江工业大学学报,2009,37(2):179—188.

[13]梅拉妮·米歇尔.复杂[M].唐璐,译.长沙:湖南科学技术出版社,2018.

第五章 网络的节点重要性方法

全章提要

- 5.1 节点重要性的算法
- 5.2 算法性能评估
- 5.3 应用实例

课程思政
本章小结
思考题
参考文献

识别网络上与某些结构或功能目标相关的重要节点非常重要,这使我们能够更好地控制流行病的暴发[2],为电子商务产品策划成功的广告[3,26],优化有限资源的使用以促进信息传播[1,4],发现候选药物和必需蛋白质[5],在通信网络中保持连通性或设计连通性故障的应对策略[6],从职业体育比赛的记录中确定最佳运动员[7,17],基于合著网络和引文网络预测成功的科学家以及流行的科学出版物[8]等。

然而,识别重要节点并非易事。首先,重要节点的评判标准是多样的。有时它需要在流行病传播中有效地保护整个人群的初始免疫节点,有时则需要找出损坏会导致的最广泛级联故障的节点。因此,找到一个能最好地量化节点在每种情况下的重要性的通用指标是不可能的。即使对于明确给定的目标函数,对于不同的网络或在目标函数的不同参数下,方法的性能也可能大不相同。其次,与基于全局拓扑信息或具有许多可调参数的指标相比,仅需要节点局部信息的指标和无参数指标通常更简单,计算的复杂度更低,但局部和无参数指标的准确性通常很低。因此,在局部指标和全局指标之间或无参数指标和多参数指标之间找到一个很好的折中点极具挑战性。再次,大多数已知方法本质上是为识别单个重要节点而不是一组重要节点设计的,而后者更具现实意义。比如,我们经常尝试将广告推送给一群人而不是一个人。然而,将两个最有影响力的传播者放在一起并不会产生具有两个传播者的最具影响力的集合,因为这两个传播者的影响可能在很大程度上重叠。事实上,许多启发式算法的思想直接借鉴于识别单个重要节点,在识别一组重要节点时表现并不理想。因此,识别一组重要节点最近成为一项重大但非常困难的挑战。最后,为一些新型网络(如空间、时间和多层网络)设计高效有用的方法是该研究领域的一项新任务。

由于具有挑战性和现实意义,因此重要节点识别最近引起了越来越多的关注。本章旨在对三个方面的问题加以阐明:第一,我们厘清与节点重要性相关的概念和指标,对问题和方法进行分类,回顾重要进展并描述现有技术。第二,我们在不同目标函数下的不同真实网络上对多个经典方法进行比较,以便全面了解不同方法的异同点以及适用性。第三,虽然本章主要基于物理的方法并省略了纯粹的机器学习方法,但我们谨慎地选择了计算机科学家和物理学家都可以轻松接受的语言并提出一些节点重要性在跨学科的解决方案中的应用。

5.1 节点重要性算法

5.1.1 基于结构的节点重要性

节点的重要性在很大程度上受拓扑结构和反映它所属的网络结构的影响。事实上,大多数已知的识别重要节点的方法仅仅涉及节点的结构信息,这使得独立于所考虑的特定动态过程的广泛应用得以实现。中心性概念的提出仅仅回答了如何根据节点的结构来表征节点的重要性的问题。[9]一般而言,中心性方法分配给网络中的每个节点一个取值以便根据节点的取值排名来预计每个节点的重要性。在本章中,我们将介绍的结构中心性仅根据节点的结构信息来衡量节点的重要性。需要注意的是,后文介绍的节点重要性衡量方法也是通过使用结构信息来获得的。但由于在后文中使用了动态过程(如随机游走)和迭代细化方法来探索结构特性,因此我们将相关算法归入迭代优化方法。

由于重要性的含义广泛,因此各类方法从不同方面来考量节点的重要性。节点的影响与其影响其周围邻居行为的能力高度相关。例如,推特(twitter.com)上有影响力的用户有可能直接向更多受众传播新闻或观点。[48]因此,一个直接有效的算法是计算一个节点的直接邻居的数量而得到度中心性。陈(Chen)等人[10]提出了度中心性的改进版本,称为局部排名(LocalRank)算法,它考虑了每个节点的四阶邻居中包含的信息。这两种算法都是基于邻域之间的链接数,而众所周知,局部互连在信息传播过程中起着负面作用。因此,聚类排名(ClusterRank)[11]是通过考虑直接邻居的数量和节点的聚类系数提出的。一般来说,在邻居数相同的情况下,节点的聚类系数越大,其影响越小。最近,基萨克(Kitsak)等人[12]认为节点的位置(是否在中心位置)比它的度更重要,他们应用了 k 核分解[13,14],根据节点的残差度迭代地分解网络节点。最高核心阶对应节点所属的最小核心,然后被定义为该节点的核心,这被认为是量化节点对传播动态影响的更准确的指标。

上述中心性度量本质上是基于节点的邻域性,而从信息传播的角度来看,具有传播速度更快、范围更广的潜力的节点更为重要,应该在很大程度上受到节点路径的传播的影响。如前所述,本章将介绍结构中心性中最具代表性的中心性度量方法。

(1)度中心性

在无向简单网络 $G(V,E)$ 中,V 和 E 分别是节点集和边集,节点 v_i 的度数表示为 k_i,定义为直接连接 v_i 的邻居的数量。节点的度可以形式化地表示为 $k_{ij}=\sum_j a_{ij}$,其中,$A=a_{ij}$ 为网络的邻接矩阵,如果 v_i 和 v_j 之间存在连边,则 $a_{ij}=1$,否则 $a_{ij}=0$。度中心性是识别节点影响力的最简单的指标:一个节点的连接越多,该节点的影响力就越大。

为了比较不同网络中节点的影响力,归一化度中心定义如下:

$$DC(i)=\frac{k_i}{n-1} \tag{5-1}$$

其中,$n=|V|$ 是 G 中的节点数,$n-1$ 是最大可能的度数。需要注意的是,上述归一化只是为了方便,也就是说,即使使用归一化的度中心性,不同网络中的节点通常也不具有可比性,因为这些网络的组织、功能和密度不同。

度中心性的简单性和低计算复杂性使其得到了广泛的应用。有时,度中心性的表现出奇地好。例如,在网络脆弱性研究中,与基于介数中心性、接近中心性和特征向量中心性等更复杂中心性的选择方法相比,基于度中心性的目标攻击可以非常有效地破坏无标度网络和指数网络。[15]此外,当传播率非常小时,度中心度是一个比特征向量中心度和其他一些众所周知的中心度更好的识别节点传播影响力的指标。[16]

在有向网络 $D(V,E)$ 中,每条连边都具有方向性,我们应该分别考虑节点的出度和入度。例如,考虑推特,如果节点 v_j 关注了节点 v_i,则存在一条从节点 v_i 到节点 v_j 的有向边,那么节点 v_i 的入度就反映了节点 v_i 在网络中受欢迎的程度(如直接指向节点 v_i 的连边数),而节点 v_i 的出度则在某种程度上反映了节点 v_i 在社交网络上的活跃程度(如节点 v_i 指向其他节点的连边数)。

(2) 局部排名

由于度中心性仅使用了网络中非常有限的信息,因此在评估节点的影响时可能不太准确。[2,11]作为度中心性的扩展,陈等人[10]提出了一种有效的基于局部信息的算法——局部排名,它充分考虑了每个节点的四阶邻居所包含的信息。节点 v_i 的局部排名得分定义如下:

$$LR(i)=\sum_{j\in \Gamma_i}Q(i) \tag{5-2}$$

$$Q(j)=\sum_{k\in \Gamma_j}R(k) \tag{5-3}$$

其中,Γ_i 节点是 v_i 的一阶邻居集合,$R(k)$ 是节点 v_k 的一阶和二阶邻居集合。局部排名算法的时间复杂度比典型的基于路径的中心性要低得多。事实上,局部排名算法的计算复杂度是 $O(n\langle k\rangle^2)$ 并随网络的规模线性增长。

(3) 离心中心性

在连通网络中,将 d_{ij} 定义为节点 v_i 到节点 v_j 的最短路径长度。节点 v_i 到其他节点的距离越短,意味着它越占据网络中的中心位置。因此,节点 v_i 的离心度被定义为到其他节点的所有最短路径之间的最大距离[15]:

$$ECC(i)=\max_{v_i\neq v_j}d_{ij} \tag{5-4}$$

其中,v_i 为除了节点 v_i 以外的所有节点。具有较小离心度的节点被认为具有较大的影响力。为了比较不同网络中的离心度,v_i 的归一化偏心率定义如下:

$$ECC'(i)=\frac{ECC(i)-ECC_{min}}{ECC_{max}-ECC_{min}} \tag{5-5}$$

其中,ECC_{min} 和 ECC_{max} 分别是网络中最大和最小的离心度。值得注意的是,最大距离可能会受到一些异常长的路径的影响,那么离心度可能无法反映节点的重要性。

(4) 接近中心性

相比之下,接近中心性通过汇总目标节点与所有其他节点之间的所有距离来消除干扰。对于连通网络,节点 v_i 的接近中心性定义为从节点 v_i 到所有其他节点的平均测地距离的倒数:

$$CC(i)=\frac{n-1}{\sum_{j\neq i}d_{ij}} \tag{5-6}$$

显然,接近度越大,节点越占据重要位置。接近中心性也可以理解为信息在网络中的平均传播长度的倒数。一般来说,接近度值最高的节点对信息流的视野最好。但最初的定义有一个主要的缺点:当网络没有连接时(在有向网络中,网络必须是强连接的),存在一些节点对 $d_{ij}=\infty$。因此,一种主流的方法是根据节点 v_i 的调和平均距离的倒数来计算接近中心性:

$$CC(i)=\frac{1}{n-1}\sum_{j\neq i}\frac{1}{d_{ij}} \tag{5-7}$$

其中，$1/\infty=0$。节点的接近中心性反映了它与其他节点交换信息的效率。受此启发，网络效率[18]被定义为网络之间节点的平均效率 G：

$$Eff(G)=\frac{1}{n(n-1)}\sum_{i=1}^{n}\sum_{j\neq i}^{n}\frac{1}{d_{ij}} \tag{5-8}$$

5.1.2 基于迭代优化的节点重要性

节点的影响不仅取决于其邻居的数量，而且取决于其邻居的影响，这被称为"相互增强效应"[19]。在本章中，我们将选择一些典型的迭代优化中心性，其中每个节点都得到其邻居的支持。在这些算法中，特征向量中心性[20]是在无向网络中设计的，而网页排名[21]及其变体主要用于有向网络。网页排名最初用于对网页进行排名，是谷歌搜索引擎的核心算法。为了解决悬空节点问题，网页排名引入了一个随机跳跃因子，它是一个可调参数，其最优值取决于网络结构和目标函数。

网页排名实际上是有向网络上的随机游走过程。如果网络是强连通的，则游走者在每个节点上的概率都可以达到稳定状态。但是，如果存在一些没有处于链接上的节点，即"悬空节点"，游走者就会被困在这些节点上，导致网页排名失效。

(1) 特征向量中心性

特征向量中心性假设一个节点的影响力不仅取决于其邻居的数量，而且取决于每个邻居的影响。[20]节点的中心性与其连接的节点的中心性之和成正比。[23]节点 v_i 的重要性表示为 x_i：

$$x_i=c\sum_{j=1}^{n}a_{ij}x_j \tag{5-9}$$

也可以写作矩阵的形式：

$$\vec{x}=cA\vec{x} \tag{5-10}$$

其中，c 是比例常数。通常，$c=1/\lambda$，λ 是 A 的最大特征值。特征向量中心性可以通过幂迭代方法有效地计算。在幂迭代开始时，每个节点的分数被初始化为 1。然后每个节点将其分数平均分配给其连接的邻居，并在每一轮迭代中接收新值。这个过程不断重复，直至节点的值达到稳定状态。从这种迭代方法的角度来看，网页排名算法是特征向量中心性的一种变体。

特征向量中心性得分更倾向于在共同条件下集中在少数节点上，使得节点之间难以区分。马丁(Martin)等人[24]提出了一种改进的特征向量中心性，称为非回溯中心性，基于无向网络或非回溯矩阵的前导特征向量。非回溯中心性的主要思想：在计算节点的中心性分数时，节点 v_i 中的值求和的邻居将不再考虑节点 v_i 的影响，节点 v_i 类似于空腔网络方法。然而，在有向网络中，许多节点通常只有出度，导致第一轮迭代后状态为 0。

(2) 网页排名

网页排名算法[21]是特征向量中心性的著名变体,用于对谷歌搜索引擎和其他商业场景中的网页进行排名[25]。传统的基于关键词的网页排名算法容易受到恶意攻击,通过增加无关关键词的密度来提高网页的影响力。网页排名通过在由网页关系构建的网络上随机游走来区分不同网页的重要性。与特征向量中心性类似,网页排名假设网页的重要性由链接到它的页面的数量和质量决定。最初,每个节点(页面)获得一个单位 PR 值。然后,每个节点沿其传出链路将 PR 值均匀地分配给其邻居。节点 v_i 的值形式化地表示如下:

$$PR_i(t) = \sum_{j=1}^{n} a_{ij} \frac{PR_j(t-1)}{k_j^{out}} \qquad (5-11)$$

其中,n 是网络中的节点总数,k_j^{out} 是节点 v_j 的出度。如果所有节点的 PR 值都达到稳定状态,则上述迭代停止。上述随机游走过程的一个主要缺点是无法重新分配悬空节点(出度为 0 的节点)的 PR 值,同时式(5—11)不能保证收敛[还有一些其他情况,式(5—11)不会收敛]。为了解决这个问题,我们引入了一个随机跳转因子,假设上网者会以概率 s 沿着链接浏览网页,并以 $1-s$ 的概率离开当前页面并打开一个随机页面。式(5—11)修改如下:

$$PR_i(t) = s\sum_{j=1}^{n} a_{ij} \frac{PR_j(t-1)}{k_j^{out}} + (1-s)\frac{1}{n} \qquad (5-12)$$

当 $s=1$ 时,式(5—12)将退化为式(5—11),随机跳跃概率 s 通常设置为 0.85 左右,但其实际的设定需要在不同的场景中进行测试。

戈沙尔(Ghoshal)和巴拉巴西(Barabasi)[27]在用网页排名评估节点的传播能力时,研究了扰动网络中超稳定节点的出现。他们研究了不同拓扑属性的排名,发现网页排名对随机网络中的扰动敏感,而在无标度网络中稳定。

5.2 算法性能评估

在本节中,我们将评估一些典型算法在实际网络中的性能,同时考虑功能和结构的重要性。

我们比较了 4 种代表性算法在 4 个无向无加权网络上的性能:

①Amazon[29]是亚马逊(Amazon.com)上产品之间的共同购买网络。如果一个产品 v_i 和一个产品 v_j 经常被共同购买,那么 v_i 和 v_j 之间存在一条无向边。

②Cond-mat[30]是一个科学家合作网络,在这个网络中,一个节点代表一个作者,如果两个节点共同授权了至少一篇论文,则两个节点相连。

③Email-Enron[31]是一个包含大约 50 万封电子邮件的通信网络。每个节点都是一个唯一的电子邮件地址。如果电子邮件从地址 v_i 发送到地址 v_j,则在它们之间存在无向边。

④Facebook 朋友网[32]是从脸书(facebook.com)提取网络,其中的节点表示用户,如果

用户 v_i 和用户 v_j 是朋友,那么它们之间就存在一条连边。

上述所有网络的基本统计特征如表 5-1 所示。

表 5-1 无向网络的基本统计特征

网络	n	m	k_{max}	c	h
Amazon	334 863	935 872	549	0.396 7	2.085 6
Cond-mat	27 519	11 618	202	0.654 6	2.639 3
Email-Enron	36 692	18 381	1 383	0.497	13.979 6
Facebook 朋友网	63 731	817 090	1 098	0.221	3.433 1

表 5-1 中,n 表示网络中的节点数,m 表示网络中的连边数,k_{max} 为网络中的最大度值,c 为聚类系数,h 为度分布的异质性。

为了评估排序方法的性能,我们提供了不同方法与通过模拟传播过程获得的节点重要性之间的 Kendall-tau 相关系数 τ 的排序。[33] 更高的 τ 表示更好的性能。我们考虑易感-感染-恢复(SIR)传播模型。[34] 在 SIR 模型中,除受感染节点外的所有节点(初始种子节点)最初是易感的。在每个时间步,每个被感染的节点都会以概率 β 感染它的每个邻居。然后,每个受感染节点以概率 μ 进入恢复状态。为简单起见,我们设置 $\mu=1$。当不再有任何受感染节点时,传播过程结束。最后将初始种子的传播影响定义为恢复节点的数量。

表 5-2 显示了算法得出的排名分数与 SIR 模型得到的实际扩散系数之间的 Kendall-tau 相关系数。近似传播阈值 β_c 在 Amazon、Cond-mat、Email-Enron 和 Facebook 朋友网上的取值分别是 0.095、0.047、0.007 和 0.011。对于每个网络,感染概率设置为 $\beta=1.5\beta_c$,其中 β_c 是近似的传播阈值[28]:

$$\beta_c = \frac{\langle k \rangle}{\langle k^2 \rangle - \langle k \rangle} \quad (5-13)$$

表 5-2 算法得出的排名分数与 SIR 模型得到的实际扩散系数之间的 Kendall-tau 相关系数

网络	Amazon	Cond-mat	Email-Enron	Facebook 朋友网
度中心性	0.267 5	0.565 7	0.481 2	0.734 8
局部排名	0.654 6	0.804 0	0.533 6	0.804 3
接近中心性	0.596 8	0.719 0	0.3271	0.703 8
特征向量中心性	0.316 1	0.735 0	0.534 6	0.737 3

从结果中可以看出,局部排名和特征向量中心性总体上比其他指标表现得好。前者是局部中心中最好的,后者是全局中心中最好的。特别是,局部排名在某些网络中的性能甚至优于某些全局方法。

除了传播影响力,我们还调查了节点对网络连接的重要性。每种方法根据节点的重要性得分做出节点的排名列表。我们从排名靠前的节点中删除节点集 P,并计算每次删除后

的最大连通子图 σ。显然,当关键部分被移除时,σ 随移除节点数量的增加而减小,如图 5-1(a)所示,其中 R 可根据 $\frac{1}{n}\sum_{i=1}^{n}\sigma(i/n)$ 计算。图 5-1(b)为在 Facebook 网络上四个中心性算法指标的结果。

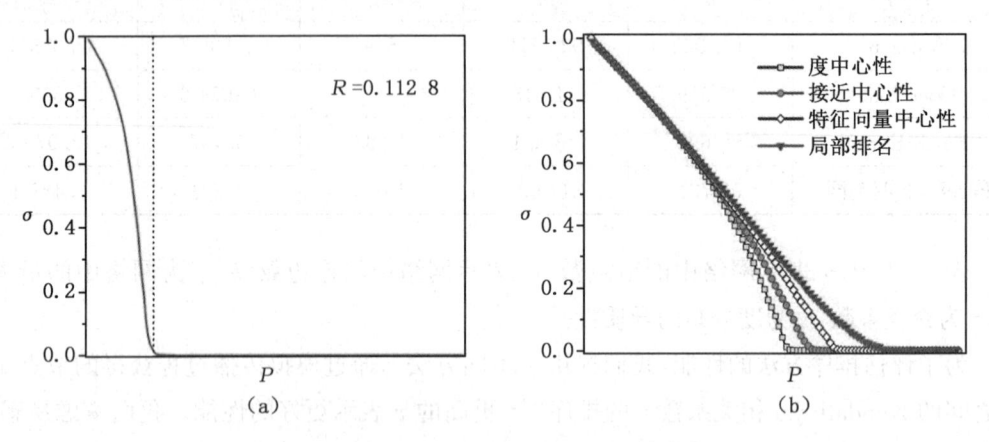

图 5-1 移除点集 P 后 σ 的相应变化[46]

5.3 应用实例

5.3.1 识别社交网络中有影响力的传播者

社交网络的发展对信息社会有很大的影响。一方面,社交网络利用网络的力量提供了一种获取信息的新模式,如从不同专家那里收集有用的信息。这种集体搜索策略有可能革新当前基于孤立查询的搜索方式。该策略的关键点是识别社交社区中有影响力的用户。[35]另一方面,社交网络构建了一个新的信息传播平台,并被广泛应用,如在线虚拟营销。[36]关键还在于寻找有影响力的传播者,他们更有可能使信息广泛传播。

是否能成为有影响力的传播者,不仅取决于网络结构,而且取决于所考虑的动态。流行动态中的关键传播者在信息动态中可能并不重要。阿鲁达(Arruda)等人[37]研究了不同合成和现实世界(空间和非空间)网络中节点的传输能力与 10 个中心性度量之间的关系。他们发现,在非空间网络的流行动态中,核心性和度中心性与节点的能力最为相关。在非空间网络中的谣言传播中,平均邻域度、接近中心性和可达性具有最高的性能。在空间网络中,可访问性在这两个动态过程中都具有整体最佳性能。识别重要节点的算法广泛应用于社交网络,该应用程序通常可以在许多场景中带来一些可观的社会价值和经济价值,如有影响力的传播者的虚拟营销[36],以及通过"免疫"重要人物来控制谣言。此外,它还可以帮助法医等调查人员识别犯罪集团中最有影响力的成员[38],并监控大规模动员[39]等特殊事件。

实验很难在真正的在线社交网络上进行，因为很难找到足够的参与者并通过将实验算法与已知基准进行比较来评估性能，所以，以往的研究大多是通过分析离线数据展开的。我们在珠海市中国移动公司的帮助下进行了一些大规模的实验，所考虑的网络是利用2010年12月8日至2011年1月7日这31天的短信转发数据构建的有向短信通信网络。其中，每个节点代表一个由唯一手机号码标识的用户，并且从用户v_i链接到用户v_j意味着用户v_i至少在这31天内向用户v_j发送了一条短信。该网络包括9 330 493个节点和23 208 675个链接，其聚类系数仅为0.004 3，最大度数为4 832。我们的实验任务是寻找一些具有较强影响力的初始用户。我们首先根据不同的策略选择了1 000个用户，如选择领袖排名(LeaderRank)[22]算法得分最高的用户，或者出度最高的用户；然后，公司向他们每个人发送一条短信；最后，我们监控每个策略的转发次数。

5.3.2　金融风险检测

金融风险无疑是一个重要的问题，可以通过模拟机构违约的蔓延来检测。[47]假设机构v_i违约，其债权人机构v_j面临损失。如果这种损失超过v_j的收益，则机构v_j也会违约。这种违约可能会导致v_j的债权人违约，然后会触发一连串的违约。这个过程一直持续到没有新的违约发生。因传染而倒闭的机构数量非常直观[41]，它们的总资产也是如此。纳古尼(Nagurney)和强(Qiang)[40]引入了网络性能指标，该指标与通过金融中介可以到达消费者的金融资金量成正比。盖(Gai)和卡帕迪亚(Kapadia)[41]研究了由初始违约引起的传染的可能性和潜在影响。他们发现高连通性不仅可以降低传染的可能性，而且在出现问题时可以增加其传播力。

然而，个别机构的违约通常无法触发多米诺骨牌效应。[42]受这一想法的启发，米斯特鲁利(Mistrulli)计算了违约导致至少向一家银行蔓延的银行数量。但是这种方法在衡量一家银行的重要性时效果不佳。从不同的角度来看，巴蒂斯顿(Battiston)等人[43]指出，即使违约不能传播，也存在危机传播，面临损失的银行将变得更加脆弱，这也使交易对手更加脆弱。基于此，他们开发了负债排名(DebtRank)来量化由特定银行(一组银行)的初始困境引发的困境程度。他们发现最大的借款人在一个密集的网络中相互联系，每个人都位于中心位置，只需一两个步骤就可以对其他银行产生重大影响。

很快，负债排名被应用于日本信贷网络[44]，该网络由日本银行和日本公司之间的借贷关系组成。通过向一些初始节点(银行或公司)引入困境，他们发现银行的重要性与其规模(总资产)密切相关。相关性不是线性的，而是遵循幂律。其结果是，他们声称，"大银行比小银行更重要"，与相同规模的合作伙伴合并是最佳的解决方案，以增加总负债排名。

尽管存在违约的过程或困境，但研究人员还是引入了一些流行的中心性指标。例如，与负债排名相比，巴蒂斯顿等人[43]将特征向量中心性作为基准度量。受网页排名的启发，考希克(Kaushik)和巴蒂斯顿[45]提出了两个中心性指标：一个是影响中心性，它假设一个节点如果影响许多具有系统重要性的节点，则它具有更高的系统重要性；另一个是漏洞中心性，它假设一个节点如果强烈依赖于许多易受攻击的节点,则它更容易受到攻击。在这两个中心性指标的辅助下,他们得出结论:就系统影响而言,只需要关注一小部分节点。基于吸收马尔可夫链(包含至少一种吸收状态),索拉马基(Soramaki)和库克(Cook)[46]提出了沉没排名(SinkRank)来衡量支付网络中节点的系统重要性。吸收马尔可夫链系统反映了这样一个事实,即当一家银行倒闭时,发送给该银行的任何付款都将保留在该银行中。通过模拟实验,他们发现沉没排名可以准确地对银行进行排名,这有助于估计整个支付系统的潜在中断。

课程思政

节点重要性方法揭示的是在客观网络中对信息的传播和扩散具有重要影响力的主体节点。马克思主义哲学强调人通过实践活动产生新的意识,而节点重要性方法是在实践中区分重要主体和客体的一种科学手段。区分重要主体和客体是我们理解实践如何使主体和客体相互作用的重要前提。此外,节点重要性方法从复杂网络的角度揭示了部分依赖整体,脱离整体的部分就失去它原有的性质和功能的马克思主义哲学的整体观,有利于我们从复杂网络角度分析各网络中整体与部分的关系。

本章小结

在本章中,我们主要回顾了复杂网络中识别关键节点的最新进展,重点介绍了相关的概念和方法。在具体的应用中,如何使用和扩展这些方法仍然面临很多的挑战。

首先,我们需要一些基准来评估不同方法之间的优劣。在这一研究领域,各种算法的表现取决于目标函数下的各种设定以及所用传播模型中的参数设置。原则上,研究人员可以在不同的网络以及不同的目标函数中测试他们的算法,并且只展现对他们的算法有利的结果。因此,一些真实网络中真实动态过程的实验可以作为比较算法性能的可靠基准。然而,这种实验的设计和实施是非常具有挑战性的。因此,我们应设计切实可行的实验。

其次,识别关键节点的方法需要进一步发展。本章介绍了一些常用的方法,文献中介绍的方法更多。一些中心性指标体现了紧密相关的想法,如网页排名和领袖排名,而另一些中心性指标则来自截然不同的观点。我们需要做的是采用适当的节点重要性指标,并根据它们产生的节点排名、产生这些排名所需的信息和其他相关特征对它们进行分类。

最后,我们希望这些算法能够在现实世界中得到大规模的应用。虽然在文中展示了许多应用,其中的关键节点识别算法被用来解决一些其他的研究问题,但是其中的大多数应用本身是远离实际的。我们这里所说的真正的应用是指算法应用于病人的治疗中,应用于真正的商业公司的广告投递中等。真正的应用不能取代实验,因为医生和商人不愿意冒险系统地比较不同的方法。然而,成功的应用将在很大程度上鼓励相关研究,就像谷歌和亚马逊对信息检索和推荐系统的研究做出的贡献一样。

思考题

1. 节点重要性的定义有哪些?
2. 节点重要性算法可以分为哪些方法?
3. 节点重要性算法的应用场景有哪些?

参考文献

[1] Watts D. J. ,Strogatz S. H.. Collective dynamics of 'small-world' networks[J]. Nature,1998,393 (6684):440—442.

[2] Romualdo P. S. ,Alessandro V.. Immunization of complex networks[J]. Physical Review E,2002,65 (3):036104.

[3] Leskovec J. ,Adamic L. A. ,Huberman B. A.. The dynamics of viral marketing[J]. ACM Transactions on the Web (TWEB),2007,1 (1):5.

[4] Chen W. ,Lakshmanan L. V. S. ,Castillo C.. Information and influence propagation in social networks[J]. Synthesis Lectures on Data Management,2013,5 (4):1—177.

[5] Csermely P. ,Korcsmaros T. ,Kiss H. J. M. ,London G. ,Nussinov R.. Structure and dynamics of molecular networks:a novel paradigm of drug discovery:a comprehensive review[J]. Pharmacology & Therapeutics,2013,138 (3):333—408.

[6] Albert R. ,Jeong H. ,Barabasi A. L.. Error and attack tolerance of complex networks[J]. Nature,2000,406 (6794):378—382.

[7] Radicchi F.. Who is the best player ever? A complex network analysis of the history of professional tennis[J]. PLoS ONE,2011(6):e17249.

[8] Radicchi F. ,Fortunato S. ,Markines B. ,Vespignani A.. Diffiusion of scientific credits and the ranking of scientists[J]. Physical Review E,2009,80 (5):056103.

[9] Freeman L. C.. A set of measures of centrality based on betweenness[J]. Sociometry,1977,40 (1):35—41.

[10] Chen D. ,Lu L. ,Shang M. S. ,Zhang Y. C. ,Zhou T.. Identifying influential nodes in complex networks[J]. Physica A,2012,391 (4):1777—1787.

[11] D. B. Chen,H. Gao,L. Lu,T. Zhou. Identifying influential nodes in large-scale directed networks:the role of clustering[J]. PLoS ONE ,2013(8):e77455.

[12] M. Kitsak,L. K. Gallos,S. Havlin,F. Liljeros,L. Muchnik,H. E. Stanley,H. A. Makse. Identification of influential spreaders in complex networks[J]. Nature Physics,

2010,6 (11):888—893.

[13]S. N. Dorogovtsev,A. V. Goltsev,J. F. F. Mendes. K-core organization of complex networks[J]. Physical Review Letters ,2006,96 (4):40601.

[14]Carmi S. ,Havlin S. ,Kirkpatrick S. ,Shavitt Y. ,Shir E.. A model of internet topology using k-shell decomposition[C]. Proceedings of the National Academy of Sciences of the United States of America,2007,104 (27):11150—11154.

[15]Hage P. ,Harary F.. Eccentricity and centrality in networks[J]. Social Networks,1995,17 (1):57—63.

[16]Iyer S. ,Killingback T. ,Sundaram B. ,Wang Z.. Attack Robustness and Centrality of Complex Networks[J]. PLoS ONE,2013(8):e59613.

[17]Klemm K. ,Serrano M. A. ,Eguluz V. ,San Miguel M.. A measure of individual role in collective dynamics[J]. Scientific Reports,2012(2):292.

[18]Latora V. ,Marchiori M.. Efficient behavior of small-world networks[J]. Physical Review Letters,2001,87 (19):198701.

[19]Wittenbaum G. M. ,Hubbell A. ,Zuckerman P. C.. Mutual enhancement:toward an understanding of the collective preference for shared information[J]. Journal of Personality and Social Psychology,1999,77 (5):967.

[20]Bonacich P.. Factoring and weighting approaches to status scores and clique identification[J]. Journal of Mathematical Sociology,1972,2 (1):113—120.

[21]Brin S. ,Page L.. The anatomy of a large-scale hypertextual web search engine[J]. Computer Networks and ISDN Systems,1998,30 (1):107—117.

[22]Lu L. ,Zhang Y. C. ,Yeung C. ,Zhou H.. T.. Leaders in social networks,the delicious case[J]. PLoS ONE,2011(6):e21202.

[23]Bonacich P.. Some unique properties of eigenvector centrality[J]. Social Networks,29 (4):555—564.

[24]Martin T. ,Zhang X. ,Newman M. E. J.. Localization and centrality in networks[J]. Physical Review E,2014,90 (5):52808.

[25]Langville N. ,Meyer C. D.. Google's PageRank and beyond:The science of search engine rankings[M]. Princeton University Press,2011.

[26]Weng J. ,Lim E. ,Jiang J. ,He Q.. Twitterrank:finding topic-sensitive influential twitterers[C]. //Proceedings of the Third ACM International Conference on Web Search and Data Mining. WSDM '10,ACM Press,2010:261—270.

[27]Ghoshal G. ,Barabasi A. L.. Ranking stability and super-stable nodes in complex networks[J]. Nature Communications,2011(2):394.

[28]Castellano C. ,Pastor-Satorras R.. Thresholds for epidemic spreading in networks

[J]. Physical Review Letters,2010,105 (21):218701.

[29]Yang J., Leskovec J.. Defining and evaluating network communities based on groundtruth[J]. Knowledge and Information Systems,2013,42 (1):181—213.

[30]Leskovec J., Kleinberg J., Faloutsos C.. Graph evolution: densification and shrinking diameters[J]. ACM Transactions on Knowledge Discovery from Data (TKDD), 2007,1 (1):2.

[31]Leskovec J.,Lang K.,Dasgupta J. A.. Mahoney M. W.. Community structure in large networks:natural cluster sizes and the absence of large well-defined clusters[J]. Internet Mathematics,2009,6 (1):29—123.

[32]Viswanath B.,Mislove A.,Cha M.,Gummadi K. P.. On the evolution of user interaction in facebook[C]//Proceedings of the 2nd ACM Workshop on Online Social Networks. WOSN '09,ACM Press,2009:37—42.

[33]Kendall M. G.. A new measure of rank correlation[J]. Biometrika,1938,30 (2):81—93.

[34]Anderson R. M.,May R., Anderson M. B.. Infectious diseases of humans:dynamics and control[M]. Oxford University Press,1992.

[35]Rabade R.,Mishra N.,Sharma S.. Survey of influential user identification techniques in online social networks[C]//Advances in Intelligent Systems and Computing 235. Springer Berlin Heidelberg,2014:359—370.

[36]Akritidis L.,Katsaros D.,Bozanis P.. Identifying the productive and influential bloggers in a community[J]. IEEE Transaction on System,Man,and Cybernetics-Part C: Application and Reviews,2011,41 (5):759—764.

[37]Arruda G. F.,Barbieri A. L.,Rodrguez P. M.,Rodrigues F. A.,Moreno Y.,Costa L. F.. Role of centrality for the identification of influential spreaders in complex networks[J]. Physical Review E,2014,90 (3):032812.

[38]Alzaabi M.,Taha K.,Martin A. T.. Cisri:a crime investigation system using the relative importance of information spreaders in networks depicting criminals communications[J]. IEEE Transaction on Information Forensics and Security,2015,10 (10):2196—2211.

[39]Gonzaalez-Bailon S.,Borge-Holthoefer J.,Rivero A.,Moreno Y.. The dynamics of protest recruitment through an online network[J]. Scientific Reports,2011(1):197.

[40]Nagurney,Qiang Q.. Computational Methods in Financial Engineering[C]//Identification of critical nodes and links in financial networks with intermediation and electronic transactions. Springer Berlin Heidelberg,2008:273—297.

[41]Gai S. Kapadia. Contagion in financial networks[J]. Proceedings of The Royal So-

ciety A,2010,466(2120):2401-2423.

[42]Mistrulli P. E.. Assessing financial contagion in the interbank market:maximum entropy versus observed interbank lending patterns[J]. Journal of Banking & Finance, 2011,35(5):1114-1127.

[43]Battiston S. ,Puliga M. ,Kaushik R. ,Tasca P. ,Caldarelli G.. Debtrank:too central to fail? financial networks,the fed and systemic risk[J]. Scientific Reports,2012(2): 541.

[44]Aoyama H. ,Battiston S. ,Fujiwara Y.. Debtrank analysis of the Japanese credit network[C]//Discussion papers. Research Institute of Economy,Trade and Industry (RIETI),2013.

[45]Kaushik R. ,Battiston S.. Credit default swaps drawup networks:too interconnected to be stable? [J]. PLoS ONE,2013(8):e61815.

[46]Soramaki K. Cook S.. Sinkrank:an algorithm for identifying systemically important banks in payment systems[J]. Economics,2013(7):2013-2028.

[47]Craig B. ,von Peter G.. Interbank tiering and money center banks[J]. Journal of Financial Intermediation,2014,23(3):322-347.

[48]汪小帆,李翔,陈关荣. 网络科学导论[M]. 北京:高等教育出版社,2012.

[49]Lü,Linyuan,Chen D. ,Ren X. L. ,et al.. Vital nodes identification in complex networks[J]. Physics Reports,2016(650):1-63.

第六章 网络的社区结构发现算法

全章提要

- 6.1 网络社区发现概述
- 6.2 社区发现算法与数据集
- 6.3 社区检测方法初步分析
- 6.4 社区发现算法的质量分析

课程思政

本章小结

思考题

参考文献

大多数网络具有社区结构,即它们的顶点被组织成团,我们称之为社区(集群或模块)。[9,38]社区可以理解为蛋白质与蛋白质相互作用的网络中具有相似功能的蛋白质团、社交网络中的朋友圈、互联网上具有相同主题的网站组等。识别社区可以帮助我们更有效地理解网络是如何组织的,使我们能够专注于具有一定程度自治权的区域,也有助于我们根据顶点相对于它们所属社区的角色对顶点进行分类。例如,我们可以将完全嵌入其集群的顶点与集群边界处的顶点区分开来,被区分开的顶点可以充当模块之间的代理。在这种情况下,我们可以发现某些节点在整个网络的动态传播过程中扮演着重要的角色。

网络中的社区发现是一个定义不明确的问题,目前还没有在这一领域的通用定义。因此,对于如何评估不同算法的性能以及如何相互比较,没有明确的指导方针。一方面,这种模糊性为提出解决问题的不同方法留下了很大的自由空间[这通常取决于特定的研究问题和(或)研究中的特定系统];另一方面,这种模糊性给该领域带来了很多干扰并减缓了研究的进展,特别是,它导致有问题的概念和信念的传播,而很多方法基于这些概念和信念。

本章对社区发现问题进行了批判性分析,旨在供相关从业人员使用,也可供具有网络科学基本概念的读者使用。这并不是一项详尽的调查,重点是问题的一般方面,特别是与最近的研究成果相关的一些讨论。此外,我们还讨论了一些主流的算法并就它们的使用提出建议。

6.1　网络社区发现概述

在网络科学中,社区发现(有时称为"图聚类")是在中观层面上分析网络结构的基本挑战之一。然而,这是一个定义不明确的问题。根据阿里芬(Arifin)等人的说法,"它没有明确的目标、解决方案路径或预期的解决方案"。[1]对于应该寻找什么样的对象[7],没有通用的定义或封闭形式的公式,因此没有黄金准则来评估社区结构的质量和社区发现的算法性能。

网络科学研究中最常见的社区定义源自连接偏好机制。这意味着,社区是图中的一组节点(子图),其中必须有更多的边(更密集地)将它们连接在一起,而不是将社区与图的其余部分连接在一起的边。[6,26]纽曼(Newman)将社区定义为一组"连接它们的边缘密度高于平均水平的顶点"。[11]根据不同的场景,社区可以称为集群、模块、类或模块组。这是最基本的定义,它为其大多数衍生定义设定了基本要求。沃瑟曼(Wasserman)[36]提出了许多不同的社区变体,例如LS集,它是网络中的一组节点,其每个适当的子集与其在该集合内的补充的联系比与外部的联系更多;或使用k-core来定义子图,其中每个节点都至少有k个相邻的邻居节点。然而,在社区发现算法的最新进展表明的现实情况中,对于边的数量在"很多"上并没有明确的界定。社区是算法定义的,即它们是算法的最终产品,没有任何精确的先验定义。[6]

在实践中,有时没有明确表达的约束比理论中申明存在的还要多。如果只寻找一个使内部边的连边数量最大而外部边的连边数量最小的图的划分,那么这个图本身也可以被认为是一个没有外部连接的大社区。另一种解决方案是将网络中具有最小度的节点留在一个社区中,而将所有其他节点留在另一个社区中。该解决方案还可以最大化外部和内部边缘之间的比率。然而,这些单调的解决方案似乎并没有吸引大多数学者考虑使用社区检测算法来检测社区。事实上,最好将网络聚类成大小相似的组。[21]这意味着,社区的相对规模很重要,但这种规模的概念尚未明确界定。除此之外,还有很多其他的标准可以提及,如社区互完备性、可达性、顶点度分布以及内部与外部聚集性的比较。[34,6]事实上,不同的社区检测方法有不同的方法来定义社区并考虑这些约束,它们产生不同的社区结构。以下是可能导致检测方法之间存在差异的主要原因:

①不同的算法可能涉及社区概念的不同含义。

②当两个算法定义了相同的社区概念时,也可能在算法上以不同的方式形式化(相同的目标但不同的目标函数),从而导致我们得到不同的结果。

③即使两个算法具有完全相同的目标函数,它们用于查找社区的算法机制也决定了它们将要查找的内容,尤其是在启发式搜索方法中。

④初始配置是影响算法最终结果的另一个重要因素,许多社区检测方法不是确定性的。

⑤每种方法都可能包括在获得优化解决方案和提供合理性能(在计算时间、内存消耗等方面)之间的权衡。这种权衡在不同的方法中,偏重有所不同。

⑥一些算法会根据输入数据而变化,并且在某些类型的输入上比在其他类型的输入上效率更高或更低。

⑦实施因素而导致的变化可能影响算法的最终结果。

⑧在某些算法中存在决胜局的情况,它们必须在没有任何与其最终目标相关的因素的情况下随机选择。如果以不同的方式解决"抢七"问题,则它们也可能显著影响算法最终的结果。

基于上述原因,选择与特定场景或质量期望相应的社区检测方法并非直观明了的。读者还可以参考文献[7]~[13]作为社区发现算法选择的指南。

6.2 社区发现算法与数据集

6.2.1 社区发现算法

我们在本节中介绍一些在研究中被广泛使用和讨论的主流社区发现算法。近年来,已有大量创新方法被用来解决通用或特定场景。然而,对所有方法进行实证和详尽分析是不切实际的。在本章中,我们就社区发现算法中最重要和最具代表性的方法加以讨论。

根据每个分类的最终目标,社区检测方法有许多可能的理论分类。例如,可以根据搜索机制、目标函数、对要发现的结构的假设、预期质量、假设模型，甚至所采用的理论模型等方面的差异对社区检测方法进行分类。使问题变得棘手的是许多方法不仅是解决特定问题的一些简单算法，而且是许多不同方法的组合。对于不同的方法如何相似以及如何将它们归入不同的家族，目前还没有达成共识。波特（Porter）等人使用基于中心性的本地技术、模块化优化、谱聚类来描述网络中的社区。[27]有的学者将社区检测方法分为传统数据聚类方法、分裂算法、基于模块化的方法、谱算法、动态算法和基于统计推理的方法。[6,7]科夏（Coscia）等人将社区发现分类为基于特征距离、内部密度、桥梁检测、扩散过程、接近性、结构模式、链接聚类、元聚类。[5]在社交媒体的背景下，帕帕多普洛斯（Papadopulos）等人比较子结构检测、顶点聚类、社区质量优化、分裂和基于模型的方法中的方法。[24]博林（Bohlin）等人将不同的方法聚合为代表不同网络模型的三个主要类：空（Null）模型、块模型和流模型。[3]绍布（Schaub）等人将社区检测方法分为四个方面，即基于切割的、基于聚类内部密度的、基于随机等价的和基于动态的，显示了社区结构的四个不同方面。[35]加塞米巴（Ghasemian）等人采用了一种实验分类[10]，以及基于他们在许多真实世界网络上输出（使用验证度量）的不同家庭中的群体社区检测方法。

以下我们选择根据不同的理论方法对社区检测方法进行分类，包括连边去除、模块优化、动态过程和统计推断等。尽管每个理论分类法都可能存在问题，但预计这种分类将支持后文的实证分析，以验证理论和概念上的紧密度是否可以在实践中产生质量上的紧密度。

（1）基于连边去除的方法

边介数（GN）方法[11]通过边介数中心性逐步删除连边来发现社区。该方法基于这样一种直觉，即图的密集区域由位于节点对之间最短路径中的几条边连接。去除这些连边将揭示密集连接的社区。

边聚类系数（RCCLP）方法[28]用边聚类系数来代替边介数方法中的边介数中心性，从而减少了算法的计算时间并因此降低了复杂性。在本章中，我们分析了该方法的两种配置，分别对应三角形（g 表示 RCCLP-33）版本和四边形（g 表示 RCCLP-44）版本。

（2）模块优化方法

贪婪优化（CNM）方法[4]通过聚合迭代连接的社区来贪婪地最大化模块化函数 Q，其主要关注模块化的最大增加量或最小减少量 ΔQ。

鲁汶（Louvain）方法[2]采用了类似贪婪优化方法的两步聚类过程。然而，在每次迭代的第一步中，它允许节点在社区之间移动，直至通过这些本地交换策略无法获得额外的模块化增益。然后，构建一幅新图，其顶点是第一步产生的社区，并在新图上重复该过程以减少计算时间，从而产生层次聚类。

谱方法（SN）[21]将最大化模块度的思想重构为谱划分问题并引入模块度矩阵，通过计算矩阵中的最大特征值对应的特征向量将网络划分为子网络。社区结构使用该矩阵的特征向量进行识别。特征向量用于将每个节点投影到低维节点向量中，通过对节点向量进行聚类（例如，使用 k-means 聚类方法）来识别社区结构。

(3)基于动态过程的方法

游走陷阱(Walktrap)[25]定义了节点对之间的动态距离,并应用传统的层次聚类来发现社区结构。两个节点之间的距离是根据随机游走过程定义的。其基本思想是,如果两个节点在同一个社区中,它们就往往会以相同的方式"看到"其他节点,即这两个节点通过随机游走到达第三个节点的概率应该相差不大,而属于其他社区的节点间的距离将更大。

信息模式(Infomod)[33]使用信息理论模型,其中,信号器试图通过有限容量的传输信道将网络结构发送到接收器。网络必须以最小化传输信息和信息丢失的方式在社区结构中编码。

信息地图(Infomap)[34]通过两级结构来表示网络。类似地,网络中的每个节点都由一个唯一的代码字加密,该代码字由两部分组成——代表其所属社区的前缀和代表本地代码的后缀。检测社区结构等同于搜索编码规则以最小化描述网络随机游走的平均代码长度。

(4)基于统计推断的方法

随机块模型(SBM)[31]使用蒙特卡罗采样方案来最大化网络可能划分为社区的贝叶斯后验概率分布。这个概率意味着,从观察到的网络数据中拟合出一个预期的网络模型。在这个块模型变体中,作者基于排队类型的机制对社区数量采用了新的先验来计算后验概率。我们在以下部分中分析了传统随机块模型和度数校正随机块模型,它们已被证明在实践中表现更好。

次序统计局部优化(Oslom)[17]通过计算在空模型中找到相似社区的概率来衡量社区的统计显著性。遵循这个概念,节点逐渐聚合到社区中以寻找重要的社区。然后,节点被认为在社区之间交换以增加显著性水平。

(5)其他方法

自旋玻璃模型(RB)[30]是一种依赖复杂网络的统计力学和物理自旋玻璃模型之间的类比方法。它通过拟合自旋玻璃模型的基态来找到社区。与传统的模块化度量不同,该模型不仅支持社区内边缘,而且惩罚社区间边缘;该模型还支持社区间非边缘,惩罚社区内非边缘。

标签传播(LPA)[29]利用网络拓扑来推断社区结构。它与消息传递范式或流行病传播的上下文密切相关。这种方法的基本思想是基于节点应该属于其大多数邻居的社区的概念。因此,其根据事件节点逐渐更新其成员资格。

说话者-听者标签传播[37]通过新的标签更新策略修改了上述传播机制。此外,不是只保留硬成员信息,每个节点都配备了一个内存来包含它接收到的标签。然后,在更新阶段,节点根据内存中的成员资格频率将成员资格发送给其邻居。

混合全局和局部信息(结论)[20]将动态距离与模块优化过程相结合,以识别社区结构。作者首先使用有限长度的随机和非回溯游走定义了一个新的成对邻近函数,以确定顶点之间的距离;然后将多级模块优化策略与定义的距离相结合来寻找社区结构。

表6-1总结了之前介绍的方法,按不同方法分组。由于社区检测在网络科学界受到越

来越多的关注,因此近年来开展了大量工作来评估不同的方法,包括理论和实证方法,但是没有在算法内部明确社区的正式和定量的定义。使用不同的方法区分群落结构的拓扑差异是具有挑战性的,即使相关概念在理论上是可辨别的。此外,尚不清楚社区概念假设中的邻近性是否会产生可检测的社区结构相似性。我们在接下来的比较分析中将尝试更详细地解决这些问题。

表6-1 本章涉及的社区发现算法

方法	出处	时间复杂性	实现代码
连边去除	[11]	$O(nm^2)$	igraph[a]
	[28]	$O(m^4/n^2)$	开源[b]
模块优化	[4]	$O[m\log^2(n)]$	igraph
	[2]	$O[n\log(n)]$	开源[c]
	[21]	$O[nm\log(n)]$	igraph
动态过程	[25]	$O(n)$	igraph
	[33]	NA	开源[d]
	[34]	$O(m)$	开源[e]
统计推断	[17]	Parametric	开源[f]
	[31]	$O(n^2)$	开源[g]
其他方法	[30]	$O[n^2\log(n)]$	igraph
	[29]	$O(m)$	igraph
	[37]	$O(m)$	开源[h]
	[20]	$O(n+m)$	开源[i]

注:a 代表 http://igraph.org/。

b 代表 http://homes.sice.indiana.edu/filiradi/resources.html。

c 代表 https://sourceforge.net/projects/louvain/。

d 代表 http://www.tp.umu.se/~rosvall/code.html。

e 代表 http://www.mapequation.org/。

f 代表 http://www-personal.umich.edu/~mejn/。

g 代表 http://www.oslom.org/。

h 代表 https://sites.google.com/site/communitydetectionslpa/。

i 代表 http://www.emilio.ferrara.name/code/conclude/。

6.2.2 实验数据集上的验证

在本节中,我们将描述网络的一些统计特性。与其他家族的其他网络相比,已被广泛发表和分析的可用生物网络相对较小。此外,鉴于分析过程的复杂性,我们将感兴趣的领域限制为5个研究的通常类别,其中包含多个网络的数据。我们介绍的第六类网络涉及各种网络类型但并不具有显著代表性,如生态网络。在这项研究中,我们考虑了108个不同的网络,与许多其他研究相比,这些网络相对较大。表6-2总结了本节分析的网络组成。

表6-2 本节分析中使用的网络数据集的摘要

类别	规模	节点数	连边数	经典网络
生物网	7	1 860	10 763	微生物网,脑网络,蛋白质网
通信网	9	39 595	195 032	电子邮件网,论坛网,短信网
信息网	25	38 358	159 812	亚马逊网,集成数据库系统网(DBLP),引文网,教育网
社交网	37	6 888	49 666	脸书网,优兔网(Youtube)
技术网	19	18 431	48 494	互联网,努特拉网(Gnutella P2P)
其他	11	4 298	49 033	电网,仿真网络
总和		108		

资料来源:http://networkrepository.com;http://konect.uni-koblenz.de;http://snap.stanford.edu。

注:"规模"表示每种类别中分析的网络数量,"节点数"和"连边数"分别表示每种类别中网络的节点和边的平均数量。最后一行显示了整个数据集中的网络总数。

数据集中网络的一些显著结构特征如图6-1所示。值得注意的是,除了相对较小的生物网络外,其他类别涵盖了相当广泛的节点、边、平均度、聚类系数和边密度。由于现实世界的网络相对稀疏,边的数量随着节点的数量线性增加,因此,边的密度随节点的数量线性减少(因为可能的连接数量随着社区中节点的数量而二次增加)。在图6-1(a)和(d)中可以很容易地看到这种稀疏性。具体来说,边的数量根据不同网络类型之间具有等效率的节点数量线性增加,这可以从线性估计的梯度推导出来。从图6-1(b)中可以看出,除了两个通信网络外,数据集中网络的平均度主要在每个节点的1到100条边之间变化。此外,大多数网络的平均连接度为10~20个。从全局来看,数据集中的网络具有很强的模块化质量,因为它们中的大多数具有相对较高的聚类系数,如图6-1(c)所示。

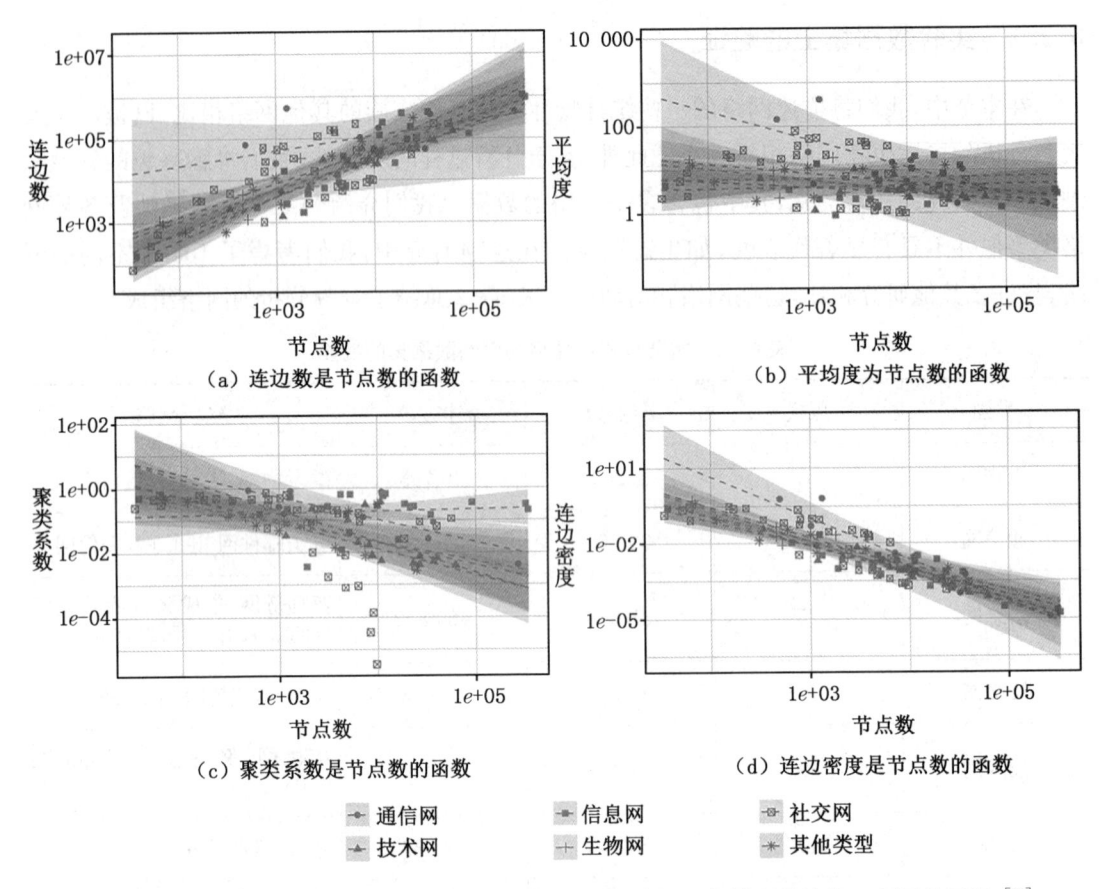

注：背景代表数据集中对每个网络类别中相应变量使用线性回归模型估计的 95% 置信区间。[36]

图 6-1 数据集中网络的结构特征

6.3 社区检测方法初步分析

6.3.1 时间复杂度

由于计算时间是选择算法时要考虑的关键因素，因此值得分析实验性能以了解不同社区检测方法如何在现实世界网络中完成其任务。我们在表 6-2 所示的数据集上测试了表 6-1 中介绍的社区发现方法。这些算法的实现由其作者或流行网络分析库提供。

我们运行上述算法来识别数据集中所有网络上的社区结构。我们测量了每个算法在计算各网络的社区划分上所需的时间。在测试期间，算法配置的默认参数保持不变。我们采用的是 Intel Xeon CPU E5-2650 服务器，该中央处理器（CPU）具有 32 个 2.60 GHz 内核和大约 100GB 的内存容量。但是，由于某些方法的高复杂性，因此仅考虑在实际时间限制（少于 4 个小时）内完成的过程。然而，为了参考目的，一些耗时更长的算法也得出了分析结果。例如,Conclude 方法在 30 万个顶点和 100 万条边的网络上识别社区结构大约需要 9 天时间;GN 方法没有在 2 天内完成超过 4 000 个节点和 40 000 条边的网络的计算。因此,在测试中忽略了理论上需要太多时间的实验。同样值得注意的是,大规模网络上社区的计算也受到有限内存的限制。因此,应该在 4 个小时内完成但需要太多内存的计算也没有展示。我们对每对图/方法重复计算 5 次以减少波动影响。剔除所有不满足我们要求的案例,排除所有不满足我们需求的情况,最终的成功率(识别的分区数超过可能的测试数)在 44.72% 左右结束,这主要是由于时间/内存溢出。

我们在表 6-3 中展示了根据我们的测试对这些方法的排名以供参考。GN 和 RCCLP-4 没有参与这个排名,因为它们在大图中没有完成任务,这也意味着,它们是我们分析的方法中最耗时的。我们根据时间的平均值和中位数来排名。由于平均时间排名受大图测量的严重影响,在非常大的图上成功发现社区的方法的排名低于不能这样做的方法,因此在这些情况下,中位数排名更准确,其反映了中小型图表的相对性能。对于大图,我们建议使用平均排名。

表 6-3 根据所耗费的时间对分析方法进行排序以识别数据集网络上的社区结构

方法	平均排名	排名中位数	可扩展性
RCCLP	9	8	低
CNM	5	3	中等
Louvain	1	2	高
SN	3	5	高
Walktrap	4	4	高
Infomod	12	9	低
Infomap	6	7	中
Oslom	11	14	低
DCSBM	8	12	低
RB	10	13	低
LPA	2	1	高
SLPA	7	6	中
Conclude	13	11	低

6.3.2 社区规模分布

在考虑了这些性能之后,我们关注这些算法所生成结果的性质,即社区本身。应该从给定网络中推导出的潜在社区的数量是社区检测中的主要问题之一[7,28],它相当于经典聚类问题中的预期聚类数的主题。观察社区的数量揭示了有关网络细观结构的有用信息。网络中社区数量的变化涉及不同级别的分辨率。描述分辨率概念的一种方式是观察与我们喜欢的物体的距离。离物体越近,可感知的微观结构细节就越多。尽管几种多分辨率方法[15,25]包含的分辨率参数在他们的解决方案中提供了更灵活的机制和不同的网络模块化规模,但是在非特殊情况下适当地调节这些参数并不总是显而易见的。当然,包含多分辨率参数可以增加理解网络的可能性,但以自动化便利为代价,这有时在聚类问题中是必需的。

在本节中,我们再次比较前面提到的方法,但这次是根据它们的解析能力。我们使用相同的数据集,并再次保持实现的所有默认配置不变,以确保未来结果的一致性。根据之前的分析,我们的测试过程将进行以下修改:

第一,通过观察图6-1(a)中的网络大小分布,并根据之前的计算时间分析,我们语料库中网络的顶点数和边数之间的线性关系变得清晰起来。因为网络的顶点数和边数之间是线性关系,所以我们在此仅以网络顶点数作为控制变量来分析。

第二,针对社区检测问题,仅显示发现的社区数量并不总是足够的。如果我们假设任意网络中的社区规模呈现负幂律分布,则意味着社区的数量在很大程度上取决于小社区的数量。因此,我们建议观察社区规模的分布,以辨别仅通过查看区块数量无法识别的方法之间的差异。

第三,由于需要大量的计算和有限的硬件资源,因此发现过程被中断,除非它们可以在几个小时内完成。

对于数据集中的给定网络,我们应用了所有提供的方法,以识别每个社区预测的社区集,然后测量它们的数量。与前文类似,为了观察的简单性,我们按不同的家族对方法进行分组。

(1)连边去除方法:GN、RCCLP-3和RCCLP-4

从图6-2中我们可以再次注意到,GN由于其高复杂性,只能在中小型网络上运行,这在理论分析中非常明显。RCCLP-3和RCCLP-4可以检测到我们语料库中最大的网络。通过观察右边缘密度分布可以发现,所有这些方法都识别出孤立社区。孤立社区的平均数量在24%左右,但在某些情况下可以达到60%。出现这种异常现象的原因是,在一些密集的小网络中,存在太多高且等效的中心顶点和边缘。这里采用的分离机制不断去除中心节点或边,直至大量顶点被隔离,从而形成孤立或非常小的社区。由于GN仅适用于小图,因此在我们的实验中受到这种现象的影响很大。此外,从全局观察,我们可以在图中看到,基于同样的原因,这些方法检测到的大多数社区是非常小的,大量社区的顶点少于10个,即使在非常大的网络中也是如此,这使得社区的数量迅速增加。社区规模的分布呈现右偏的形状,这意味着大多数社区很小,并且大多数社区在平均社区规模线以下。因此,该系列的三种方法具有非常高的分辨率。尽管如此,这个结果仍需要谨慎解释,原因如下:

①图6-2中的密度函数表明,三种方法发现群落结构的成功率有着根本的不同。事实上,由于时间和内存的高度复杂性,很多网络没有被成功解析,这大大降低了比较质量。

②由于第一个原因,因变量的波动很大,这使得置信区间非常大。对中小型网络的质量进行更深入的调查可以部分解决这个问题。

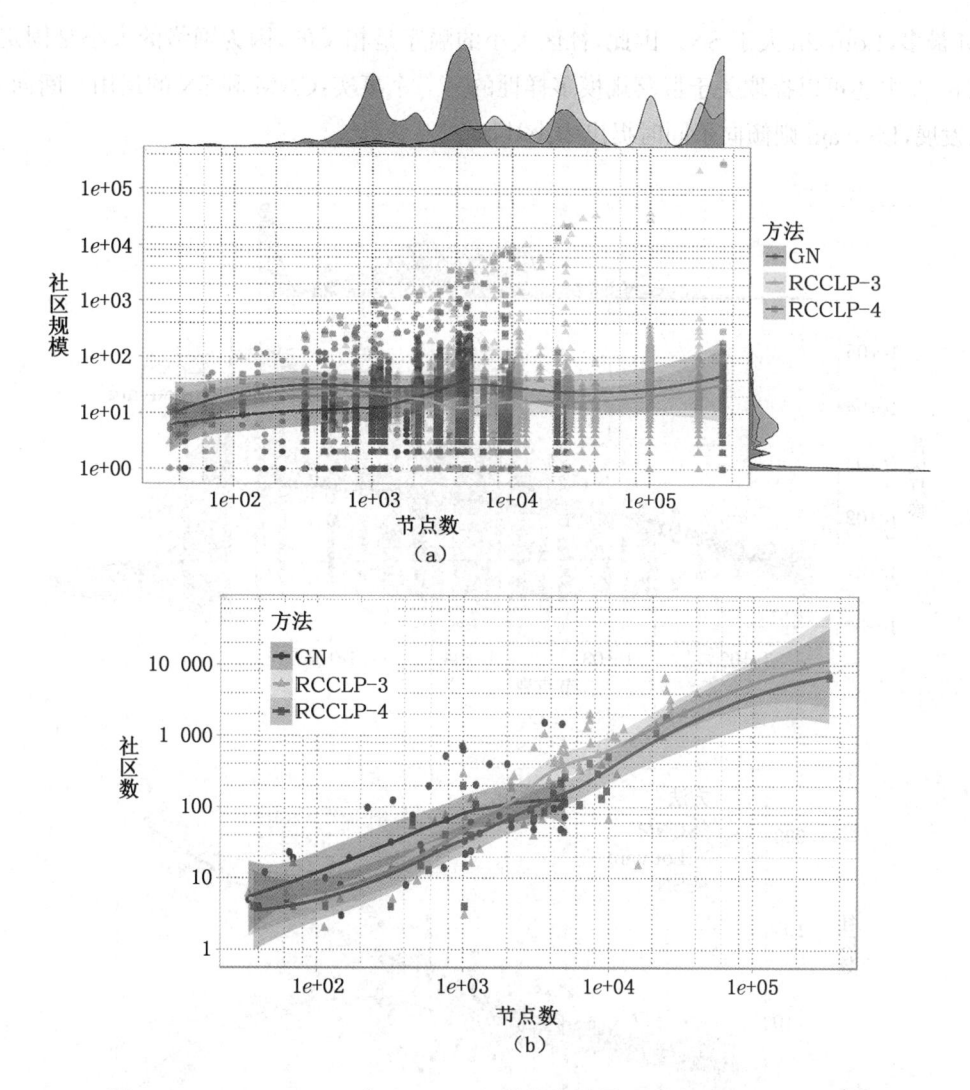

图 6-2 GN、RCCLP-3 和 RCCLP-4 的拟合质量:社区数量和社区规模[36]

尽管存在前面提到的问题,但是在此类方法中,各类方法在发现最多社区方面存在共识。

(2)模块优化方法:CNM、Louvain 和 SN

这三种方法都成功地解决了大型网络问题,使我们的测量更加完整。从图 6-3 可以看出,除了非常大的网络范围外,整个网络范围内的社区分布存在规律性。实际上,在这个范围内,三种方法的行为是非常不同的。虽然 CNM 确定了大量的中小型社区,但 Louvain 确定了较少的小型社区和更多的大中型社区。SN 只提出了两个巨大社区的划分。例如,我们采用亚马逊网[17],CNM 检测到 1 480 个集群,Louvain 检测到的数量是 249 个,而 SN 检测到的只有 2 个。同样,在集成数据库系统网[17]中,三种方法对应的数据分别为 3 077、275 和 2。这个事实也在较小的网络中存在。然而,社区数量之间的差距从图中的右侧到左侧逐渐减小。但总的来说,顺序保持不变,正如我们观察到的那样,对于检测到的平均社区数量,

CNM 最多,Louvain 大于 SN。因此,社区大小的顺序是相反的,因为网络的大小是固定的。从图 6-3 中还可以提取关于群落规模多样性的另一个事实:CNM 和 SN 的运用不断向中小社区发展,Louvain 则倾向于同时提出中小社区。

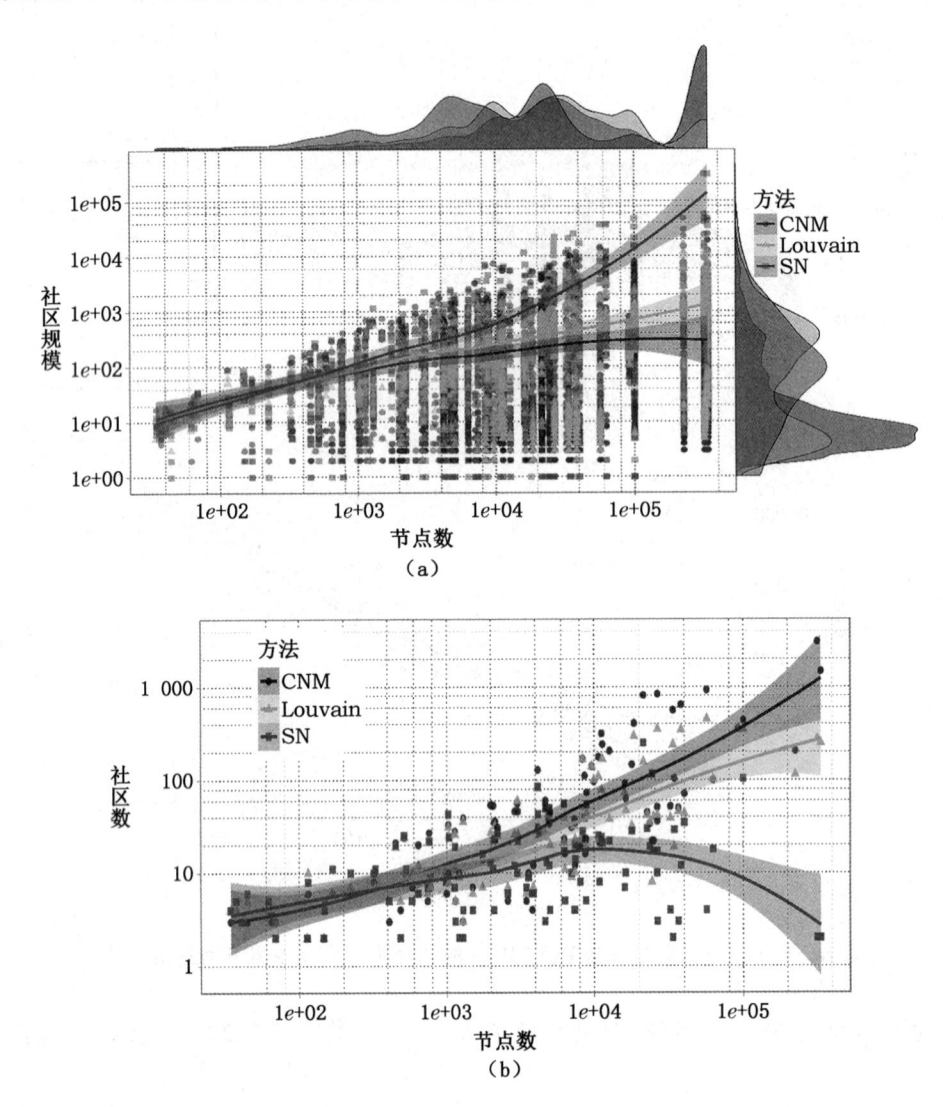

图 6-3　CNM、Louvain 和 SN 的拟合质量:社区数量和社区规模[36]

(3) 动态过程方法:Infomap、Infomod 和 Walktrap

这三种方法之间存在明显区别。Infomap 和 Walktrap 显示了可比的平均社区规模演变和边缘分布,与 Infomod 明显分开,如图 6-4 所示。Infomod 对社区的划分相对统一,其上限为包含 6 948 个顶点的最大社区。不像 Infomap 和 Walktrap,Infomod 中发现的大中型社区的数量并没有明显多于小社区的数量,因此观察到的社区总数很少,并以缓慢、恒定的速度增加。

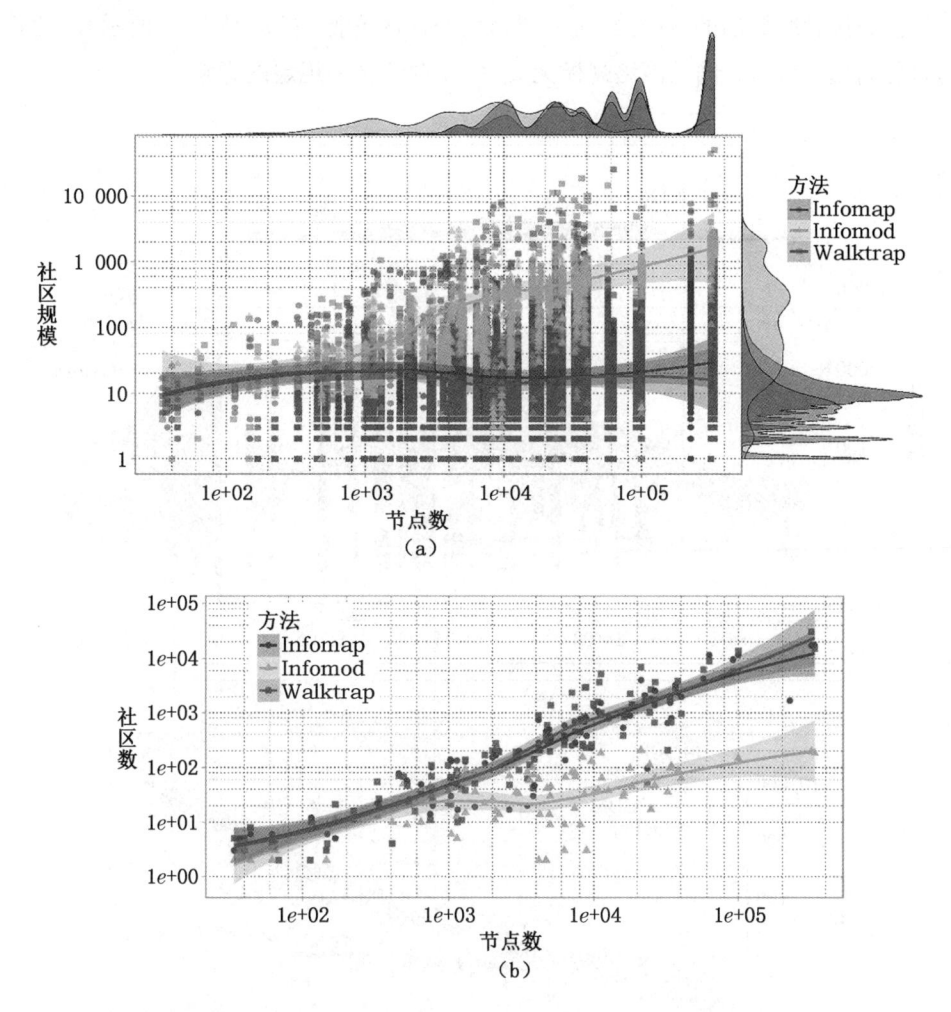

图 6-4 Infomap、Infomod 和 Walktrap 的拟合质量:社区数量和社区规模[36]

Infomap 和 Walktrap 在整个网络范围内倾向于将其平均社区规模限制在 10~30 个成员。在图 6-4 的边缘分布上的杂散区域可以很容易地观察到这两种方法之间的差异。事实上,与 Infomap 产生中等规模社区不同,Walktrap 识别出大量孤立节点(根据统计数据,约为 10%)。就社区的平均数量而言,Infomap 和 Walktrap 表现出几乎相同的行为。几乎所有网络的演变都具有小的置信区间,尤其是在中端网络中。对于大中型网络,Infomod 识别出的通信数量很可能少。事实上,75% 以上 Infomod 的分区比其他两种方法的分区少。

(4)统计推断方法:SBM、DCSBM 和 Oslom

在统计推断的情况下,我们看到了之前在动态过程方法中遇到的非常相似的现象,具体来说,SBM 和 DCSBM 下的社区规模分布与动态过程方法中略高的平均社区规模几乎一致。事实上,在这个贝叶斯块模型中,需要块数的先验分布。作者根据排队型机制将节点随机分配到组来初始化社区发现过程,然后使用蒙特卡罗采样过程来最大化后验概率。然而,当社区的最大数量太大时,计算变得非常耗时。[28]因此,在默认情况下,社区的最大数量配置为 25,正如作者所提出的,这导致对中型和大型社区的低估(如图 6-5 所示)。随着社区数量逐渐接近 25,与图右侧的网络规模无关,可以看到这一规定的影响。

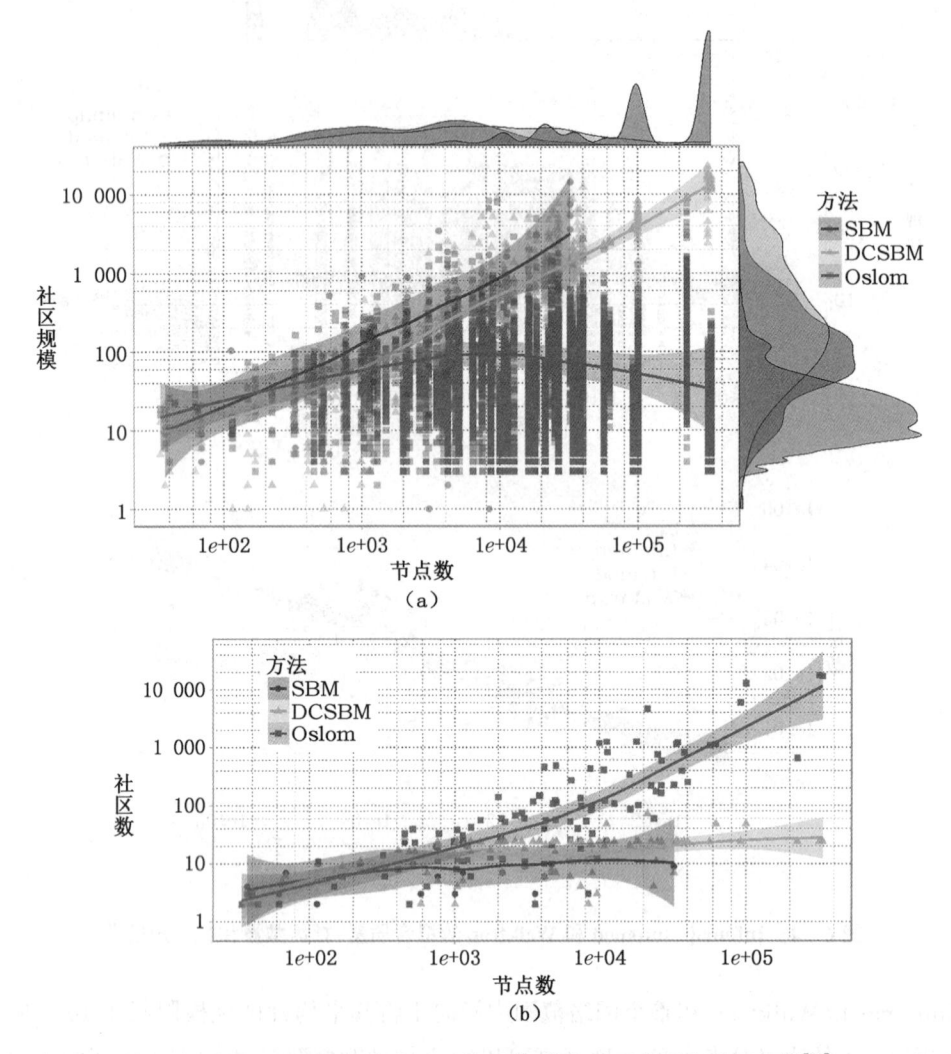

图 6-5　SBM、DCSBM 和 Oslom 的拟合质量:社区数量和社区规模[36]

通过观察图 6-5 中社区大小的分布,可以理解 SBM 和 DCSBM 的平均块大小根据顶点数线性增加。由于社区数量保持不变,因此平均社区规模必须按比例增加。此外,图 6-5 还揭示了社区大小在其平均值附近分布良好,这使得 SBM 和 DCSBM 的边缘分布对称,正如之前的一些方法所承认的那样,几乎没有特别倾向于小社区。

对于 Oslom 的情况,区别非常明显。它发现了更多社区,使它们的规模变得非常小。图 6-5 显示,大多数 Oslom 社区位于 SBM 和 DCSBM 关联分区的平均值以下。

(5)其他方法:RB、LPA、SLPA 和 Conclude

在最后一组中,LPA、SLPA 和 Conclude 的所有分布存在明显的巧合,事实上,它们之间的差异在边际度量上几乎无法区分。在非常大的网络中,检测到的社区数量只有很小的差

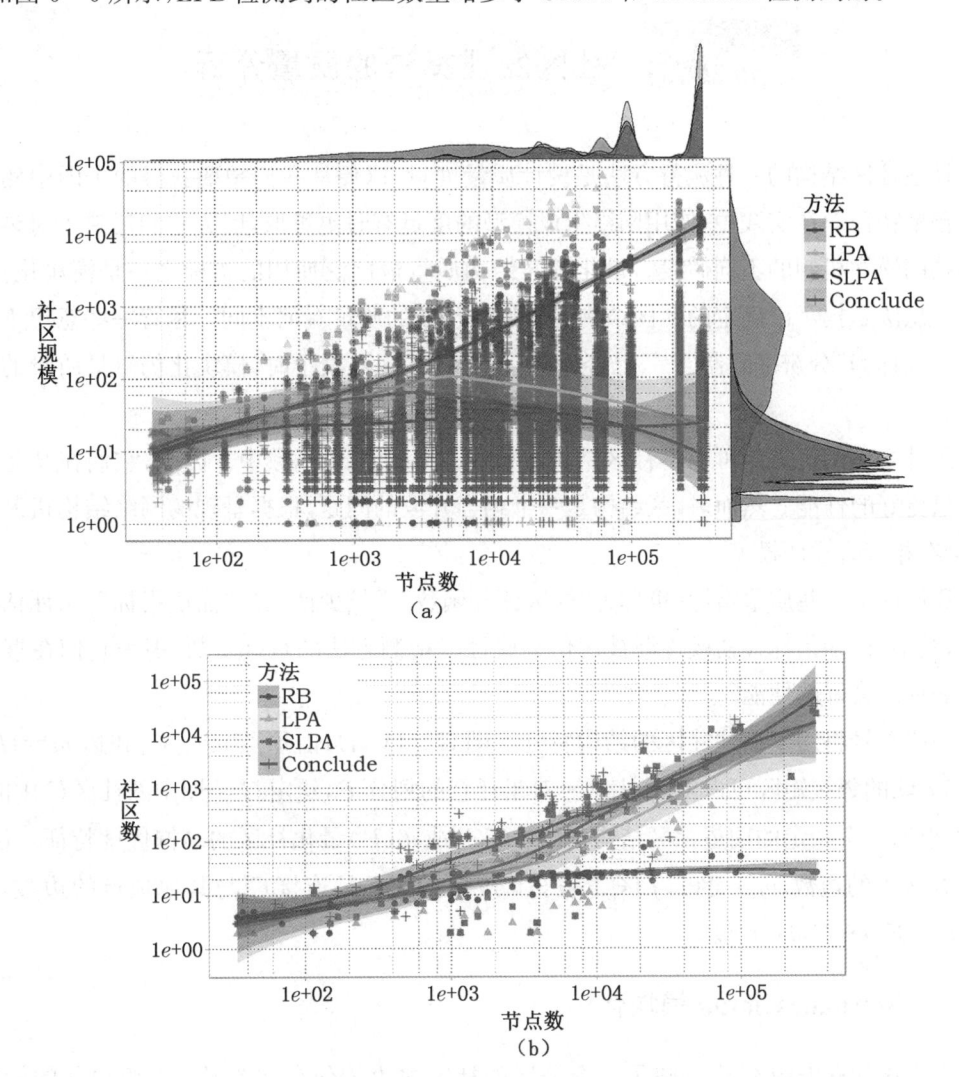

异,如图 6-6 所示,LPB 检测到的社区数量略多于 SLPA 和 Conclude 检测到的。

(a)

(b)

图 6-6　RB、LPA、SLPA 和 Conclude 的拟合质量:社区数量和社区规模[36]

这三种方法中数据的变异非常大,这也使我们的估计产生了很大的变异。由于估计的相关预测区间可能更大,因此与社区规模分布相关的预测不准确。此外,RB 方法显示可靠的一致性,其在我们的检查中变化要小得多。平均社区规模有规律地增加,从中等规模网络开始,社区数量趋于饱和。RB 与图 6-6 所示的 DCSBM 非常相似,因此,它应该受到大型网络的分辨率的限制。然而,RB 具有分辨率调和参数,如果该参数选择正确,该方法就可以避免这种影响。

6.4 社区发现算法的质量分析

评估社区结构的一种流行方法是设计质量度量,以便从我们想要获得的子图中测量不同的预期特征。在实践中,使用网络生成模型的度量有时更可取,因为它们反映了对创建社区结构的潜在机制的不同假设。量化社区结构质量最广泛使用的指标之一是模块化功能。这里的想法是揭示已确定的社区结构的质量与预期的质量有何不同。尽管一些意想不到的现象——称为"分辨率限制"[5,33]已经暴露,但当社区规模太小时,模块化仍然是质量的衡量标准。

这种方法的优点是可以将社区结构的假设"嵌入"质量函数中。因此,它们在某些情况下提供更好的性能。然而,社区结构是一个相当开放的问题,根据呈现的网络结构机制的不同,会有相应合适的模型。

我们提出一些质量指标(也称为"社区评分函数"或较少使用的"品质指标")来评估社区结构,其中,许多指标最初或逐渐被用作某些社区检测方法的目标函数,因为它们在搜索过程中表现出良好的性能。

一些符号将用于描述社区的结构特征。图 $G=(V,E)$ 由顶点 $n=|V|$ 和边 $m=|E|$ 组成,其关联的邻接矩阵可以由 A 表示。对于任意的划分 P,给定 G 子图中的社区 C 中的 N_c 顶点,根据一个特定的期望社区结构,函数 $f(C)$ 或 $f(P)$ 量化社区的结构优度特征。设 m_c 是 C 社区内的边数,$m_c=|(i,j)\in E:i\in C,j\in C|$,$l_c$ 是连接 C 与其他顶点的边数,$l_c=|(i,j)\in E:i\in C,j\in C|$。

6.4.1 Newman-Girvan 模块化

模块化的标准版本[23]反映了一个分区的社区内边的分布的差异。在模块化的标准版本中,空模型保留了所考虑的图的预期度数序列。换句话说,模块化将真实的网络结构与相应的网络结构进行比较,在该结构中,节点之间没有任何对邻居的偏好。有几种方法可以数学的形式表达模块化。为了将标准模块化与其他变体进行比较,可以方便地将模块化视为来自同一社区的顶点对的贡献之和:

$$Q_{NG}(P)=\frac{1}{m}\sum_{c\in P}\left[m_c-\frac{(2m_c+l_c)^2}{4m}\right] \tag{6-1}$$

尽管存在一些问题,如广泛讨论的分辨率限制[5]或具有相似模块化分数的两个分区的不可区分结构,但 Newman-Girvan 模块化仍被社区广泛用作质量证明。

6.4.2 Erdos-Renyi 模块化

Newman-Girvan 模块化在研究文献中引起了很多关注,已经提出了许多替代派生方法以适应不同的环境。有些使用不同的空模型来量化分区的模块化结构。例如，可以假设网络中的顶点以常数概率随机连接 p，如 Erdos-Renyi(ER)模型中所表述的那样。连接概率计算为 $p=\dfrac{2m}{n(n-1)}$，是所呈现网络中的可以建立的连边总数。大小为 n_c 的社区中的预期边数为 $\langle m_c \rangle = p \binom{n_c}{2}$。基于这个空模型的 ER 模块度如下：

$$Q_{ER}(p) = \frac{1}{m} \sum_{c \in P} \left[m_c - \frac{mn_c(n_c-1)}{n(n-1)} \right] \tag{6-2}$$

6.4.3 模块密度

标准的模块化被认为受分辨率限制的影响[5]，即检测到的模块的大小取决于整个网络的大小，使得优化标准模块化无法识别具有少量顶点的社区。社区内边缘的预期数量对整个网络中的边缘总数高度敏感。[30] 模块化密度[18]是为解决这个问题而设想的几个提议之一。该度量的想法是在社区的预期密度中包含有关社区规模的信息，以避免疏忽小而密集的社区。对于每个划分 P 中的社区 C，它使用平均模块化度来评估社区 C 在其网络中的适应度，具体计算为 $d(c)=d^{int}(c)-d^{ext}(c)$，其中 $d^{int}(c)$ 和 $d^{ext}(c)$ 分别是社区 C 的内部和外部平均度数。最后，模块密度可以计算如下：

$$Q_D(P) = \sum_{c \in P} \frac{1}{n_c} \left(\sum_{i \in c} k_{ic}^{int} - \sum_{i \in c} k_{ic}^{ext} \right) \tag{6-3}$$

课程思政

社区结构发现算法揭示的是网络中的参与者因相同特性而聚集的程度。马克思主义哲学强调了自然界在微观领域、宏观领域、宇观领域的物质机构层次的多样性，并认为自然界是一个具有无限层次结构的普遍联系和辩证发展的有机整体。对社区结构发现算法的学习和研究有利于从复杂网络社区的角度来认识和理解马克思主义哲学对客观物质结构的分析和论证，对进一步建立马克思主义哲学的现代自然科学观提供了具有可操作性的理论工具。

本章小结

推荐哪种方法最适合哪种情况非常具有挑战性，它至少与定义所有可能的场景一样苛刻。我们进行了多次实验，展示了社区结构质量的不同方面，可以灵活地将它们组合在一起，以帮助网络分析人员找到合适的方法。例如，可以在决策过程中依次提出以下问题：所考虑的网络规模是多少？社区检测任务可接受的计算时间是多少？对社区数量和社区规模分布的期望是什么？有没有需要优化的适应度函数？在无法部署目标方法的情况下，是否有替代解决方案？如果能够回答上述问题，则本章中的实验和结果将有助于快速确定合适的方法。

在为手头的问题选择社区检测方法的过程中,计算时间的考虑确实至关重要。即使时间复杂度的理论估计很重要并且揭示了社区检测方法的可扩展性,计算时间也值得在实践中研究。根据网络规模,我们的估计提供了许多流行社区检测方法所需的实际时间的详细信息。特别是,我们测试的最具可扩展性的方法(Louvain、LPA 和 SN)与大多数其他方法相比,其所需的计算时间大约是它们的 1/104。这对于大型网络也至关重要。给定网络规模,我们的结果有助于过滤不合适的方法。

此外,期望获得的社区数量是选择社区检测方法的另一个重要标准。我们的研究表明,社区检测方法用于分解网络在全球范围内有三种主要策略。具体来说,一些社区的规模在广泛的价值范围内经常变化——从非常小的社区到非常大的社区,其他一些将网络划分为大量非常小的社区和很少的大社区,后者将节点分布到类似的中等规模社区(大约 10 个成员)中。因此,了解网络应该如何分解对于最终采用合适的社区发现方法非常有用。

在(高级)网络分析师可以确定目标函数的情况下,设计优化函数的新算法(或采用现有算法)将是最有效的。由于改进目标函数通常意味着需要更多的计算时间,因此需要考虑获得更高的适应度分数和使用更少的时间之间的折中。然而,找到一种满足时间约束条件的优化目标函数的好方法并不简单,需要大量研究。如协同性能分析中所展示的,我们的方法为网络从业者提供了一个快速视图,即不同方法在改进一些广泛使用的质量功能方面的表现。从使用的效果的预测信息中获得良好适应度分数的替代方法将为网络分析师提供多种解决方案以达到一定的目标函数。当所需的方法在计算时间方面过于昂贵时,此方案特别有用。因此,将我们关于可扩展性和/或社区规模分布的实证分析与协同绩效指数相结合,可以确定特定案例的合格替代方案。

最后,我们发现使用一些验证指标来估计社区检测方法的相似性也可以提供有助于网络分析师决策过程的有意义的信息。在人们确切知道(或有概念)应该找到什么(真实信息)的情况下,研究节点分配给社区的方式很重要,因为它提供了关于一种方法如何到达所需集群的有用信息。然而,这种情况并不经常发生,因为社区检测通常用于在没有先验信息可用时发现网络结构。当可以执行多种方法时,将使用验证指标来比较它们的结果,然后识别不同类型的分区。从我们的实证研究中,我们注意到节点在社区中的分布方式存在显著差异,方法 SBM 或 RCCLP - 4 之类的尤其如此,似乎可以检测与其他方法差异非常明显的分区。因此,需要检查这些方法的使用,我们推荐将它们与其他方法一起使用,因为它们可能为数据带来完全不同的、互补的见解。

思考题

1. 社区结构的定义是什么?
2. 社区结构发现算法划分为哪几类?
3. 社区结构发现算法的评价指标有哪些?

参考文献

[1] Arifin S, Putri R I I, Hartono Y, et al. Developing Ill-defined problem-solving for the context of "South Sumatera"[C]//Journal of Physics: Conference Series. IOP Publishing, 2017, 943(1): 012038.

[2] Blondel V D, Guillaume J L, Lambiotte R, et al. Fast unfolding of communities in large networks[J]. Journal of Statistical Mechanics: Theory and Experiment, 2008(10): P10008.

[3] Bohlin L, Edler D, Lancichinetti A, et al. Community detection and visualization of networks with the map equation framework[J]. Measuring Scholarly Impact: Methods and Practice, 2014: 3—34.

[4] Clauset A, Newman M E J, Moore C. Finding community structure in very large networks[J]. Physical Review E, 2004, 70(6): 066111.

[5] Coscia M, Giannotti F, Pedreschi D. A classification for community discovery methods in complex networks[J]. Statistical Analysis and Data Mining: The ASA Data Science Journal, 2011, 4(5): 512—546.

[6] Erdös P, Rényi A. On the evolution of random graphs[J]. Publications Mathematicae, 1960, 5(1): 17—60.

[7] Fortunato S, Barthelemy M. Resolution limit in community detection[J]. Proceedings of the National Academy of Sciences, 2007, 104(1): 36—41.

[8] Fortunato S. Community detection in graphs[J]. Physics Reports, 2010, 486(3—5): 75—174.

[9] Fortunato S, Hric D. Community detection in networks: A user guide[J]. Physics Reports, 2016(659): 1—44.

[10] Ghasemian A, Hosseinmardi H, Clauset A. Evaluating overfit and underfit in models of network community structure[J]. IEEE Transactions on Knowledge and Data Engineering, 2019, 32(9): 1722—1735.

[11] Girvan M, Newman M E J. Community structure in social and biological networks[J]. Proceedings of the National Academy of Sciences, 2002, 99(12): 7821—7826.

[12] Holland P W, Laskey K B, Leinhardt S. Stochastic blockmodels: First steps[J]. Social Networks, 1983, 5(2): 109—137.

[13] Jebabli M, Cherifi H, Cherifi C, et al. Overlapping community detection versus ground-truth in amazon co-purchasing network[C]. 2015 11th international conference on signal-image technology & internet-based systems (SITIS). IEEE, 2015: 328—336.

[14]Jebabli M,Cherifi H,Cherifi C,et al. Community detection algorithm evaluation with ground-truth data[J]. Physica A:Statistical Mechanics and its Applications,2018(492):651-706.

[15]Kunegis J. Konect:the koblenz network collection[C]. Proceedings of the 22nd international conference on world wide web,2013:1343-1350.

[16]Lambiotte R. Multi-scale modularity and dynamics in complex networks[M]//Dynamics on and of Complex Networks,Volume 2:Applications to Time-Varying Dynamical Systems. New York:Springer New York,2013:125-141.

[17]Lancichinetti A,Radicchi F,Ramasco J J,et al. Finding statistically significant communities in networks[J]. PloS One,2011,6(4):e18961.

[18]Leskovec J,Krevl A. SNAP Datasets[R]. Stanford Large Network Dataset Collection,2014.

[19]Li Z,Zhang S,Wang R S,et al. Quantitative function for community detection[J]. Physical Review E,2008,77(3):036109.

[20]De Meo P,Ferrara E,Fiumara G,et al. Mixing local and global information for community detection in large networks[J]. Journal of Computer and System Sciences,2014,80(1):72-87.

[21]Newman M E J. Finding community structure in networks using the eigenvectors of matrices[J]. Physical Review E,2006,74(3):036104.

[22]Newman M. Networks[M]. Oxford University Press,2018.

[23]Newman M E J,Girvan M. Finding and evaluating community structure in networks[J]. Physical Review E,2004,69(2):026113.

[24]Papadopoulos S,Kompatsiaris Y,Vakali A,et al. Community detection in social media:Performance and application considerations[J]. Data Mining and Knowledge Discovery,2012(24):515-554.

[25]Pons P,Latapy M. Computing communities in large networks using random walks[C]//Computer and Information Sciences-ISCIS 2005:20th International Symposium,Istanbul,Turkey,October 26-28,2005. Proceedings 20. Springer Berlin Heidelberg,2005:284-293.

[26]Pons P,Latapy M. Post-processing hierarchical community structures:Quality improvements and multi-scale view[J]. Theoretical Computer Science,2011,412(8-10):892-900.

[27]Porter M A,Onnela J P,Mucha P J. Communities in networks[J]. Notices of the American Mathematical Society,2009(2):1082-1097.

[28]Radicchi F,Castellano C,Cecconi F,et al. Defining and identifying communities in networks[J]. Proceedings of the National Academy of Sciences,2004,101(9):2658-2663.

[29] Raghavan U N, Albert R, Kumara S. Near linear time algorithm to detect community structures in large-scale networks[J]. Physical Review E, 2007, 76(3): 036106.

[30] Reichardt J, Bornholdt S. Statistical mechanics of community detection[J]. Physical Review E, 2006, 74(1): 016110.

[31] Riolo M A, Cantwell G T, Reinert G, et al. Efficient method for estimating the number of communities in a network[J]. Physical Review E, 2017, 96(3): 032310.

[32] Rossi R, Ahmed N. The network data repository with interactive graph analytics and visualization[C]. Proceedings of the AAAI conference on artificial intelligence, 2015.

[33] Rosvall M, Bergstrom C T. An information-theoretic framework for resolving community structure in complex networks[J]. Proceedings of the National Academy of Sciences, 2007, 104(18): 7327−7331.

[34] Rosvall M, Axelsson D, Bergstrom C T. The map equation[J]. The European Physical Journal Special Topics, 2009, 178(1): 13−23.

[35] Schaub M T, Delvenne J C, Rosvall M, et al. The many facets of community detection in complex networks[J]. Applied Network Science, 2017, 2(1): 1−13.

[36] Wolfe A W. Social network analysis: Methods and applications[J]. American Ethnologist, 1997, 24(1): 219−220.

[37] Xie J, Szymanski B K. Towards linear time overlapping community detection in social networks[C]//Advances in Knowledge Discovery and Data Mining: 16th Pacific-Asia Conference, PAKDD 2012, Kuala Lumpur, Malaysia, May 29-June 1, 2012, Proceedings, Part II 16. Springer Berlin Heidelberg, 2012: 25−36.

[38] 汪小帆, 刘亚冰. 复杂网络中的社团结构算法综述[J]. 电子科技大学学报, 2009, 38(5): 7.

第七章
复杂网络的影响力最大化

💡 **全章提要**

- 7.1 影响力极大化问题的定义
- 7.2 次模函数的定义及性质
- 7.3 影响力最大化的常用算法
- 7.4 其他基于影响力的优化问题
- 7.5 影响力传播学习
- 7.6 影响力最大化问题的研究、挑战和方向

课程思政
本章小结
思考题
参考文献

影响力极大化问题一直是网络科学研究领域的重点与难点之一,具有极为重要的现实意义。传播现象在现实生活中无处不在,例如谣言在社交媒体上的传播、传染病在人群中的传播,以及电力网络的级联故障等。研究影响力极大化问题可以揭示复杂网络中的传播机理以及动力学行为,从而提供相应的、切实可行的控制方法,创造巨大的经济价值和社会价值。在现实生活中,人们经常面临的一个实际问题就是高效地寻找小部分具有重要影响力的初始传播者。以新产品的市场营销为例,如何选取少量的种子用户作为产品推广人,利用口碑营销的方式迅速打开市场、提高产品知名度?在网络科学的领域中,这种通过选取少量节点作为初始节点,以极大化这些节点在整个网络中的传播影响力的问题,称为影响力极大化问题。

7.1 影响力极大化问题的定义

沿用图论中的相关概念,网络可以用图 $G=(V,E)$ 来表示,其中,节点 V 代表网络中的个体,边 E 代表个体之间的联系。以社交网络为例,用户就是网络中的节点,用户之间的好友关系自然而然地构成了网络中的连边。在网络中,影响力极大化问题可以描述为如何寻找网络中的 L 个节点作为种子节点(信息的初始传播者),以实现信息在网络中的传播范围最大化。

对于影响力极大化问题,直观的想法是,如果可以对节点在网络中的重要性进行排序,依次选取排名靠前的节点,则它们在整个网络中的集群影响力自然会较大。例如,可以利用网络中的各种中心性指标对节点进行排序,依次选取排序中靠前的部分节点作为种子节点来极大化它们在整个网络中的影响力。事实上,这种选取方式存在一个严重的问题。由于节点在网络中的影响力存在相互重叠的区域,节点间的相对位置必然对它们的集群影响力造成重要影响,因此,单纯考虑单个节点的重要性并不一定能实现节点集群影响力最大化。

通常,针对网络上不同的信息传播方式,最优的初始传播者会有所不同,很难找到统一的算法适用于所有传播动力学下的影响力极大化问题。假定网络中所有的节点都可能具有两种状态,即接收态与未接收态。处于未接收态的节点代表网络中还没有接收到信息的普通个体;处于接收态的节点则代表已经接收到信息的个体,它们会以概率 p 向邻居传播消息,进而将消息扩散到整个网络。所以,影响力最大化的数学模型表示方法及相关基本概念定义如下:

社会网络图 $G=(V,E)$

其中,V 代表图中节点的集合,E 代表图中边的集合。如果图中两个节点之间存在关系,则它们之间存在一条边相连。

节点状态:分为活跃状态和不活跃状态。活跃状态指的是该节点已经接受了某种产品或某个信息,不活跃状态指的是该节点还未接受产品或信息。在影响力最大化问题的初始

集合 S 中，所有节点都处于活跃状态。

状态转换：在社会网络中，一个节点如果处于活跃状态，则它可以激活其周围处于不活跃状态的节点。在状态转换中，一个节点只能由不活跃状态转变为活跃状态，反之则不行。

影响力结果函数：$\sigma(S)$ 是指当初始集合 S 进行影响力的传播时，经过网络传播模型传递后，最终网络中处于活跃状态的节点总数。

定义 7.1 影响力最大化问题：给定一个网络 $G=(V,E)$ 和边 (u,v) 的传播概率 p_{uv}，影响力最大化问题就是从网络中选出包含 K 个节点的种子集合 S（其中，K 是小于网络节点总数 N 的正整数），该集合取得的影响力 $\sigma(S)$ 最大。

$$S = \arg\max_{T \subseteq V, |T|=K} \sigma(T) \tag{7-1}$$

其中，$\sigma(T)$ 为目标函数，表示集合 T 在传播过程结束后所能激活的预期节点个数。$\sigma(T)$ 具有非负性、单调性和子模性。目标函数具有子模性是由于节点间的传播范围存在重叠的现象，表示节点的影响力增量会随着种子集合的扩大而减少，即当 $S \subset T$ 时，$\sigma(v/S) \geqslant \sigma(v/T)$，其中，$\sigma(v/S) = \sigma(v \cup S) - \sigma(S)$。

7.2 次模函数的定义及性质

次模函数也称"子模函数"或"亚模函数"，具有次模性，也称"子模性"或"亚模性"，它是经济学上边缘收益递减的形式化描述。

次模函数的基本定义：给定有限集合 U 以及定义在其幂 2^U 的一个函数 $f(\cdot)$，函数 $f(\cdot)$ 将集合 U 的任意一个子集映射为一个非负实数，如果函数 $f(\cdot)$ 满足"收益递减"的特性，则函数 $f(\cdot)$ 即次模函数。

收益递减属性为添加一个元素 v 到集合 X 产生的边际收益不小于添加相同元素到集合 X 的超集 Y 产生的边际收益。其表达式如下：

$$f(X \cup \{v\}) - f(X) \geqslant f(Y \cup \{v\}) - f(Y) \tag{7-2}$$

次模函数具有以下两个基本性质：第一，次模函数是非负函数，即对于任意集合 X，函数满足 $f(X) \geqslant 0$。第二，次模函数是单调递增函数，在初始集合的基础上添加一个元素，并不会导致影响力结果函数值的减少，即函数满足 $f(X \cup \{v\}) \geqslant f(X)$。

7.3 影响力最大化的常用算法

肯普（Kempe）等人早已证明影响力最大化问题是一个 NP-hard 的问题，因此大多数影响力最大化算法是基于求取近似解开展的，总体可分为两大类：基于蒙特卡罗模拟的贪婪算法和基于直观或经验构造的启发式算法。下面将详细介绍这两类算法中最经典或较为常用的算法,如贪婪算法中的一般贪婪(GeneralGreedy)算法和CELF算法,启发式算法中的度中心性算法、单一折扣(SingleDiscount)算法和度折扣(DegreeDiscount)算法。

7.3.1 一般贪婪算法

一般贪婪算法是肯普等人在2003年提出的,是首个具有理论保证的有效算法,它能获得接近影响力最大化问题最优解63%的近似解。该算法的思想是每次选取能产生最大影响力增益的节点加入种子集合。一般贪婪算法的具体过程如表7-1所示,其中,输入值是网络$G=(V,E)$,种子节点的个数为K,输出值S是种子集合。

表7-1 一般贪婪算法

算法1 一般贪婪算法
Input:$G(V,E)$,K
Output:S
1:initialize $S \leftarrow \emptyset$
2: for $i \leftarrow 1$ to K do
3:$v = \mathrm{argmax} u \in V \backslash S(\sigma(S \cup \{u\}) - \sigma(S))$
4:$S = S \cup v$
5:end for

在一般贪婪算法从集合V选取种子节点的过程中,从未激活节点集合$V \backslash S$中选取边界增量最大的节点v加入种子节点集合S,该过程重复迭代K次,直至选出K个种子节点。在每轮迭代中选择一个节点加入种子集合后,需要依次计算网络中所有的非种子节点u的影响力增量$\sigma(u|S)$。由于每次影响力评估$\sigma(S)$消耗时间$O(m)$,其中m为网络中连边的数量,因此一般贪婪算法的整体时间复杂度为$O(KnRm)$。其中R为蒙特卡罗模拟的次数,K代表种子节点数。虽然一般贪婪算法的实验结果很好且稳定,但其计算复杂度非常高、耗时长,难以适用于大规模的社会网络。

7.3.2 CELF算法

一般贪婪算法在每次筛选种子节点时,都必须重新计算网络中每个非种子节点能带来的影响力收益,而每次计算节点的影响力收益时又需要进行大量的蒙特卡罗模拟实验,这无疑大大增加了时间复杂度。莱斯科维奇(Leskovec)等人利用影响力函数的子模性在一般贪婪算法的基础上提出了CELF算法,它通过减少需要进行蒙特卡罗模拟的节点数量来降低算法的时间复杂度。

CELF算法的详细过程如表7-2所示。计算网络中所有节点的影响力,先将影响力最大的节点选为种子节点,在下次选取种子节点时,利用函数的子模性,只计算当前影响力增益最大的节点的新影响力增益,若比之前增益次大的节点的影响力增益值大,则将其加入种子集合,否则就重新计算所有非种子节点的影响力增益,重复上述过程直至选出 K 个种子节点。

表 7-2 CELF 算法

算法 2:CELF 算法
Input: $G(V,E)$, K
Output: S
1: initialize $S \leftarrow \emptyset$
2: for each node v do of V:
3: Compute influence $\sigma(v)$ of node v
4: add $(\sigma(v), v)$ to Queue //Queue is a heap
5: $flag_v = 0$
6: end for
7: for $i = 1$ to K do:
8: $v =$ top element in Queue
9: remove v from Queue
10: while $flag_v == 1$ do:
11: Compute marginal gain Inf_v of node v
12: add (Inf_v, v) to Queue
13: $flag_v = 0$
14: $v =$ top element in Queue
15: remove v from Queue
16: $S = S \cup \{v\}$
17: for each node v of V do:
18: $flag_v = 1$
19: end for
20: end for
21: end for
22: return S

图 7-1 是 CELF 算法的一个计算实例。计算网络中所有节点的影响力增益并按序存储,此时增益最大的是节点 A,将节点 A 加入种子集合,再进行第二轮种子节点选择,计算当前增益最大的节点 B 的新影响力增益,若大于之前增益次大的节点 C 的增益 10,则将节点 B 加入种子集合,不需要再计算节点 C、D、E、F 的影响力增益,这是因为影响力函数的子模性,这些节点在这一轮的新增益必定小于上一轮的增益,故直接将节点 B 加入种子集合即可;否则仍需要重新计算所有非种子节点即 B、C、D、E、F 的新增益。这就是 CELF 算法的精髓所在,即它减少了必须进行影响力增益计算的节点数量。

CELF 算法是目前影响力最大化算法中最经典的,也是精确度最高的算法之一。

节点	增益
A	15
B	12
C	10
D	8
E	6
F	4

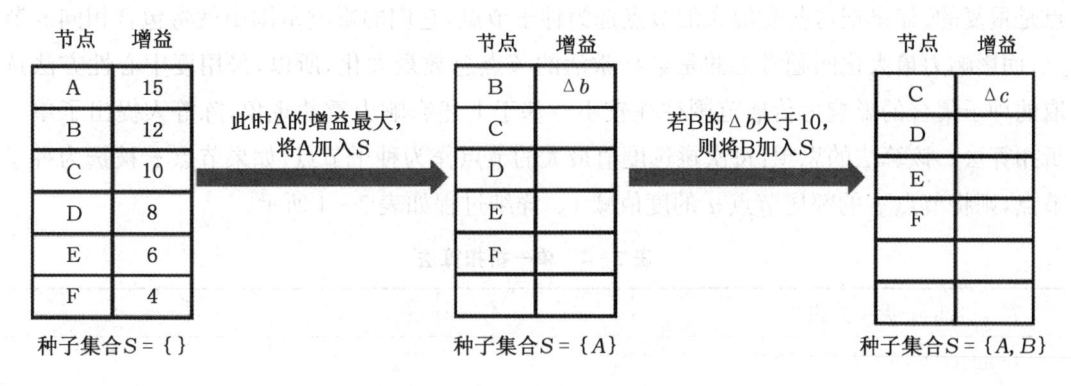

种子集合 S = { }

此时A的增益最大，将A加入S

节点	增益
B	Δb
C	
D	
E	
F	

种子集合 S = {A}

若B的Δb大于10，则将B加入S

节点	增益
C	Δc
D	
E	
F	

种子集合 S = {A, B}

图 7-1　CELF算法的计算过程

7.3.3　度中心性算法

由于贪婪算法的时间复杂度过高，即使是改进的贪婪算法，其运行时间依然较长，在大规模网络上不具备适用性，因此很多研究是从启发式的角度来研究影响力最大化问题。启发式算法能够显著降低时间复杂度，可以在大规模网络上运行。其中，度中心性算法是最常用的启发式算法之一。该算法的思想是每次将网络中度值最大的节点选为种子节点，详细过程见表 7-3。

表 7-3　度中心性算法

算法 3：度中心性算法
Input: $G(V,E), K$
Output: S
1: initialize $S = \varnothing$
2: Compute degree $d(v)$ of node v
3: for $i = 1$ to K do:
4: select $v = \underset{v}{\mathrm{argmax}}\, d(v) \mid v \in V\backslash S$
5: $S = S \cup \{v\}$
6: end for
7: return S

7.3.4　单一折扣算法

度中心性算法的主要缺点在于忽略了节点间的影响力重叠问题，比如度中心性算法在每次挑选种子节点时选取度值最大的节点，这将会导致影响力重叠现象，也称为"富人俱乐部"现象，即网络中度值大的节点之间往往是有连边的，它们的影响范围中有相当比例的节点是重复的,如果把这些度值大的节点选为种子节点,它们的影响范围中就将包含相同的节点,而影响力最大化问题考虑的是最终激活的节点总数最大化,所以,采用度中心性方法选取的种子集合的影响力传播范围往往较小。基于上述影响力重叠现象,陈等人提出了单一折扣算法。该算法的思想:每次挑选度值最大的节点作为种子节点,如果节点 v 被选为种子节点,则将节点 v 的邻居节点 u 的度值减 1。详细过程如表 7-4 所示。

表 7-4 单一折扣算法

算法 4:单一折扣算法
Input: $G(V,E)$, K
Output: S
1: initialize $S=\varnothing$
2: Compute degree $d(v)$ of node v
3: for $i=1$ to K do:
4: select v=$\underset{v}{\mathrm{argmax}} d(v) \| v \in V \backslash S$
5: $S=S \cup \{v\}$
6: for each neighbor u of v and $v \in V \backslash S$ do:
7: $d(u)-=1$
8: end for
9: end for
10: return S

7.3.5 度折扣算法

在单一折扣算法的基础上,陈等人进一步修改了节点影响力的折扣方式,提出了度折扣算法,以此来减少网络中节点之间的影响力重叠情况。该算法的具体步骤如下:将网络中所有节点的影响力初始化为度值 $d(v)$,设置一个变量 t_v 表示节点的一阶邻居中已被选为种子节点的数目,将其初始化为 0,并基于传播概率 p 提出一个经过数学证明的折扣公式,即 $dd_v=2*t_v+(d(v)-t_v)*t_v*p$。在每次选取种子节点的过程中,关注网络中影响力最大的节点 u。如果 u 被选为种子节点,则将 u 的邻居节点 v 的 t_v 加 1,依据这个折扣公式重新计算节点 v 的影响力,即 $d(v)=d(v)-dd_v$。重复上述过程直到种子集合 S 的大小是 K 为止,即 $|S|=K$。该启发式算法虽然在精确度上不如贪婪算法,但其时间复杂度低,比贪婪算法更适合大规模复杂网络,是目前最常用的启发式算法之一。该算法的具体过程如表 7-5 所示。

表 7-5　度折扣算法

算法 5：度折扣算法
Input：$G(V,E)$，K
Output：S
1：initialize $S=\emptyset$，$t_v=0$
2：Compute degree $d(v)$ of node v
3：for $i=1$ to K do：
4：$u=\mathop{\mathrm{argmax}}\limits_{u} d(u) \mid u \in V\backslash S$
5：$S=S\cup\{v\}$
6：for each neighbor v of u and $v\in V\backslash S$ do：
7：$t_v=t_v+1$
8：$d(v)=d(v)-2*t_v-(d(v)-t_v)*t_v*p$
8：end for
9：end for
10：return S

7.4　其他基于影响力的优化问题

基于影响力传播还可以提出很多优化问题或对模型的拓展。这是现在学术界十分活跃的领域。下面简要介绍这方面的几个问题和相关研究。

7.4.1　种子集合最小化

种子集合最小化是影响力最大化的对偶问题。它要求在影响力延展度达到一定数值的情况下选取的种子集合尽量小。这个问题的解法也是基于单调子模函数的贪婪算法，但优化目标变为最小化种子集合的大小，近似比变为 $O(\ln\eta)$，其中 η 是影响力延展度要求达到的阈值。

7.4.2　利润最大化

利润最大化考虑到选取种子有成本，而只有被影响的非种子节点才会产生收益，所以，利润最大化的目标是选取合适的种子节点（不再受硬性的个数限制），使得最终的期望收益减去种子成本最大。与影响力最大化相比,利润最大化的一个重要区别是它的目标函数(给定种子集合下的期望利润)不再是单调的,因为当种子集合达到一定程度时,再加一个节点作为种子带来的额外期望收益可能已经不能抵消加入这个种子的费用,但是利润函数仍具有子模性,在这种情况下,利润最大化要利用非单调子模函数的优化技术。

7.4.3 影响力传播监控

影响力传播可能到达网络的各个角落,如何布置有效的监控节点以为各种影响力传播提供及时、准确的报告,也是一个重要课题。在技术层面,选择有效的网络监控节点和选择有效的种子节点有相似性,在适当的模型和问题描述下都具有单调性和子模性,所以都可以用贪婪算法来解决。

7.4.4 多实体传播模型下的影响力最大化

多实体的传播会给影响力优化带来很多变种。例如,在已知一个竞争实体的种子节点分布的情况下,如何选取我方的种子节点从而最大化我方的影响力或者尽量减少对方的影响力,也称为"影响力阻断最大化"。影响力阻断最大化可以应用在抵御谣言的传播上。也有学者研究社交网络平台在有多个竞争实体的情况下如何公平分配种子资源的问题。例如,在已知一个互补实体的种子节点的情况下,如何选取本方实体的种子节点以最大化本方的影响力(自我影响力最大化)或者最大化互补对方的影响力(互补影响力最大化)。可以看出,多实体传播下的影响力最大化种类繁多,具体应用要具体分析。绝大多数问题仍然基于子模函数的最大化,但是多实体模型在不少情况下不再具备子模性,所以需要寻找新的解决途径。

7.4.5 网络拓扑的优化

影响力传播研究中也有研究如何有效地改变网络拓扑结构来优化影响力的。例如,如何有效删除图中的边或节点使得种子节点的影响力尽量小,这对应了防止传染病传播中的隔离和免疫措施;也可以考虑如何增加点或边以最大化影响力,这在一定程度上对应了社交网络平台上朋友推荐的情形。

7.4.6 非子模性的影响力优化问题

当对影响力传播模型进行一定扩展或对优化目标进行一定改变后,新的模型或问题经常就不再具有子模性(或超模性)。在最近的研究中,对非子模性的影响力优化问题也提出了一些解决方法,比如利用整数规划,将影响力优化问题转化为相近的子模问题。假设图的一部分对应的带权重的邻接矩阵有常数秩,将非子模函数夹于两个子模函数之间的方法或者利用基于传播模型的启发式算法,对某些具体问题有较好的效果,但非子模性的影响力优化问题的系统性研究还有待完善。

7.5 影响力传播学习

前文介绍了影响力最大化方法及其基础上的影响力优化问题。要使影响力传播研究在实践中发挥更大的作用,基于实际数据的影响力学习是必不可少的一个方面。基于实际数据的网络影响力分析在国内外社交媒体网站都出现过,比如国外的 Klout.com、国内的新浪微博影响力排名等。这些影响力分析侧重对名人的排名,分析方法大多利用网络拓扑结构(如粉丝数、网页排名)、用户活跃度等。而基于影响力传播的学习是希望从数据中挖掘用户行为的传播方式和对应的参数,从而为影响力传播建模和优化服务。

在影响力传播学习方面也有不少工作。这些工作基于的数据基本上分为两类:一类是社交网络结构的数据。例如,微博中用户 B 关注了用户 A,就有一条有向边从用户 A 到用户 B,边的方向在这里表示信息从用户 A 传向用户 B,与影响力的方向一致。当收集了大量用户的关注数据后,就可以建立一个关于这些用户的有向图。当然,有些网络(如脸书)对应的是无向图,每条无向边表示的是朋友关系。另一类数据是用户的某一类行为的时间序列。例如,一条记录是微博用户 A 在时刻 t_1 发布了一条带有某个链接 L_1 的微博,用 (A, L_1, t_1) 表示。一般来讲,用户的行为序列是由 (u,a,t) 组成的,其中,u 表示一个用户(对应图上的一个节点),a 表示一个动作,t 表示用户 u 执行动作 a 的时间。

目前,影响力传播学习的基本思想是,如果相连的两个用户在相近时间先后执行同样的动作,那么认为这是先执行动作的用户对后执行动作的用户的一次成功影响。例如在上文的微博例子中,如果在记录 (A, L_1, t_1) 后有一条记录 (B, L_2, t_2),t_2 大于 t_1 但又不大很多,就说明在用户 A 发布了包含链接 L_1 的微博不久,关注用户 A 的用户 B 也发布了同样链接的微博,这可被理解为用户 B 看到用户 A 的微博而转发的行为,所以在发布链接这个行为上可以认为用户 B 受到一次用户 A 的影响。如果数据中发现用户 B 经常在用户 A 之后发布与用户 A 相同的链接,那么可以推测在发布链接这类行为上,用户 A 对用户 B 的影响力较大。

上述思想比较直观,但严格地说,所发现的是用户行为的相关性,并不能直接反映影响力的因果关系。例如上述微博的例子中,也有可能是用户 B 并未看到用户 A 的微博,或者即使看到,用户 B 发同样的微博是因为用户 B 和用户 A 对同一类链接内容感兴趣而并不是因为用户 B 受到用户 A 的影响,这称为社会关系中的同质性。在收集的一组数据中,要区分相关性行为的来源是同质性还是影响力并不是一件容易的事情。

7.6 影响力最大化问题的研究、挑战和方向

由于影响力最大化问题的时间复杂度高,而且在线社交网络的规模日益庞大,因此设计

启发式算法以期获得最优解和提高算法的执行效率一直是重要的研究方向。肯普等人求解该问题的方法首先需要多次调用蒙特卡罗算法以使模型获得足够的精度,而后贪婪策略又需要调用上述过程 $O(nk)$ 次,其中 n 是网络中的用户数,k 为初始集合大小,因此时间耗费较长。在此基础上,莱斯科维奇等人利用模型中次模函数的性质,在选择初始节点时提出一种惰性转发优化机制生成初始用户集合,这种方法在取得近似最优解的同时,效率比贪婪算法提高了将近 700 倍。即便如此,该算法求解大规模问题仍有不足。除了在算法性能上的不断改进,随着对影响力最大传播问题的深入研究和广泛应用,不断有新方法和新技术运用到该问题的建模和分析中。投票模型可以模拟用户意见在社交网络上的传播情况,也可用于对最优初始用户集合的选取。木村(Kimura)和齐藤(Saito)认为影响力大多通过用户间的最短路径传播,由此入手对影响力最大传播问题建模和求解,并在此基础上发展出了基于用户间最大影响路径的方法。但是他们认为影响力通过最短路径传播的假设限制性太强。王(Wang)等人发现影响力的传播大多发生在社区之间,由此提出一种贪婪策略结合动态规划的算法用于对初始用户的选取,较大地提升了算法的执行效率。目前的影响力最大传播模型只考虑最小初始用户集合的选取,并没有将激活用户的代价和时间计算在内。在实际应用中,使用最少的费用或者耗费最短的时间实现影响力的最大传播也是常见情形,而此类问题还需进一步研究。现有模型认为,用户之间的影响力只会对其传播有促进作用,但是现实营销环境总是面临各种竞争因素,因此竞争环境下的影响力最大传播问题也逐渐受到研究人员的关注。

课程思政

复杂网络中影响力最大化问题的研究涉及社会学、心理学、经济学、系统科学、计算机科学等多个学科,通过选取有限的初始种子节点,使影响力的传播范围最广。本章主要介绍实现影响力最大化的优化算法设计方法。通过本章的学习,我们可以了解如何更有效地宣传意识形态,如何让正能量信息迅速在网络上传播以及如何抑制虚假新闻的传播。

本章小结

复杂网络中的影响力最大化分析是社会网络分析的关键问题之一,其研究在理论和现实应用中,如控制疾病暴发、提升广告效应、优化信息传播效果、挖掘社交网络影响力个体等方面都有重大的意义。

本章主要介绍了什么是影响力最大化问题以及它在现实中的应用场景,从模型和方法出发,分析了两类用于研究影响力最大化的算法——贪婪算法和启发式算法,详细介绍了不同类型算法的具体实现过程和优劣势对比。我们希望通过本章明确影响力最大化问题的含义和如何实现影响力最大化。

思考题

1. 复杂网络的影响力最大化对社会的重要意义是什么？请结合实际案例说明影响力最大化在推动社会发展、解决社会问题中的作用。

2. 如何对复杂网络中的节点重要性进行评估？尝试设计一种评估指标以用于衡量网络节点的影响力，并探讨该指标的优缺点。

3. 复杂网络的优化策略通常包括哪些方法？请列举并比较不同优化策略的适用场景和效果。

4. 在复杂网络中，节点之间的相互作用对影响力的传播有重要影响。请结合实际情况，讨论网络中信息传播的规律和特点，以及如何通过影响力最大化策略来引导信息的传播。

5. 复杂网络的影响力最大化是否会带来负面影响？在追求网络影响力最大化的过程中，我们应该如何权衡各种因素以确保其对社会、个人以及环境的影响是积极的？

参考文献

[1] 刘畅. 社会网络中的节点影响力度量与影响力最大化算法研究[D]. 华中科技大学，2018.

[2] 王潇杰，赵城利，张雪，等. 复杂网络影响力极大化快速评估算法[J]. 国防科技大学学报，2019，4(3)：8.

[3] 张景慧. 复杂网络节点影响力度量与影响力最大化研究[D]. 兰州大学，2020.

[4] Kempe D, Kleinberg J. Tardos. Maximizing the spread of influence through a social network[C]. ACM SIGKDD International Conference on Knowledge Discovery and Data Mining, 2003: 137—146.

[5] Leskovec J, Krause A, Guestrin C, et al. Cost-effective outbreak detection in networks[C]. Proceedings of the 13th ACM SIGKDD International Conference on Knowledge Discovery and Data Mining, 2007: 420—429.

[6] Chen W, Wang Y, Yang S. Efficient influence maximization in social networks[C]. Proceedings of the 15th ACM SIGKDD International Conference on Knowledge Discovery and Data Mining, 2009: 199—208.

[7] Kimura M, Saito K. Approximate Solutions for the Influence Maximization Problem in a Social Network[C]. Knowledge-Based Intelligent Information and Engineering Systems, 10th International Conference, KES 2006, Bournemouth, 2006, 10(9—11): Proceedings, Part II.

[8] Wang Y, Cong G, Song G, et al. Community-based Greedy Algorithm for Mining top-K Influential Nodes in Mobile Social Networks[C]. Proceedings of the 16th ACM SIGKDD International Conference on Knowledge Discovery and Data Mining, 2010, 7(25－28).

[9] 吴信东, 李毅, 李磊. 在线社交网络影响力分析[J]. 计算机学报, 2014, 37(4): 18.

第八章 网络模型及特征

全章提要

- 8.1 随机网络模型
- 8.2 小世界网络模型
- 8.3 无标度网络模型

课程思政
本章小结
思考题
参考文献

由于网络规模庞大、结构复杂,网络的复杂性结构无法直观地可视化以及采用简单的数学参数进行描述,因此将网络抽象为图结构,这已经超出了当代图论的研究范围,形成了全新的、研究网络复杂性的学科——复杂网络。大多数社会、生物,以及科技网络均展现出非平凡的拓扑特征,即在这些网络中,节点之间的连接方式既不是规则的,也不是完全随机的。网络的拓扑特征包括节点度的重尾分布、高聚类系数、节点的同配性与异配性、社区结构以及层次结构等。在有向网络中,非平凡特征还包括博弈性、三角重大轮廓外形等拓扑特征。相反,已有的网络数学模型,如栅格图、随机图,并没有展现上述的非平凡特征。

复杂网络可以用来捕捉、描述复杂系统的演化规律、演化机制以及整体行为等特征。两百多年来,研究人员针对如何描述真实复杂系统的拓扑结构的研究主要经历了三个阶段。在最初的一百多年里,研究人员对网络的研究主要采用图论的方法,利用一些规则的网络结构来表示真实复杂系统中各要素之间的关系,如二维平面上的欧几里得网或者近邻网络。从 20 世纪 50 年代末 60 年代初开始,研究人员将随机因素引入网络的构造方法中。考虑随机因素后,两个节点之间的连接关系不再是确定的,而是由一定的概率所决定,研究人员把这种网络称为"随机网络"。在四十余年的时间里,随机网络被认为是描述真实复杂系统最好的网络模型。随机网络之所以可以统治该领域几十年,一方面是因为它确实体现了真实复杂系统的某些特性,另一方面也是因为受到数据分析能力的限制。近年来,借助计算机技术的飞速发展,研究人员经过更深入的研究发现,大量的真实网络既不是规则网络,也不是随机网络,其统计特性与两者皆不相同。这样的一些网络被研究人员称为"复杂网络",其中最有影响力的当属小世界网络和无标度网络。小世界网络和无标度网络的发现掀起了复杂网络的研究热潮。

复杂网络模型研究是复杂网络研究领域的重要组成部分。复杂网络模型研究的主要工作是研究网络生成机制及演化模型。复杂网络的生成机制指的是复杂网络的形成方式及其形成过程。根据网络生成机制建立的网络模型被称为复杂网络的演化模型。复杂网络模型研究已经引起了国内外众多研究人员的研究兴趣,也取得了非常丰硕的研究成果。

8.1 随机网络模型

随机网络是一种能反映多种随机因素及多种随机变量间相互关系的网络。在随机网络模型中,包含着各种随机成分,如时间、费用、资源耗费、效用、亏损等,并且可以处理系统中各种活动及其相互影响的随机性问题,即一项活动按一定概率(存在风险)可能发生或不发生,相应地,反映在活动开始或结束的节点或连边可能存在或不存在,从而为许多复杂的、包含多种随机因素的系统或问题的研究和分析提供了有效途径。

随机网络模型是指节点间的连接关系由随机方式产生,是由匈牙利数学家保尔·厄多斯(Paul Erdös)和阿尔弗烈德·瑞利(Alfred Rényi)于 1960 年提出的,ER 随机图是其中最具有代表性的一个模型。该模型表明,在一个网络中具有 N 个节点,随机选择这个网络中的任意两个节点,以概率 p 进行连接,这样就产生边数满足数学期望 $pN(N-1)/2$ 的网络结构。图 8-1 描述了以不同的概率 p 生成的 ER 随机图。

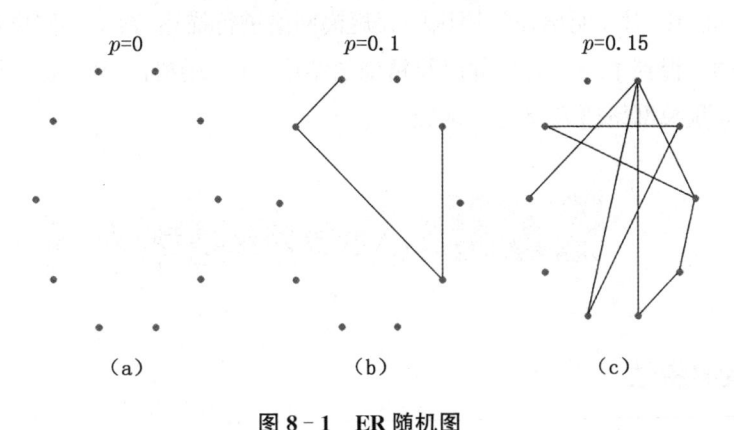

图 8-1 ER 随机图

图 8-1 中的(a)、(b)、(c)分别是当连接概率 p 为 0、0.1、0.15 时产生的随机图。明显地,p 越大,图中各节点间的连边越多,连接密度就越大。ER 随机图的平均度 $\langle k \rangle = p(N-1) \approx pN$,度分布 $P(k)$ 服从 Poisson 分布,即

$$P(k) = \binom{N}{k} p^k (1-p)^{N-k} \approx \frac{\langle k \rangle^k e^{-\langle k \rangle}}{k!} (N \to \infty) \tag{8-1}$$

在 python 中构建 ER 随机图的基本代码如图 8-2 所示。

```
import networkx as nx  # 导入建网络模型包,命名 nx
import matplotlib.pyplot as plt  # 导入科学绘图包,命名 plt
er=nx.erdos_renyi_graph(n=10,p=0.1,directed = False)
# 上述代码表示生成一个有 10 个节点,连接概率为 0.1 的随机无向网络。
其中
n 表示生成图的节点数量
p 表示各节点间的连接概率
directed:bool,True or False 表示生成有向图还是无向图
ps=nx.shell_layout(er)  # 布置框架
nx.draw(er,ps,with_labels=False,node_size=30)
plt.show()
```

图 8-2 构建 ER 随机图的代码

随机网络模型的定义:在一个具有 N 个节点的网络中,N 个节点由 M 条边相连接。这些连边是从完全耦合的 $C_n^2 = N(N-1)/2$ 条边中随机选取的。由这样的 N 个节点、M 条边组成的网络共有 $C_{N(N-1)/2}^M$ 种,它们构成了一个概率空间,其中的每一个网络出现的概率是相等的。

ER 随机网络的生成过程:网络初始有 N 个相互独立的节点,给定概率 p,在所有由两个节点组成的节点对之间以概率 p 产生连接,这样就可以生成节点数为 N、边数大约为 pN

$(N-1)/2$ 的 ER 随机网络。特别是,当 $p=1$ 时,该过程产生的将是一个全局耦合网络。

ER 随机网络所蕴含的随机性十分符合现实世界中许多复杂网络的某些连接特性,而且其构造简单,易于被人们接受。从 20 世纪 50 年代末到 90 年代末的近 40 年里,研究人员主要使用 ER 随机网络对无明确设计原则的大规模网络进行描述,数学家们也对 ER 随机网络进行了深入研究,得到了许多近似的以及精确的结论。ER 随机网络模型大大拓展了网络研究的范围,为大规模网络研究奠定了基础。

8.2 小世界网络模型

8.2.1 小世界特性

复杂网络往往同时具有类似规则网络的较高的网络聚类系数和类似随机网络的较短的特征路径长度。小世界特性可以看作整个世界系统的重要组织原则,它广泛存在于现实世界的复杂网络中,如生物新陈代谢网、蛋白质网、演员合作网、科研合作网、万维网、国际互联网、电网、交通网等。

对复杂网络小世界特性的研究具有十分重要而深远的意义。从网络动力学角度看,小世界网络本身特有的较高聚类系数和较短特征路径长度的特性使得信息、能量、故障等在小世界网络中可以迅速地、大范围地传播。一旦有病毒、灾害、故障等在小世界网络中出现,如果没有采取有效的预防措施和及时的紧急控制措施,它们就有可能迅速地在整个网络范围内蔓延开来,感染网络中的大量节点或者使得整个网络崩溃。例如,在具有小世界特性的电力网络中,如果一个节点发生了故障,则故障不仅仅影响与该节点相邻的节点,而且能够导致其他非邻近节点发生故障并引起连锁反应,最终导致整个电力网络发生大规模连锁故障。随着特征路径长度的缩短,电力网络的脆弱性显著上升,小世界电网所特有的较短特征路径长度和较高聚类系数等特性对电力网络连锁故障的传播起着推波助澜的作用。电力网络中存在少量的节点线路,它们拥有远远大于其他节点线路的介数,这些节点线路的缺失故障会导致大量节点间最短路径的重新分布,进而引发电力网络的连锁故障。国际互联网具有小世界特性,它为全球范围内的信息共享提供了有效手段,但也为有害信息的入侵提供了条件。计算机病毒可以在互联网上迅速蔓延,给社会经济造成巨大损失。人类社会关系网是一个典型的小世界网络,人与人之间的距离往往很短,因此谣言可以在社会中迅速传播。

8.2.2 小世界网络模型概述

小世界网络于 20 世纪 90 年代末提出,是一个典型的数学化的网络模型。在小世界网络中,大多数节点彼此并不互为邻居,即大多数节点并不直接相连。但是任意给定节点的邻居节点集合很有可能互为邻居,即在小世界网络中,大多数节点能够通过极少的跳数到达。

特别地，一个小世界网络能够通过随机选取两个节点之间的距离来定义，而这种距离通常与网络中的节点数的自然对数成正比。小世界网络通常具有较大的聚类系数，这导致了社交网络中陌生人会通过一些极短的连接彼此联系。现实社会中的许多现象支持小世界网络模型，如社交网络、维基百科网络、基因网络甚至是互联网的基础构架。小世界网络模型是介于规则网络模型和完全随机化网络模型之间的半随机化网络模型，其模型从一个完全的规则网络出发，以一定的概率将网络中的连接打乱重连，从而产生小世界特性。

1929年匈牙利作家卡林西（Frigyes Karinthy）在其短篇故事《链》中首先对小世界效应提出猜测。斯坦利·米尔格伦完成的"六度分离"试验首次从试验角度揭示了小世界现象。而具有小世界特性的网络是由邓肯·瓦茨（Duncan Watts）和斯蒂文·斯特罗加茨（Steven Strogatz）共同完成的，1998年，他们提出了一种"小世界"模型：一个规则格子上的一部分短程联系被随机长程联系所取代。他们发现，即便选择极小的取代概率（特征概率 $p^* \sim N^{-d}$，d 为系统维数），最后节点之间的平均距离也会被极大地缩短，从正比于 N 到正比于 $\ln N$，和一个随机网络一样；同时，这个网络的高度集团化又几乎不受影响。这个模型既有随机网络的平均距离，又有规则网络的集团化，是一个典型的小世界。

小世界网络具有两大典型特性——平均路径长度短，聚类系数高。规则网络虽然聚类系数高，但其平均路径长度长。随机图虽然平均路径长度短，但其缺少大聚类系数。只有小世界网络模型具有这两大特性。图8-3是一个简单实例。

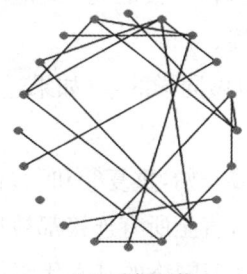

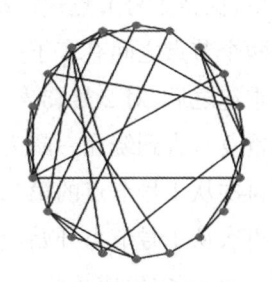

（a）规则网络　　　　（b）随机网络　　　　（c）小世界网络

图8-3　各类网络模型

小世界网络定义：对于纯粹的规则网络，当其中连接数量接近饱和时，集聚系数很高，平均路径长度很短。例如完全耦合网络（完全图），每两个节点之间都相连，所以集聚系数是1，平均路径长度是1。然而，现实中的复杂网络是稀疏的，连接的个数只是节点数的若干倍[$O(N)$]，远远不到饱和。如果考虑将节点排列成正多边形，各节点都只与距离它最近的 $2K$ 个节点相连，那么在 K 比较大但仍然保证 $K < \frac{2}{3}N$ 时，其集聚系数 $C(i) = \frac{3(K-2)}{4(K-1)} \approx \frac{3}{4}$。虽然能保持高集聚系数，但平均路径长度 $L_{avg} \approx \frac{N}{4K} = O(N)$。纯粹的随机网络（如 ER 随机网络模型）有很短的平均路径长度，集聚系数也很小。可是现实中的不少网络虽然有很短的

平均路径长度,但有比随机网络高出很多的集聚系数。因此邓肯·瓦茨和斯蒂文·斯特罗加茨认为,现实中的复杂网络是一种介于规则网络和随机网络之间的网络。他们把这种特性称为现实网络的小世界特性:

(1)有很短的平均路径长度:在节点数 N 很大时,平均路径长度近似于 $dist_c \propto \log(N)$。

(2)有很高的集聚系数:集聚系数大约和规则网络在同一数量级,远大于随机网络的集聚系数。

8.2.3 小世界网络生成模型

(1)瓦茨-斯特罗加茨模型

1998 年,邓肯·瓦茨和斯蒂文·斯特罗加茨提出了一个模型来解释小世界网络,其后来被称为瓦茨-斯特罗加茨模型(WS 模型)。瓦茨-斯特罗加茨模型是基于两人的一个假设:小世界模型是介于规则网络和随机网络之间的网络。因此,模型从一个完全的规则网络出发,以一定的概率将网络中的连接打乱重连。具体构造如下:

①从一个规则的网络开始。这个网络中的 N 个节点排成正多边形,每个节点都与离它最近的 $2K$ 个节点相连。其中,K 是一个远小于 N 的正整数。

②选择网络中的一个节点,从它开始(它自己是 1 号节点)将所有节点顺时针编号,再将每个节点的连接也顺时针排序。1 号节点的第一条连接会有 $0<p<1$ 的概率被重连。重连方式如下:保持 1 号节点这一端不变,将连接的另一端随机换成网络中的另一个节点,但不能使得两个节点之间有多于一条连接。

③重连之后,对 2 号、3 号节点也做同样的事(如果其中有连接已经有过重连的机会,就不再重复),直到绕完一圈为止。

④再次从 1 号节点的第二条连接开始,重复②和③,直到绕完一圈为止。

⑤再次从 1 号节点开始,重复④,直至所有连接都被执行过②(重连的步骤)。

在 python 中生成瓦茨-斯特罗加茨网络的基本代码如图 8-4 所示。

```
import networkx as nx  #导入建网络模型包,命名 nx
import matplotlib.pyplot as plt  #导入科学绘图包,命名 plt
ws=nx.watts_strogatz_graph(10,4,0.5)
#上述代码表示生成一有 10 个节点,连接概率为 0.1 的随机无向网络。其中
n:表示生成图的节点数量
p:表示各节点间的连接概率
ps=nx.shell_layout(er) #布置框架
nx.draw(ws,ps,with_labels=False,node_size=30)
plt.show()
```

图 8-4 生成瓦茨-斯特罗加茨网络的代码

(2)纽曼-瓦茨模型

不久之后,邓肯·瓦茨又与英国物理学家约翰·亨利·纽曼(John Henry Newman)提出了另一个稍有不同的模型,称为纽曼-瓦茨模型(NW 模型)。他们将重连变成添加链接,具体的构造方法:第一步与瓦茨-斯特罗加茨模型相同,也是先创建一个规则网络;然后随机选择一对尚未连接的节点,设定 $0<p<1$ 的概率产生连接。这样重复一定次数,但不允许两个节点之间有多于一条连接,也不允许节点与自身相连。

纽曼-瓦茨模型在理论分析上比瓦茨-斯特罗加茨模型要简单一点。当 p 很小而 N 很大时,这两个模型本质上是一样的。在 python 中生成纽曼-瓦茨网络的基本代码如图 8-5 所示。

```
import networkx as nx  #导入建网络模型包,命名 nx
import matplotlib.pyplot as plt  #导入科学绘图包,命名 plt
nw=nx.newman_watts_strogatz_graph(10,4,0.5)
#上述代码表示生成一个有 10 个节点,连接概率为 0.1 的随机无向网络。其中
n:表示生成图的节点数量
p:表示各节点间的连接概率
ps=nx.shell_layout(nw)  #布置框架
nx.draw(er,ps,with_labels=False,node_size=30)
plt.show()
```

图 8-5 生成纽曼-瓦茨网络的代码

8.3 无标度网络模型

无标度网络是由艾伯特-拉斯洛·巴拉巴拉(Albert-László Barabási)于 20 世纪 90 年代末率先提出的。无标度网络的节点度分布渐近服从幂律分布,即网络中度数较高的节点与其他节点连接的概率较大。尽管存在争议,但自然界中的许多网络仍然被证实为具有无标度的特性,包括以演员合作网络和作者合作网络为例的社交网络、以互联网和万维网为例的计算机网络、以生成模型描述的软件依赖网络、以银行支付网络为例的经济网络、以蛋白质交互网络为例的生物网络等。在网络科学理论中,理想的无标度网络是度分布服从幂律分布的随机网络模型。在理想的无标度网络中,著名的六度分离理论能够得以证实,并且能够证明邓巴数是造成六度分离现象的根本原因。为了探究幂律分布产生的机理,美国圣母大学物理系教授艾伯特-拉斯洛·巴拉巴拉和他的博士生雷卡·阿尔伯特(Réka Albert)构造了具有幂律分布的网络。1999 年,他们在《科学》杂志上发表了题为"随机网络中的标度涌现"的论文,提出了无标度网络模型。理论分析和数值仿真表明,利用该模型生成的网络具

有幂律分布特性。该模型后来被研究人员称为 BA 无标度网络模型,这是瓦茨-斯特罗加茨小世界网络模型提出之后复杂网络研究领域的又一项标志性的成果。

8.3.1 无标度网络的特性

无标度网络是节点度分布(近似)为幂律分布的网络模型。如果用节点度概率分布 $P(k)$ 表示网络中度为 k 的节点出现的频率,则无标度网络符合以下特征:

$$P(k) \sim k^{-r} \tag{8-2}$$

其中,幂指数 r 是描述网络结构特性的一个参数,取值通常为 2~3。节点度呈幂律分布的直观表现是,大多数节点的度较小,而少数枢纽节点的度很大。

无标度网络同时具有稳健性(Robustness)和脆弱性(Vulnerability)。由于枢纽节点的存在,因此无标度网络对随机故障的容错能力强,因为如果错误随机发生,枢纽节点数目很少,就几乎不会受到影响,并且删减其他节点对网络结构的影响很小。但是如果蓄意攻击枢纽节点,则网络结构很容易被破坏而变得离散破碎。

8.3.2 构建无标度网络

在构建 BA 模型时,首先随机构造一个很小的网络。然后遵循以下两个机制:

一是增长:每次加入一个新的节点,即模拟现实中的网络不断增长变大,如互联网中新网页的创建、航空网络中新机场的建造等。

二是优先连接:在新节点加入时,优先选择与高度数的节点连接,即模拟现实中新网页一般会连接到知名的网络站点,新机场会优先考虑建立与大机场之间的航线等。对于某个原有节点 i,新节点与之连接的概率如下:

$$P(k_i) = \frac{k_i}{\sum_i k_i} \tag{8-3}$$

其中,分子为节点 i 的度,分母为所有已有节点的度之和。重复第一和第二个步骤,达到预先设定的节点数和边数后,网络构建完成。在 python 中生成无标度网络的基本代码如图 8-6 所示。

```
import networkx as nx  #导入建网络模型包,命名 nx
import matplotlib.pyplot as plt  #导入科学绘图包,命名 plt
#生成一个有 10 个节点,每次加入 2 条边的无标度网络
ba=nx.barabasi_albert_graph(10,2)
ps=nx.shell_layout(ba)  #布置框架
nx.draw(ba,ps,with_labels=False,node_size=30)
plt.show()
```

图 8-6 生成无标度网络的代码

课程思政

小世界特征与无标度特征是现实世界网络存在的普遍现象。通过本章的学习,我们可以利用六度分离现象来探讨一名公众人物的行为会影响到的群体大小,从而意识到注意个人行为的重要性,意识到个人在网络上发布的信息可能通过网络迅速传播从而对他人产生影响;同时,利用马太效应理解现实社会资源存在的分布不均现象,并思考如何构建更加和谐美好的社会。

本章小结

网络在自然界和人类社会中无处不在,常见的网络有生态网、万维网、人际关系网和交通运输网等。对真实网络特性的解释使得复杂网络成为近年来的研究热点之一。为了探索真实网络的行为和功能,必须对网络的拓扑结构及生成模式进行详细研究。本章主要回顾了两种不同类型的网络结构——小世界网络和无标度网络,重点介绍了两种不同网络的基本属性以及通过生成机制建立网络模型,模拟真实网络的演化行为。

思考题

1. 为什么随机网络模型在研究复杂系统中起着重要作用?随机网络模型与现实中的社交网络、物流网络等是否存在联系?请举例说明。

2. 无标度网络相比随机网络有哪些特点?无标度网络在信息传播和脆弱性方面有什么实际应用和影响?

3. 小世界网络是现实生活中普遍存在的网络结构,它为什么被称为"小世界"?小世界网络在社会交往、疾病传播等方面有怎样的作用?

4. 复杂网络模型在解决实际问题中的局限性是什么?探讨在具体应用中,是否需要考虑更多的因素和条件来提高模型的准确性和实用性。

5. 在现实生活中,我们是否可以将复杂网络模型与社会、经济等复杂系统相联系?如果可以,哪些因素是构建合理网络模型的关键?

参考文献

[1] 翟学萌.多类型复杂网络的随机模型构建与分析方法研究[D].电子科技大学,2020.

[2] 王光增.基于复杂网络理论的复杂电力网络建模[D].浙江大学,2009.

[3] 孙奕菲.基于小世界网络模型和免疫克隆优化的智能计算方法以及应用[D].西安电

子科技大学,2014.

[4]朱涵,王欣然,朱建阳.网络"建筑学"[J].物理,2003,32(6):364—369.

[5]Watts D J,Strogatz S H. Collective dynamics of "small-world" networks.[J]. Nature,1998,393(6684):440—442.

[6]Barrat A,Weigt M. On the properties of small-world network models[J]. European Physical Journal B Condensed Matter & Complex Systems,2000,13(3):547—560.

[7]Watts M. Renormalization group analysis of the small-world network model[J]. Physics Letters A,1999,263(4—6):341—346.

[8]汪小帆,李翔,陈关荣.复杂网络理论及其应用[M].北京:清华大学出版社,2006.

第九章 网络的稳健性分析

全章提要

- 9.1 稳健性的概念及分析
- 9.2 最大连通网络
- 9.3 无标度网络的稳健性
- 9.4 增强网络稳健性的措施

课程思政
本章小结
思考题
参考文献

9.1 稳健性的概念及分析

20世纪后半叶,随着人类社会的飞速发展,复杂网络理论在交通、生物和互联网等领域的作用愈发凸显,使人们开始认识到网络稳健性对当今社会正常运转的巨大影响。此外,随着学术界对复杂网络研究的逐渐深入,多个极具理论价值的网络模型被发现[1-6],使研究者对网络稳健性的理论研究成为可能。关于网络稳健性的研究,大体可划分为三个阶段:

第一阶段为20世纪末期。在网络科学理论逐步完善的过程中,学术界普遍认为只有位于巨分量(Giant Component)的节点才能正常工作,所以研究者对理论网络模型内部巨分量的大小投入了较多关注[7-9],其间主要研究了在何种情况下随机网络模型会出现巨分量。这一阶段的研究为后续工作打下了基础。

第二阶段为2000年至2010年。阿尔伯特(Albert)等人[10]于2000年在《自然》上发表了一篇关于单个复杂网络抵抗随机或蓄意攻击的论文。以此为开端,诸多学者开始展开较为系统的关于单个网络稳健性理论的分析。在这一阶段,多种成熟的理论方法开始在网络稳健性研究中广泛应用,为后续情景更为复杂的稳健性研究提供了理论支撑。

第三阶段为2010年至今。2010年布尔德列夫(Buldyrev)等人[11]在《自然》上发表了一篇开创性的关于相互依赖网络稳健性的文章,引起了学术界的广泛关注。由于相互依赖关系在现实复杂网络中普遍存在,因此相互依赖网络稳健性的理论成果可以更准确地解释自然界网络的稳健性,对提高稳健性具有积极的意义。

具体而言,网络稳健性是指系统在一系列目标节点断开或删除后保持其连通性的能力。[12]从网络稳健性视角出发,寻找断开网络的最关键节点引起了许多研究人员的关注,研究者们分析了互联网、电网、基础设施网络和不同交通网络的稳健性。事实上,如果准确识别网络中最关键的节点,则可以更有效地执行对基于现实世界的网络系统的维护。在这种情况下,生成的网络的连通性对网络稳健性至关重要。

为了更好地理解网络的稳健性,本章利用数学语言对网络稳健性做进一步的阐述。对于给定一个网络,每次从网络中移走一个节点,也就同时移走了与该节点相连的所有边,从而有可能导致网络中其他节点之间的一些路径中断。如果在节点 i 和节点 j 之间有多条路径,则中断其中一些路径可能会使这两个节点之间的距离 d_{ij} 增大,从而使得整个网络的平均路径长度 L 增大。如果节点 i 和节点 j 之间的所有路径被中断,那么这两个节点之间就不连通了。如果移走少量节点后网络中绝大部分节点仍然是连通的,那么就称该网络的连通性对节点故障具有稳健性。

9.2 最大连通网络

网络的连通性通常用最大连通分量(Largest Connected Component,LCC)的大小来衡量。对最大联通网络的求解意味着找出网络中的最大连通分量。如图 9-1 所示,图 G2 和图 G3 都为连通图,图中任何一个节点都可以到达其他节点。

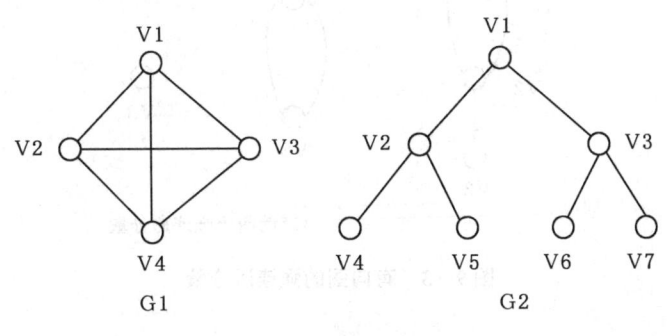

图 9-1 连通图的示例

9.2.1 无向图强连通分量

无向图 G 的极大连通子图称为 G 的强连通分量。这里,任何连通图的连通分量都只有一个,即其自身。非连通的无向图有多个连通分量。图 9-2 中的 G4 中具有两个连通分量 H1 和 H2。

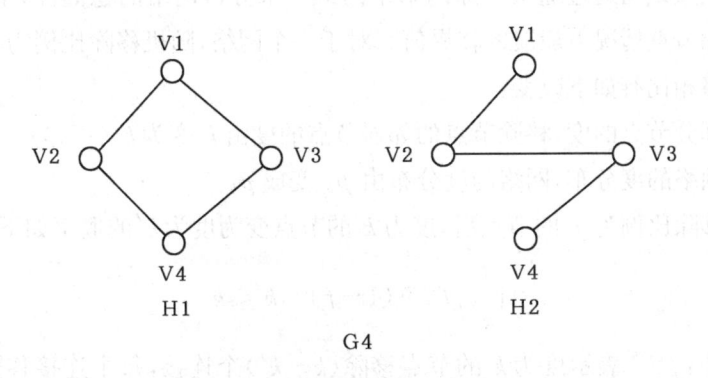

图 9-2 具有两个连通分量的图 G4

求图的连通分量的目的是确定从图中的一个顶点是否能到达图中的另一个顶点,也就是说,图中任意两个顶点之间是否有路径可达。对于连通图,从图中任一顶点出发遍历图,可以访问到图的所有顶点,即连通图中任意两个顶点之间都是有路径可达的。

9.2.2 有向图强连通分量

有向图的极大强连通子图称为G的强连通分量。此处,强连通图只有一个连通分量,即其自身。非强联通的有向图有多个强连通分量。图9-3中的G5不是强连通图,因为从V3到V2没有路径,但它有两个强连通分量。

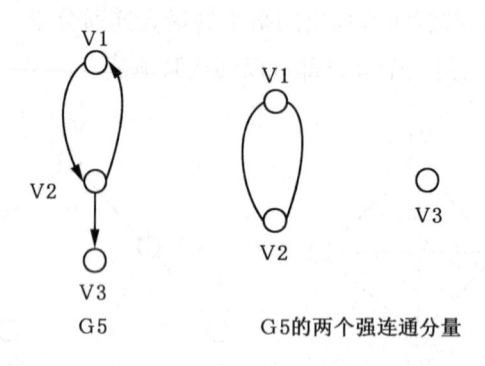

图9-3 有向图的强连通分量

9.3 无标度网络的稳健性

9.3.1 随机攻击情况

网络随机失效是指通过随机移除网络中的节点来分析网络的稳健性,重点在于推导出网络在随机移除节点情况下崩溃的临界值。对于一个网络,随机移除比例为 f 的节点,新的网络与原始网络相比有如下改变:

①改变了部分节点的度,移除节点的邻居节点的度由 k 变为 $k'(<k)$;
②改变了网络的度分布,网络的度分布由 p_k 变成 p'_k。

原始网络移除比例为 f 的节点后,度为 k 的节点变为度为 k' 的概率如下:

$$\binom{k}{k'} f^{k-k'}(1-f)^{k'}, k' \leqslant k \tag{9-1}$$

式(9-1)中:$f^{k-k'}$ 表示度为 k 的节点移除 $(k-k')$ 个连接,每个连接移除的概率为 f;$(1-f)^{k'}$ 表示度为 k 的节点剩余 k' 个连接未移除,每个连接保留的概率为 $(1-f)$。

在原始网络中,度为 k 的节点的概率为 p_k。移除操作后得到的新的网络中,设度为 k' 的节点的概率为 $p'_{k'}$,则有

$$p'_{k'} = \sum_{k=k'}^{\infty} p_k \binom{k}{k'} f^{k-k'}(1-f)^{k'} \tag{9-2}$$

式(9-2)表示,度为 $k \in [k', \infty)$ 的节点均有可能通过邻居节点移除成为度为 k' 的节

点，相应概率为 $\binom{k}{k'}f^{k-k'}(1-f)^{k'}$；进一步，对所有 $k\in[k',\infty)$ 累加即得到 $p'_{k'}$。

假设原始网络度分布 p_k 及其一阶矩 $\langle k \rangle$、二阶矩 $\langle k^2 \rangle$ 均已知，我们的目标是计算通过移除比例为 f 的节点后的新网络的度分布 $p'_{k'}$，以及 $\langle k' \rangle$ 与 $\langle k'^2 \rangle$，则有

$$\begin{aligned}\langle k' \rangle_f &= \sum_{k'=0}^{\infty} k' p'_{k'} \\ &= \sum_{k'=0}^{\infty} k' \sum_{k=k'}^{\infty} p_k \binom{k}{k'} f^{k-k'}(1-f)^{k'} \\ &= \sum_{k'=0}^{\infty} k' \sum_{k=k'}^{\infty} p_k \frac{k!}{k'!(k-k')!} f^{k-k'}(1-f)^{k'}\end{aligned} \quad (9-3)$$

由于 $\sum_{k'=0}^{\infty}\sum_{k=k'}^{\infty}=\sum_{k=0}^{\infty}\sum_{k'=0}^{k}$，因此改变累加顺序可得新的网络的平均度如下：

$$\begin{aligned}\langle k' \rangle_f &= \sum_{k=0}^{\infty} p_k \sum_{k'=0}^{k} p_k \frac{k!}{k'!(k-k')!} f^{k-k'}(1-f)^{k'} \\ &= \sum_{k=0}^{\infty} p_k \sum_{k'=0}^{k} p_k \frac{k!}{(k'-1)!(k-k')!} f^{k-k'}(1-f)^{k'} \\ &= \sum_{k=0}^{\infty} (1-f) k p_k \sum_{k'=0}^{k} p_k \frac{k!}{(k'-1)!(k-k')!} f^{k-k'}(1-f)^{k'} \\ &= \sum_{k=0}^{\infty} (1-f) k p_k \sum_{k'=0}^{k} p_k \binom{k-1}{k'-1} f^{k-k'}(1-f)^{k'-1} \\ &= \sum_{k=0}^{\infty} (1-f) k p_k \\ &= (1-f)\langle k' \rangle\end{aligned} \quad (9-4)$$

新的网络度的二阶矩可通过如下方式得到：

$$\begin{aligned}\langle k'^2 \rangle_f &= \langle k'(k'-1)+k' \rangle_f \\ &= \langle k'(k'-1) \rangle_f + \langle k' \rangle_f \\ &= \sum_{k'=0}^{\infty} k'(k'-1) p'_{k'} + \langle k' \rangle_f\end{aligned} \quad (9-5)$$

再一次通过改变累加顺序，可得：

$$\begin{aligned}\langle k'(k'-1) \rangle_f &= \sum_{k'=0}^{\infty} k'(k'-1) p'_{k'} \\ &= \sum_{k'=0}^{\infty} k'(k'-1) \sum_{k=k'}^{\infty} p_k \binom{k}{k'} f^{k-k'}(1-f)^{k'} \\ &= \sum_{k'=0}^{\infty} k'(k'-1) \sum_{k=k'}^{\infty} p_k \frac{k!}{k'!(k-k')!} f^{k-k'}(1-f)^{k'} \\ &= \sum_{k=0}^{\infty} \sum_{k'=0}^{k} p_k \frac{k!}{(k'-2)!(k-k')!} f^{k-k'}(1-f)^{k'}\end{aligned}$$

$$\begin{aligned}
&= \sum_{k=0}^{\infty}(1-f)^2 k(k-1) p_k \sum_{k'=0}^{k} \frac{(k-2)!}{(k'-2)!(k-k')!} f^{k-k'}(1-f)^{k'-2} \\
&= \sum_{k=0}^{\infty}(1-f)^2 k(k-1) p_k \sum_{k'=0}^{k} \binom{k-2}{k'-2} f^{k-k'}(1-f)^{k'-2} \\
&= \sum_{k=0}^{\infty}(1-f)^2 k(k-1) p_k \\
&= (1-f)^2 \langle k(k-1) \rangle
\end{aligned} \qquad (9-6)$$

因此,新的网络度的二阶矩如下:

$$\begin{aligned}
\langle k'^2 \rangle_f &= \langle k'(k'-1)+k' \rangle_f \\
&= \langle k'(k'-1) \rangle + \langle k' \rangle_f \\
&= (1-f)^2 \langle k(k-1) \rangle + (1-f)\langle k \rangle \\
&= (1-f)^2 (\langle k^2 \rangle - \langle k \rangle) + (1-f)\langle k \rangle \\
&= (1-f)^2 \langle k^2 \rangle - (1-f)^2 \langle k \rangle + (1-f)\langle k \rangle \\
&= (1-f)^2 \langle k^2 \rangle + f(1-f)\langle k \rangle
\end{aligned} \qquad (9-7)$$

根据马洛尹-里德(Malloy-Reed)准则,有

$$\kappa \equiv \frac{\langle k'^2 \rangle_f}{\langle k' \rangle_f} = 2 \qquad (9-8)$$

可解得网络随机失效的临界值如下:

$$f_c \equiv 1 - \frac{1}{\frac{\langle k^2 \rangle}{\langle k \rangle} - 1} \qquad (9-9)$$

由式(9—9)可知,该临界值仅依赖$\langle k \rangle$和$\langle k^2 \rangle$,即仅取决于网络的度分布p_k。
对于随机网络而言,已知$\langle k^2 \rangle = \langle k \rangle(1+\langle k \rangle)$,则该临界值如下:

$$f_c^{ER} = 1 - \frac{1}{\langle k \rangle} \qquad (9-10)$$

式(9—10)表明,对于随机网络而言,网络平均度越大,即网络连接越密集,网络随机失效临界值越大,即需要随机移除更大比例的节点才能使得网络崩溃。

对于无尺度网络而言,由于真实网络的最大度均为有限值,因此这里考虑有限无尺度网络随机失效临界值。首先计算幂率分布m阶矩:

$$\begin{aligned}
\langle k^m \rangle &= (\gamma-1) k_{min}^{\gamma-1} \int_{k_{min}}^{k_{max}} k^{m-\gamma} \, \mathrm{d}k \\
&= \frac{\gamma-1}{m-\gamma+1} k_{min}^{\gamma-1} \cdot [k^{m-\gamma+1}] \Big|_{k_{min}}^{k_{max}} \\
&= \frac{\gamma-1}{m-\gamma+1} k_{min}^{\gamma-1} \cdot (k_{max}^{m-\gamma+1} - k_{min}^{m-\gamma+1})
\end{aligned} \qquad (9-11)$$

若要计算f_c,则需计算:

$$\kappa = \frac{\langle k^2 \rangle}{\langle k \rangle}$$

$$=\frac{2-\gamma}{3-\gamma}\frac{k_{max}^{3-\gamma}-k_{min}^{3-\gamma}}{k_{max}^{2-\gamma}-k_{min}^{2-\gamma}} \tag{9-12}$$

当 N 较大时(相应地,有 k_{max} 较大),有

$$\kappa=\frac{\langle k^2\rangle}{\langle k\rangle}\left|\frac{2-\gamma}{3-\gamma}\right|\begin{cases}k_{min}, & \gamma>3\\ k_{max}^{3-\gamma}k_{min}^{2-\gamma}, & 2<\gamma<3\\ k_{max}, & 1<\gamma<2\end{cases} \tag{9-13}$$

根据 $f_c=1-\dfrac{1}{\kappa-1}$,则有

$$f_c\approx 1-\frac{C}{N^{\frac{3-\gamma}{\gamma-1}}} \tag{9-14}$$

随机免疫方法是完全随机地选取网络中的一部分节点进行免疫,这一方法可以用作检验其他有针对性地设计免疫的方法。定义免疫节点的密度为 g,从平均场的角度看,随机免疫相当于把传播率从 λ 缩减为 $\lambda(1-g)$。对于均匀网络,随机网络对应的免疫密度临界值 g_c 如下:

$$g_c=1-\frac{\lambda_c}{\lambda} \tag{9-15}$$

对应的稳态感染密度 ρ_g[13]如下:

$$\rho_g=\begin{cases}0, & g>g_c\\ \dfrac{g_c-g}{1-g}, & g\leqslant g_c\end{cases} \tag{9-16}$$

对于无标度网络,随机免疫的免疫密度临界值如下:

$$g_c=1-\frac{\langle k\rangle}{\lambda\langle k^2\rangle} \tag{9-17}$$

当 $\langle \lambda^2\rangle\to\infty$ 时,免疫密度临界值为 g_c。这表明,如果大规模无标度网络采取随机免疫策略,则需要对网络中的几乎所有节点实施免疫。

9.3.2　目标攻击情况

网络有意攻击是指通过有目的地移除网络中的节点来分析网络的稳健性,重点在于推导出网络在有目的移除节点情况下崩溃的临界值。设无尺度网络的度分布为 $p_k=Ck^{-\gamma}$,其中 $k=k_{min},\cdots,k_{max}$,则有

$$\int_{k_{min}}^{k_{max}}p_k\mathrm{d}k=\int_{k_{min}}^{k_{max}}Ck^{-\gamma}\mathrm{d}k=1 \tag{9-18}$$

可解得常数 C 如下:

$$C=\frac{1}{\int_{k_{min}}^{k_{max}}k^{-\gamma}\mathrm{d}k}=\frac{1-\gamma}{k_{max}^{1-\gamma}k_{min}^{1-\gamma}} \tag{9-19}$$

网络的平均度如下:

$$\langle k \rangle = \int_{k_{min}}^{k_{max}} k p_k \, dk$$

$$= \int_{k_{min}}^{k_{max}} C k^{1-\gamma} \, dk$$

$$= \frac{1-\gamma}{k_{max}^{1-\gamma} - k_{min}^{1-\gamma}} \cdot \left[\frac{k^{2-\gamma}}{2-\gamma} \right] \Big|_{k_{min}}^{k_{max}}$$

$$= \frac{1-\gamma}{2-\gamma} \cdot \frac{k_{min}^{2-\gamma} - k_{max}^{2-\gamma}}{k_{min}^{1-\gamma} - k_{max}^{1-\gamma}} \qquad (9-20)$$

不妨假设 $k_{max} \gg k_{min}$，故式(9-20)中可忽略 $k_{max}^{1-\gamma}$ 项，则有

$$\langle k \rangle \approx \frac{1-\gamma}{2-\gamma} \cdot \frac{k_{min}^{2-\gamma}}{k_{min}^{1-\gamma}} = \frac{1-\gamma}{2-\gamma} k_{min} \qquad (9-21)$$

依据节点度对网络节点进行降序排列，移除前 f 比例的节点，导致如下两个结果：
① 网络节点最大度发生改变，由 k_{max} 变为 k'_{max}；
② 网络度分布发生改变，由 p_k 变为 p'_k。
首先考虑①的影响。新的网络节点最大度如下：

$$f = \int_{k'_{max}}^{k_{max}} p_k \, dk$$

$$= \int_{k'_{max}}^{k_{max}} C k^{-\gamma} \, dk$$

$$= \frac{\gamma-1}{k_{min}^{1-\gamma} - k_{max}^{1-\gamma}} \cdot \left[\frac{k^{1-\gamma}}{1-\gamma} \right] \Big|_{k'_{max}}^{k_{max}}$$

$$= \frac{k'^{1-\gamma}_{max} - k_{max}^{1-\gamma}}{k_{min}^{1-\gamma} - k_{max}^{1-\gamma}} \qquad (9-22)$$

不妨假设 $k_{max} \gg k'_{max}$ 与 $k_{max} \gg k_{min}$，故式(9-22)中可忽略 $k_{max}^{1-\gamma}$ 项，则有

$$f = \left(\frac{k'_{max}}{k_{min}} \right)^{1-\gamma} \qquad (9-23)$$

进一步有

$$k'_{max} = k_{min} f^{\frac{1}{1-\gamma}} \qquad (9-24)$$

式(9-24)表示移除网络中 f 比例的中心节点后网络节点的最大度。

然后考虑②的影响。设 $\tilde{f}$ 表示移除网络中 f 比例的中心节点后网络连接的减少比例，则有

$$\tilde{f} = \frac{\int_{k'_{max}}^{k_{max}} k p_k \, dk}{\langle k \rangle}$$

$$= \frac{1}{\langle k \rangle} \cdot c \int_{k'_{max}}^{k_{max}} k^{1-\gamma} \, dk$$

$$= \frac{1}{\langle k \rangle} \cdot \frac{1-\gamma}{2-\gamma} \cdot \frac{k'^{2-\gamma}_{max} - k_{max}^{2-\gamma}}{k_{min}^{1-\gamma} - k_{max}^{1-\gamma}} \qquad (9-25)$$

同样,式(9—25)中忽略 $k_{max}^{1-\gamma}$ 项,并利用 $\langle k \rangle = \frac{1-\gamma}{2-\gamma}k_{min}$,可得

$$\tilde{f} = \left(\frac{k'_{max}}{k_{min}}\right)^{2-\gamma} \tag{9—26}$$

进一步有

$$\tilde{f} = f^{\frac{2-\gamma}{1-\gamma}} \tag{9—27}$$

根据式(9—27),当 $\gamma \to 2$ 时,有 $\tilde{f} \to 1$,表明只需要移除一小部分中心节点就可以移除所有连接,即毁掉整个网络。

一般来讲,对于剩下的网络,有

$$p'_{k'} = \sum_{k=k_{min}}^{k_{max}} p_k \binom{k}{k'} f^{k-k'}(1-f)^{k'} \tag{9—28}$$

具体而言,对于节点度为 k_{min} 到 k'_{max} 的无尺度网络,

$$\kappa = \frac{2-\gamma}{3-\gamma}\frac{k'^{3-\gamma}_{max} - k^{3-\gamma}_{min}}{k'^{2-\gamma}_{max} - k^{2-\gamma}_{min}} \tag{9—29}$$

代入 $k'_{max} = k_{min}f^{\frac{1}{1-\gamma}}$,可得:

$$\kappa = \frac{2-\gamma}{3-\gamma}\frac{k^{3-\gamma}_{min}f^{(3-\gamma)(1-\gamma)} - k^{3-\gamma}_{min}}{k^{2-\gamma}_{min}f^{(2-\gamma)(1-\gamma)} - k^{2-\gamma}_{min}}$$

$$= \frac{2-\gamma}{3-\gamma}k_{min}\frac{f^{(3-\gamma)(1-\gamma)} - 1}{f^{(2-\gamma)(1-\gamma)} - 1} \tag{9—30}$$

通过变换,可得:

$$f_c^{\frac{2-\gamma}{1-\gamma}} = 2 + \frac{2-\gamma}{3-\gamma}k_{min}\left(f_c^{\frac{3-\gamma}{1-\gamma}} - 1\right) \tag{9—31}$$

目标攻击,顾名思义,是一种有目的的攻击,通过有选择地对少量关键节点进行免疫,以获得更好的免疫效果。由于无标度网络是一种度分布非均匀的网络,因此,可以选取度比较大的节点进行免疫,以测试网络及节点的稳健性。如果一些节点被免疫,那就意味着它们所连着的边可以从网络中移除,从而使病毒传播的连接途径大大减少。对 BA 无标度网络而言,目标免疫密度临界值[13]如下:

$$g_c \sim e^{\frac{-2}{m\lambda}} \tag{9—32}$$

式(9—32)表明,即使传播率 λ 在很大范围内取不同的值,也可以得到很小的免疫密度临界值。因此,有选择地对无标度网络进行目标免疫,其临界值要比随机免疫情形小得多。以互联网为例,由于网页的连接等构成了一种无标度网络,因此,即使随机选取的大量节点都被免疫,也无法根除计算机病毒的传播。

9.4 增强网络稳健性的措施

除了对网络模型的研究,学者们还将研究重点放在稳健性增强策略上。[14-17]例如2014年,雷斯(Reis)等人[18]通过观察现实相互依赖网络发现,其稳健性并非理论预测一般脆弱,作者认为当相互依赖关系发生在不同网络的较为重要的节点上,且它们之间的连接适度收敛(Moderately Convergent)时,这样的相互依赖网络不容易解体。2016年,季(Ji)等人[19]提出了一种通过增加连接边提高相互依赖网络稳健性的方法,仿真结果表明了他们策略的有效性。2016年,迪穆罗(Di)等人[20]发现修复部分紧邻网络巨分量的失效节点有助于提高网络稳健性,作者提出了相应的理论模型并利用计算机仿真验证了有效性。2017年,袁(Yuan)等人[21]提出了在网络中加入强化节点以提高网络稳健性的策略,强化节点在失去与巨分量连接后可通过其他手段重建连接,作者发现随着强化节点增多,某些相互依赖网络会由非连续相变转为连续相变,稳健性有所提升。2018年,拉罗卡(La Rocca)等人[22]提出在某些小分量未完全失效前将其连向巨分量的稳健性增强策略,理论和仿真结果都表明了该方法的有效性。相互依赖网络研究的理论成果还被用于指导提高现实网络稳健性,包括金融、航空、生物和社会学等。

课程思政

稳健性作为网络中的重要概念,在复杂网络中占据重要地位。在我国经济建设和社会发展过程中,网络的稳健性至关重要。电力网络、交通网络、航空网络、商贸流通网络等网络结构均需关注网络的稳健性。一个具有良好稳健性的电力网络可以确保人们的用电需求,一个具有良好稳健性的交通网络可以确保人们出行的基本需求。可以看出,稳健性对我国当下人们生活的健康与稳定及我国有序实现中国式现代化具有重要作用。理解和掌握网络稳健性,学会增强网络稳健性的方法对建立稳健的电力网络、交通网络、能源运输网络等具有重要意义。

本章小结

本章对网络的稳健性及最大连通网络进行了相关介绍。首先,本章对稳健性的概念演化及与稳健性紧密相关的概念——最大连通网络进行了相关介绍;然后,从随机攻击和目标攻击方面出发,着重分析了无标度网络的稳健性的计算过程与方法;最后,提出了增强网络稳健性的措施。本章对稳健性的介绍将会使读者对网络稳健性的概念、原理与计算有清晰的认知。

思考题

1. 不同类型网络的稳健性计算方法一样吗？若不一样，请思考不同类型网络的稳健性计算方法。
2. 网络的稳健性对网络具有重要意义，请思考如何增强网络的稳健性。
3. 请思考网络稳健性与网络弹性的区别与联系。

参考文献

[1] Parshani R, Buldyrev S V, Havlin S. Critical effect of dependency groups on the function of networks[J]. Proceedings of the National Academy of Sciences of the United States of America, 2011, 108(3):1007-1010.

[2] Gao J X, Buldyrev S V, Havlin S, Stanley H E. Robustness of a network of networks[J]. Physical Review Letters, 2011, 107(19):195701.

[3] Gao J X, Buldyrev S V, Stanley H E, Havlin S. Networks formed from interdependent networks[J]. Nature Physics, 2012, 8(1):40-48.

[4] Gao J X, Buldyrev S V, Stanley H E, Xu X, Havlin S. Percolation of a general network of networks[J]. Physical Review E, 2013, 88(6):062816.

[5] Azimi-Tafreshi N, Gomez-Gardenes J, Dorogovtsev S N. K-core percolation on multiplex networks[J]. Physical Review E, 2014, 90(3):032816.

[6] Karrer B, Newman M E, Zdeborova L. Percolation on sparse networks[J]. Physical Review Letters, 2014, 113(20):208702.

[7] Shao S, Huang X Q, Stanley H E, Havlin S. Percolation of localized attack on complex networks[J]. New Journal of Physics, 2015, 17(2):23049.

[8] Panduranga N K, Gao J X, Yuan X, Stanley H E, Havlin S. Generalized model for k-core percolation and interdependent networks[J]. Physical Review E, 2017, 96(4):049903.

[9] 韩伟涛, 伊鹏. 相依网络的条件依赖群逾渗[J]. 物理学报, 2019, 68(7):078902.

[10] Albert R, Jeong H, Barabasi A. Error and attack tolerance of complex networks[J]. Nature, 2000, 406(6794):378-383.

[11] Buldyrev S V, Parshani R, Paul G, et al. Catastrophic cascade of failures in interdependent networks[J]. Nature, 2010, 464(7291):1025-1028.

[12] Lordan O, Albareda-Sambola M. Exact calculation of network robustness[J]. Reliability Engineering & System Safety, 2019(183):276-280.

[13] Chen G, Duan Z. Network synchronizability analysis: A graph-theoretic approach [J]. Chaos: An Interdisciplinary Journal of Nonlinear Science, 2008, 18(3): 037102.

[14] 徐凤, 朱金福, 苗建军. 基于复杂网络的空铁复合网络的稳健性研究[J]. 复杂系统与复杂性科学, 2015, 12(1): 40—45.

[15] 谢逢洁, 崔文田. 加权快递网络稳健性分析及优化[J]. 系统工程理论与实践, 2016, 36(9): 2391—2399.

[16] 李成兵, 魏磊, 卢天伟, 高巍. 城市群交通网络抗毁性仿真研究[J]. 系统仿真学报, 2018, 30(2): 489—496.

[17] 赵娜, 柴焰明, 尹春林, 杨政, 王剑, 苏适. 基于最大连通子图相对效能的相依网络稳健性分析[J]. 电子科技大学学报, 2021, 50(4): 627—633.

[18] Reis S D S, Hu Y, Babino A, et al. Avoiding catastrophic failure in correlated networks of networks[J]. Nature Physics, 2014, 10(10): 762—767.

[19] Ji X, Wang B, Liu D, et al. Improving interdependent networks robustness by adding connectivity links[J]. Physica A: Statistical Mechanics and its Applications, 2016 (444): 9—19.

[20] Di Muro M A, La Rocca C E, Stanley H E, et al. Recovery of interdependent networks[J]. Scientific reports, 2016, 6(1): 1—11.

[21] Yuan X, Hu Y, Stanley H E, et al. Eradicating catastrophic collapse in interdependent networks via reinforced nodes[J]. Proceedings of the National Academy of Sciences, 2017, 114(13): 3311—3315.

[22] La Rocca C E, Stanley H E, Braunstein L A. Strategy for stopping failure cascades in interdependent networks[J]. Physica A: Statistical Mechanics and its Applications, 2018 (508): 577—583.

第十章
网络信息传播分析

💡 **全章提要**

- 10.1 信息传播基础模型
- 10.2 网络信息传播与网络结构的关系

课程思政

本章小结

思考题

参考文献

网络信息传播是指借助计算机网络的人类信息传播活动。在网络传播中的信息,以数字形式存储在光、磁等存储介质上,通过计算机网络高速传播,并通过计算机或类似设备阅读使用。网络信息传播以计算机通信网络为基础进行信息传递、交流和利用,从而达到其传播社会文化的目的。本章主要从传播基础模型和信息传播与网络结构的关系两个方面予以介绍。

10.1 信息传播基础模型

10.1.1 基础的传播行为模式

信息传播与人类生存史上其他行为的传播具有相通的传播机理,具体来说,已有的传播模型分为以下几种:

(1) 社会网络中的疾病传播

回顾人类历史长河,每一次传染病(疟疾、天花、麻疹、鼠疫、伤寒等)的大流行都与人类文明进程密切相关。在过去的几十年间,人类社会日益网络化的同时,现代公共卫生体系不断完善;但这种网络化进程也使得人员和物资的流动日益频繁和便捷,从而极大地加快了传染病的扩散。

(2) 通信网络中的病毒传播

与生物性病毒相比,计算机病毒借助互联网更轻易地跨越了国界而侵入世界上每个角落。尽管绝大部分电脑安装了反病毒软件,但是各种各样的病毒仍会不时地使少则几万台多则数百万台电脑"中招"。近年来,病毒开始借助移动通信网络在手机等移动通信设备中传播。[1-2]

(3) 社会网络中的信息传播

社会网络中不仅有疾病的传播,而且有时尚、观点和流言等信息的传播。特别地,近年来各种在线社交网络迅速兴起和壮大,如在线社交网络人人网等、在线聊天工具 QQ 等、微博网站新浪微博等、各种在线论坛和社区等。这些在线社交网络中的信息传播行为既有一些共性的特征,也呈现各自不同的特点。例如,微博极强的实时性特征使得微博上信息的传播速度异常快。[3]

(4) 电力网络中的相继故障

在电力网络中,断路器故障、输电线路故障和电站发电单元故障常常导致大范围停电事故,也被称为大规模相继故障(Cascading Failure)。[4]这类故障一旦发生,往往具有极强的破坏力和影响力。例如,2003 年 8 月,美国俄亥俄州克利夫兰市的 3 条超高压输电线路相继过载烧断,引起北美大停电事故,使得数千万人一时陷入黑暗,经济损失估计高达数百亿美元。电力网络故障很有可能传播到通信网络等,并反过来进一步引起更大规模的电力网络故障。[5]生物网络中的相继故障也是近年来受到关注的一个课题。[9]

(5) 经济网络中的危机扩散

随着全球化进程的不断加快,各国之间的联系愈发紧密,其负面效应之一就是局部的动荡有可能以更快的速度蔓延。1997年泰国汇率制度的变动在极短时间内引发了遍及东南亚的金融风暴,并在几个月的时间内演变为亚洲金融危机。2007年年初开始爆发的美国"次贷"危机最终演变为全球金融危机。因此,如何预防局部动荡在经济和金融网络中的扩散显然是一个极为关键的问题。[6—10]

10.1.2 经典的传播模型

本节将重点介绍基于传染病模型的传播模型:一方面,传染病模型是目前研究使用得相对较多的分析方法;另一方面,传染病模型在一定程度上可推广用于分析社会、通信和经济等网络上的传播行为。

在典型的传染病模型中,种群(Population)内 N 个个体的状态可分为如下几类:

一是易染状态(Susceptible,S)。一个个体在感染前是处于易染状态的,即该个体有可能被邻居个体感染。

二是感染状态(Infected,I)。一个感染上某种病毒的个体就被称为处于感染状态,该个体会以一定的概率感染其邻居个体。

三是移除状态(Removed、Refractory 或 Recovered,R),也称"免疫状态"或"恢复状态"。一个个体经历过一个完整的感染周期后,该个体就不再被感染,因此可以不再考虑该个体。

在初始时刻,通常假设网络中一个或者少数几个个体处于感染状态,其余个体处于易染状态。为简化起见,本章假设病毒的时间尺度远小于个体生命周期,从而不考虑个体的出生和自然死亡。经典模型的一个基本假设:一个个体在单位时间里与网络中任一其他个体接触的机会都是均等的。基于上述假设,下面介绍几种经典的传染病模型。

(1) SI 模型

先考虑最简单的情形,假设一个个体一旦被感染就永远处于感染状态。记 $S(t)$ 和 $I(t)$ 分别为时刻 t 的易染人群数和感染人群数,显然有 $S(t)+I(t)=N$。严格地说,这两个数都应该是期望值,因为即使给定两组完全相同的条件,由于随机性的存在,两组实验在任一时刻的感染人群数也不一定恰好相等。

假设一个易染个体在单位时间里与感染个体接触并被传染的概率为 β。由于易染个体的比例为 S/N,时刻 t 网络中总共有 $I(t)$ 个感染个体,因此易染个体的数目按照如下变化率减小:

$$\frac{dS}{dt}=-\beta\frac{SI}{N} \quad (10-1)$$

相应地,感染个体的数目按照如下变化率增加:

$$\frac{dI}{dt}=\beta\frac{SI}{N} \quad (10-2)$$

式(10-1)和式(10-2)即完全混合假设下的 SI 模型的数学描述。记时刻 t 网络中易染人数的比例和感染人数的比例分别为 $s(t)=\dfrac{S(t)}{N}$、$i(t)=\dfrac{I(t)}{N}$,则有 $s(t)+i(t)\equiv1$,并且

$$\frac{ds}{dt}=-\beta si \tag{10-3}$$

$$\frac{di}{dt}=\beta si \tag{10-4}$$

$$\frac{di}{dt}=\beta i(1-i) \tag{10-5}$$

式(10-3)至式(10-5)称为 Logistic 增长方程(Logistic Growth Equation),其解如下:

$$i(t)=\frac{i_0 e^{\beta t}}{1-i_0+i_0 e^{\beta t}},\ i_0=i(0) \tag{10-6}$$

初始阶段,绝大部分个体为易染个体,任何一个感染个体都很容易遇到易染个体并把病毒传染给后者,因此感染个体的数量随时间指数增长;但是,随着易染个体数量的减少,感染个体数量的增长也呈现饱和效应。图 10-1 显示的是 $\beta=0.75$、$i_0=0.05$ 的情形下感染个体的 S 形增长曲线。

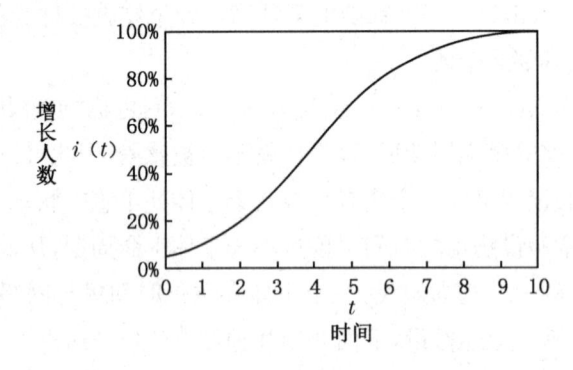

图 10-1 SI 模型的感染人数增长曲线

在现实世界中,感染个体一般不可能永远处于感染状态并永远传染给别人。接下来介绍两种更为常见的模型——SIR 模型和 SIS 模型。

(2)SIR 模型

SIR 模型的第一阶段与 SI 模型一样,即假设一个感染个体在单位时间里会随机地感染 $\dfrac{\beta S}{N}$ 个易染个体。但是,在 SIR 模型的第二阶段,假设每一个感染个体以定常速率 γ 变为移除状态,即该个体恢复为具有免疫性的个体或者死亡,不可能再被感染和传染别的个体。于是,在任一时间区间 ΔT 内,一个感染个体变为移除状态的概率为 $\gamma\Delta T$。记 $s(t)$、$i(t)$ 和 $r(t)$ 分别为时刻 t 的易染人群、感染人群和移除人群占整个人群的比例,则有 $s(t)+i(t)+r(t)\equiv1$。SIR 模型的微分方程描述如下:

$$\frac{ds}{dt}=-\beta si \quad (10-7)$$

$$\frac{di}{dt}=\beta si-\gamma i \quad (10-8)$$

$$\frac{dr}{dt}=\gamma i \quad (10-9)$$

由式(10—7)和式(10—9),可得 $\frac{1}{s}\frac{ds}{dt}=-\frac{\beta}{\gamma}\frac{dr}{dt}$,两边积分,得到

$$s=s_0 e^{-\frac{\beta r}{\gamma}} \quad (10-10)$$

$$s_0=s(0) \quad (10-11)$$

把 $i=1-s-r$ 代入式(10—7)至式(10—9)并利用式(10—10)和式(10—11),可得

$$\frac{dr}{dt}=\gamma(1-r-s_0 e^{-\beta r/\gamma}) \quad (10-12)$$

式(10—12)的解可用如下积分表示:

$$t=\frac{1}{\gamma}\int_0^r \frac{1}{1-x-s_0 e^{-\beta x/\gamma}}dx \quad (10-13)$$

虽然这一积分并不存在显示解,但是可以借助数值计算揭示 SIR 模型的解的演化特征。事实上,对于一组给定的参数值,我们可以通过令 $\frac{dr}{dt}=0$ 得到移除人数的稳态值如下:

$$r=1-s_0 e^{-\beta r/\gamma} \quad (10-14)$$

对于大规模网络,通常假设在初始时刻只有一个或者少数几个个体感染且没有移除人群,从而有 $s_0\approx 1, i_0\approx 0, r_0=0$,记 $\lambda=\beta/\gamma$,于是有

$$r=1-e^{-\lambda r} \quad (10-15)$$

$\lambda=1$ 是 SIR 模型的传播临界值:$\lambda<1$,那么 $r=0$,意味着病毒无法传播;$\lambda>1$,那么 $r>0$,并且随着 λ 值的增大,r 值也增大,意味着病毒在网络中扩散的范围增大。参数 λ 的一个直观解释:它表示一个感染个体在恢复之前平均能够感染的其他易染个体的数目,因此也常称之为"基本再生数"(Basic Reproduction Number),用 R_0 表示。

(3)SIS 模型

SIS 模型与 SIR 模型的区别在于感染个体恢复后的状态。在 SIR 模型中,一个感染个体恢复后处于移除状态;而在 SIS 模型中,每一个感染个体以定常速率 γ 再变为易染个体。记 $s(t)$ 和 $i(t)$ 分别为时刻 t 的易染人群和感染人群占整个人群的比例,则有 $s(t)+i(t)\equiv 1$。SIS 模型的微分方程描述如下:

$$\frac{ds}{dt}=\gamma i-\beta si \quad (10-16)$$

$$\frac{di}{dt}=\beta si-\gamma i \quad (10-17)$$

从而有

$$\frac{\mathrm{d}i}{\mathrm{d}t}=-\gamma i+\beta i(1-i) \qquad (10-18)$$

对于大规模网络,假设初始时刻只有单个感染个体,那么,可以推得

$$i(t)=\frac{i_0(\beta-\gamma)e^{(\beta-\gamma)t}}{\beta-\gamma+\beta i_0 e^{(\beta-\gamma)t}} \qquad (10-19)$$

如果 $\lambda \triangleq \frac{\beta}{\gamma} > 1$,那么式(10-19)对应 Logistic 增长曲线,其稳态值 $i=\frac{\beta-\gamma}{\beta}=1-\frac{1}{\lambda}$。这一稳态值在传染病学中也被称为"流行病状态"(Endemic Diseasestate)。$\lambda<1$,那么 $i(t)$ 指数下降趋于 0,意味着病毒不能扩散。因此,$\lambda=1$ 是 SIS 模型的传播临界值,并且也是 SIS 模型的基本再生数。以上介绍的经典的 SIR 模型和 SIS 模型所基于的完全混合假设意味着一个感染节点把病毒传染给任意一个易染节点的机会是均等的。但是在现实世界中,一个个体通常只能和网络中的很少一些节点是直接邻居。也就是说,一个感染个体通常只可能把病毒直接传染给那些与之直接接触的部分节点。因此,研究网络结构对传播行为的影响自然就成为一个重要课题。以上仅分析 SIS 模型,对 SIR 模型也可做类似分析。[10]

(4)Bass 模型

Bass 模型的核心思想是创新采用者的采用决策独立于社会系统中的其他成员;除了创新采用者外,采用者采用新产品的时间会受到社会系统压力的影响,并且这种压力随着较早采用人数的增加而增加。Bass 模型将这部分潜在采用者称为模仿者。他们的采用决策(时间)受社会系统成员的影响。[11]

Bass 模型的假设条件:①市场潜力随时间的推移保持不变;②一种创新的扩散独立于其他创新;③产品性能随时间推移保持不变;④社会系统的地域界限不随扩散过程而改变;⑤扩散只有两阶段过程——不采用和采用;⑥一种创新的扩散不受市场营销策略的影响;⑦不存在供给约束;⑧采用者是无差异的、同质的。

应用 Bass 模型预测的流程[11]:

①数据序列:数据序列是应用 Bass 模型的基础。Bass 模型对数据序列有严格的要求。首先,用于 Bass 模型的数据序列是时间数据序列,要求所提供的数据是按照时间顺序的统计数据。其次,要求的统计数据是不包括重复购买的数据,即只计算采用者首次购买产品的数量。这是 Bass 模型的假设条件之一。在这样的假设条件限制下,很多数据序列即使是时间数据序列,也不能满足 Bass 模型的要求。例如,对手机销售量的时间序列就不能采用 Bass 模型,因为手机的销售量包括了很多采用者重复购买手机的量,所以不能用手机的销售量来代替采用者的数量。但是,手机用户数的统计量时间序列就可以采用 Bass 模型,以此来预测手机用户的发展规模,因为同时申请两个或两个以上账号的用户非常少。

②模型数据:用于 Bass 模型的数据,要从已知的时间数据序列中,根据实际情况进行选择。Bass 模型数据对数据序列有很高的要求,包括对数据序列的数据点个数的要求、对数据起始点的要求、对数据的时间间隔的要求等。数据点的个数是否充足,直接决定着模型的拟合效果。Bass 模型对数据序列的起点也有要求,因为对于很多数据序列,起始点的值与后续

数据点的值相差很大。

③类似产品的经验参数：Bass模型共有三个参数，即m（最大市场潜力）、p（创新系数）、q（模仿系数）。Bass模型中的参数p和q有合理取值范围，即$o<p<l,o<q<l$，并且$p<q$，创新系数要小于模仿系数。每个参数都有实际意义，这也是Bass模型能够成为基本扩散模型的原因，它能以较简单的模型结构反映产品与其扩散环境之间的关系，并借助这些参数的经济意义，指导产品的营销。但是对某些产品，时间序列的数据量不充足，或产品尚处于成长期，不可能得到足够的数据，对于这样的产品时间序列，使用Bass模型进行预测出现了困难，而预测这个时期的产品发展趋势非常重要，因为当产品的发展已经相当成熟时，对它进行预测远没有在成长期预测有市场价值。对于这种情况，采用Bass模型预测产品扩散趋势，三个参数的值就要参考同类产品的经验值。

④确定模型的参数范围：估计Bass模型的参数时，要建立软件平台或利用一些计算工具。借用这些方法或工具时，往往要求对待估参数确定一个参数范围。这个范围的确定，一是根据Bass模型本身对参数范围的界定，二是根据同类产品的经验参数来确定要估计的参数的大概范围，以保证被估计的Bass模型参数值在合理的范围内。

⑤选择参数的估计方法：模型的参数估计方法是影响模型预测结果的一个重要因素，因此在采用Bass模型进行参数估计时，选择什么方法进行参数估计是一个重要的环节。最早用于Bass模型的参数估计方法是普通最小二乘法，后来学者们运用了许多方法对Bass扩散模型的参数进行估计，并与普通最小二乘法进行比较，取得了一些成果。如果将使用的参数方法进行分类，就可以根据可利用数据量的多少，将估计方法分为数据充足条件下的参数估算和数据不充足条件下的参数估算，也可以根据参数是否随时间变化，将估计方法分为时间不变的估计方法和时间变化的估计方法。

⑥选择计算方法与工具：如果对Bass模型采用普通最小二乘法，则要对S形曲线模型进行变换，使其线性化来估算模型的参数。这种方法不如直接采用曲线拟合方法精确。现在对Bass模型的参数估计一般采用曲线拟合法。曲线拟合方法不需要对模型进行线性变换，而是直接使用原始数据，经过多次搜索，找到使误差平方和达到最小的参数，因此曲线拟合的误差非常小。

(5)线性阈值模型

以社交网络场景为例，一个社交网络通常被描述为一个有向图$G=(V,E)$，其中，V是节点的集合，$E\in V\times V$是有向边的集合。[12]每一个节点$v\in V$代表社交网络中的一个人，每一条边$(u,v)\in E$代表节点u到节点v的影响力关系。边是有向的，$(u,v)\in E$表明节点u对节点v有影响力，反之则不一定。对于$(u,v)\in E$，它叫作节点u的出边、节点v的入边，节点u叫作节点v的入邻居，节点v叫作节点u的出邻居。一个节点v的所有出邻居用$N+(v)$表示，所有入邻居用$N-(v)$表示。

通常情况下，每个节点有两种状态——不活跃和活跃。不活跃表示该节点未收到对应实体，活跃表示该节点已收到对应实体。节点从不活跃状态转变为活跃状态称为"被激活"。

线性阈值模型中,每条有向边$(u,v) \in E$上都有一个权重值$w(u,v) \in [0,1]$。$w(u,v)$反映节点u在节点v的所有入邻居中的影响力重要性占比,要求$\sum u \in N^-(v) w(u,v) \leq 1$。每个节点都有一个被影响的阈值$\theta \in [0,1]$。线性阈值模型下的动态传播过程在离散时间点的形式如下:

在$t=0$时刻,事先选好的初始集合S_0(种子节点结合)首先被激活,其他节点都为不活跃状态;

在$t \geq 1$时刻,每个不活跃的节点$v \in V \backslash S_{t-1}$都需要根据它所有已经激活的入邻居到它的线性加权和是否达到它的被影响值来判断是否被激活。如果满足,则节点v被激活,否则仍保持未激活状态。

当在某一时刻不再有新节点被激活时,传播过程结束。线性阈值模型中,节点v的阈值θ表达了节点对一个新的实体的接受倾向:阈值越高,节点v越不容易被影响;反之,阈值越低,节点v越容易被影响。节点v的入邻居对节点带的影响是联合发生的,可能任何一个入邻居都不能单独激活节点v,但几个入邻居联合起来就可能使对节点v的影响力权重超过节点v的阈值,从而激活节点v,这对应了人类的从众行为,也是与独立级联模型的主要不同之处。线性阈值模型的随机性完全是由节点的被影响阈值决定,一旦阈值确定,后面的传播过程就是完全确定的。这是线性阈值模型不如独立级联模型应用广泛的一个原因。

(6)独立级联模型

在上述线性阈值模型的基础上,独立级联模型指的是每一条边(u,v)都有一个对应的概率$p(u,v) \in [0,1]$——表示节点v能被节点u独立激活的概率。[13]独立级联模型下的动态传播过程在离散时间点的形式如下:

在$t=0$时刻,事先选好的初始集合首先被激活,其他节点都为不活跃状态;

在$t \geq 1$时刻,任一在上一时刻被激活的节点都会对它的所有尚未被激活的邻居尝试一次激活。如果尝试激活成功,则被激活的节点变为激活状态;否则,被激活的节点仍是未激活状态。

当在某一时刻不再有新节点被激活时,传播过程结束(每一个节点只有一次尝试激活其出邻居节点的机会,且发生在该节点被激活的下一时刻)。

在影响力传播中,把传播结束后被激活节点个数的期望值作为最终的影响力延展度的度量指标。独立级联模型抽象概括了社交网络中人与人之间独立交互影响的行为。它通过边上的概率来描述人与人之间产生影响的可能性和强度。很多简单实体(如新消息在在线网络的传播或新病毒在人与人之间的传播)很符合独立传播的特性。独立级联模型也在基于实际数据的影响力学习中被初步验证是有效的。所以独立级联模型是目前研究最广泛、最深入的模型。

10.2 网络信息传播与网络结构的关系

近年来,随着网络科学的兴起,人们开始关注网络结构对传播行为的影响。[14]值得指出的是,针对不同类型网络的特点建立相应的传播模型是非常重要的,本节将对不同网络结构下的传播行为进行详细介绍。

10.2.1 均匀网络的传播临界值

假定一个易染节点的邻居节点中至少有一个感染节点,该节点被感染的概率假设为常数 β,而一个感染节点恢复到易染节点的概率假设为常数 γ。定义有效传播率 λ 如下:

$$\lambda = \frac{\beta}{\gamma} \tag{10-20}$$

不失一般性,可假设 $\gamma=1$,因为这只影响疾病传播的时间尺度。

现在我们把时刻 t 感染个体的密度改用记号 $\rho(t)$ 来表示。当时刻 t 趋于无穷大时,感染个体的稳态密度记为 ρ。均匀网络(如 ER 随机图和瓦茨-斯特罗加茨小世界网络)的度分布在网络平均度 $\langle k \rangle$ 处有个尖峰,当 $k \ll \langle k \rangle$ 和 $k \gg \langle k \rangle$ 时,指数下降,因而我们假设均匀网络中每个节点的度 k_i 都近似等于 $\langle k \rangle$。基于平均场理论,当网络规模趋于无穷大时,通过忽略不同节点之间的度相关性,可以得到如下反应方程[14]:

$$\frac{\partial \rho(t)}{\partial t} = -\rho(t) + \lambda \langle k \rangle \rho(t)[1-\rho(t)] \tag{10-21}$$

式(10-21)的物理意义:等号右边第一项考虑的是被感染个体以单位速率恢复为易染个体;等号右边第二项表示单个感染个体产生的新感染个体的平均密度,它与传播率 λ、节点的度(这里理想化地假设等于网络的平均度 $\langle k \rangle$,因为网络是均匀的)以及与健康的易染节点相连的概率 $[1-\rho(t)]$ 成比例。式(10-21)与完全混合假设下的 SIS 模型的式(10-18)的唯一区别就在于右端的第二项多了一个因子 $\langle k \rangle$(由于设定 $\gamma=1$,因此 $\lambda=\beta$)。由于关心的是 $\rho(t) \ll 1$ 时的传染情况,因此在式(10-21)中忽略了其他的高阶校正项。

令式(10-21)的右端等于 0,可以求得感染个体的稳态密度 ρ 如下:

$$\rho = \begin{cases} 0, & \lambda < \lambda_c \\ \dfrac{\lambda - \lambda_c}{\lambda}, & \lambda \geq \lambda_c \end{cases} \tag{10-22}$$

其中,传播临界值如下:

$$\lambda_c = \frac{1}{\langle k \rangle} \tag{10-23}$$

这说明,类似于经典的完全混合假设,在均匀网络中存在一个有限的正的传播临界值 λ_c。如果传播率 $\lambda < \lambda_c$,则感染个体数呈指数衰减,无法扩散;如果传播率 $\lambda > \lambda_c$,则感染个体能够将病毒传播并使整个网络的感染个体总数最终稳定于某一传播临界值状态。

10.2.2 非均匀网络的传播临界值

(1) 无限规模网络的平均场分析

在均匀网络中,我们假设每个节点的度都近似等于网络平均$\langle k \rangle$。现在考虑节点度具有明显区别的非均匀网络,此时需要对不同度值的节点做不同的处理。定义相对密度$\rho_k(t)$是度为k的节点被感染的概率。与SIS模型对应的平均场方程如下:

$$\frac{\partial \rho_k(t)}{\partial t} = -\rho_i(t) + \lambda k [1-\rho_k(t)]\Theta[\rho_k(t)] \quad (10-24)$$

这里同样考虑单位恢复速率并且忽略高阶项$[\rho_k(t) \ll 1]$。等号右边第一项考虑的仍然是被感染个体以单位速率恢复为易染个体;等号右边第二项考虑到一个度为k的节点是健康的易染节点的概率为$1-\rho_k(t)$,而一个健康节点被一个与之相连的感染节点传染的概率与传播率λ、节点度值k以及度为k的节点的感染邻居的密度(其通过任意一条边与一个被感染节点相连的概率)$\Theta[\rho_k(t)]$成正比。记$\rho_k(t)$的稳态值为ρ_k。令式(10-24)右端为0,可得

$$\rho_k = \frac{k\lambda\Theta_k}{1+k\lambda\Theta_k} \quad (10-25)$$

这表明节点的度越高,被感染的概率就越大。在计算Θ时须考虑网络的非均匀性,对于度不相关网络,由于任意一条给定的边连接到度为s的节点的概率为$P(s|k)=\frac{sP(s)}{\langle k \rangle}$,因此可以求得

$$\Theta = \sum_s P(s|k)\rho_s = \frac{1}{\langle k \rangle}\sum_s sP(s)\rho_s \quad (10-26)$$

由式(10-25)和式(10-26)可以得到

$$\Theta = \frac{1}{\langle k \rangle}\sum_s sP(s)\frac{\lambda s\Theta}{1+\lambda s\Theta} \quad (10-27)$$

有一个平凡解$\Theta=0$。传播临界值λ_c必须满足的条件:当$\lambda > \lambda_c$时,可以得到Θ的一个非零解。这意味着需要满足如下条件:

$$\frac{d}{d\Theta}\left[\frac{1}{\langle k \rangle}\sum_s sP(s)\frac{\lambda s\Theta}{1+\lambda s\Theta}\right]\Big|_{\Theta=0} \geq 1 \quad (10-28)$$

即

$$\sum_s \frac{sP(s)\lambda s}{\langle k \rangle} = \frac{\langle k^2 \rangle}{\langle k \rangle}\lambda \geq 1 \quad (10-29)$$

从而得到非均匀网络的传播临界值λ_c如下:

$$\lambda_c = \frac{\langle k \rangle}{\langle k^2 \rangle} \quad (10-30)$$

对于幂指数为$2<\gamma\leq3$的具有释律度分布的无标度网络,当网络规模$N\to\infty$时,$\langle k^2 \rangle \to \infty$,从而$\lambda_c \to 0$,即传播临界值趋于0,而不是均匀网络所对应的一个有限正数。

图 10-2 比较了瓦茨-斯特罗加茨小世界网络和 BA 无标度网络上的 SIS 模型之间的 ρ 与 λ 的对应关系。BA 无标度网络的传播率 λ（图中实线）连续而平滑地过渡到 0，这表明在规模趋于无穷大的 BA 无标度网络中，只要传播率大于 0，病毒就能传播并最终维持在一个平衡状态。当然，我们也可以看到，当 λ 较小时，BA 无标度网络所对应的 ρ 值（传播范围）是很小的。

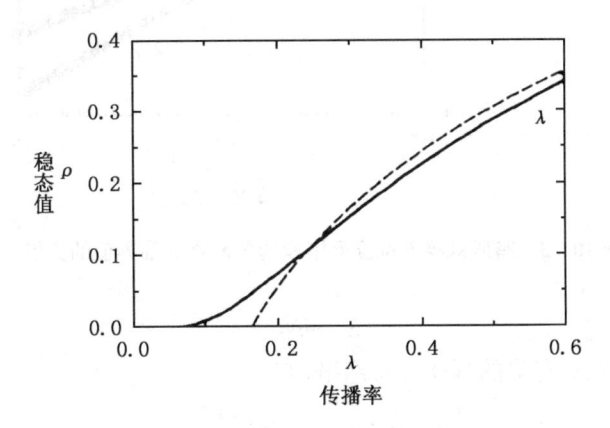

图 10-2 瓦茨-斯特罗加茨小世界网络和 BA 无标度网络上 SIS 模型的 ρ 与 λ 的对应关系

（2）有限规模网络分析

有限规模的无标度网络，其节点的最大度也是有限的，记为 k_c，它的大小与节点总数 N 有关。显然，k_c 限定了度值的波动范围，从而 $\langle k^2 \rangle$ 也是有界的。对于具有指数有界度分布 $P(k) \sim k^{-\tau} \exp\left(-\dfrac{k}{k_c}\right)$ 的网络，SIS 模型对应的非零临界值 $\lambda_c(k_c)$[15] 如下：

$$\lambda_c(k_c) \sim \left(\frac{k_c}{m}\right)^{\tau-3} \tag{10-31}$$

式中，m 为网络中的最小连接边数。图 10-3 把具有相同平均度的有限规模无标度网络的临界值与相应的均匀网络的临界值做了比较。可以看出，对于 $\tau=2.5$ 的情况，即使取相对较小的 k_c，有限规模无标度网络中的临界值也约为均匀网络中的 1/10。这说明，有限规模无标度网络的临界值比均匀网络的临界值小得多。

（3）淬火网络分析

在上述平均场理论分析中，假设给定网络是度不相关的，并且实际上是用平均邻接矩阵代替给定网络的邻接矩阵，即两个节点之间的连边的权值改用概率 $p_{ij}=\dfrac{k_i k_j}{2M}$ 来表示，这里 k_i 和 k_j 分别为给定网络中节点 i 和节点 j 的度。如果我们直接研究一个具有给定的邻接矩阵的网络（称为"淬火网络"，Quenched Network）上的 SIS 模型，就会发现临界值趋于 0 与网络的无标度性质无关，而是由当网络规模趋于无穷时最大度值发散造成的。[16] 以下简单介绍这一结果推导的基本思路。对于任意给定网络上的 SIS 模型，传播临界值等于网络邻接矩阵的最大特征值（记为 Λ_N）的倒数，即

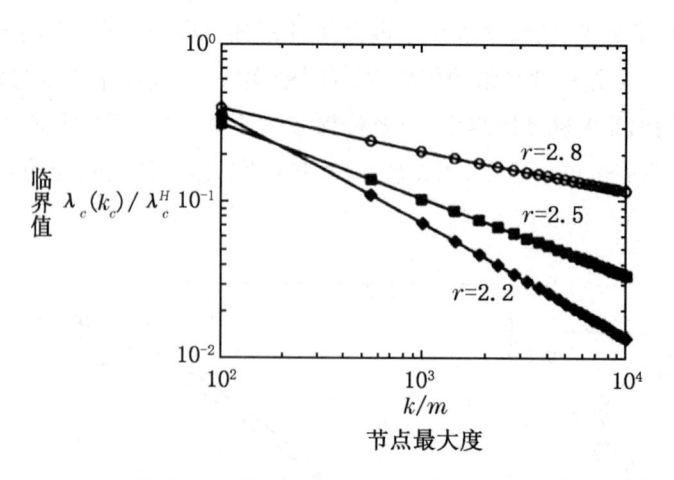

图 10-3 有限规模无标度网络和均匀网络的临界值的比值[15]

$$\lambda_c = \Lambda_N^{-1} \qquad (10-32)$$

对于一类节点数 N 有限的幂律分布网络，有

$$\Lambda_N = \begin{cases} c_1 \sqrt{k_c}, & \sqrt{k_c} > \frac{\langle k^2 \rangle}{\langle k \rangle}(\ln N)^2 \\ c_2 \frac{\langle k^2 \rangle}{\langle k \rangle}, & \frac{\langle k^2 \rangle}{\langle k \rangle} > \sqrt{k_c \ln N} \end{cases} \qquad (10-33)$$

其中，k_c 为节点度的最大值，c_1 和 c_2 是与网络规模无关的一阶常数。对于度不相关的幂律网络，有

$$k_c \sim \begin{cases} N^{\frac{1}{2}}, & \gamma \leqslant 3 \\ N^{\frac{1}{\gamma-1}}, & \gamma > 3 \end{cases} \qquad (10-34)$$

如果 $\gamma > 3$，$\frac{\langle k^2 \rangle}{\langle k \rangle}$ 就是有限的，从而 Λ_N 由 k_c 确定；如果 $\frac{5}{2} < \gamma < 3$，那么 $\frac{\langle k^2 \rangle}{\langle k \rangle} \approx k_c^{3-\gamma} \ll \sqrt{k_c}$，从而 Λ_N 也是由 k_c 确定。只有当 $2 < \gamma < \frac{5}{2}$ 时，Λ_N 由 $\frac{\langle k^2 \rangle}{\langle k \rangle}$ 确定。因此，当网络规模充分大时，有

$$\lambda_c = \begin{cases} \frac{1}{\sqrt{k_c}}, & \gamma > \frac{5}{2} \\ \frac{\langle k \rangle}{\langle k^2 \rangle}, & 2 < \gamma < \frac{5}{2} \end{cases} \qquad (10-35)$$

由于对任意给定的幂指数 γ，k_c 都是网络规模 N 的增长函数，因此得到如下结论：对于任意一个具有幂律分布的不相关淬火网络，当网络规模趋于无穷时，SIS 模型的传播临界值趋于 0。注意到，这里并没有要求 $\gamma \leqslant 3$，因而这一结论是与网络的非均匀程度无关的。

10.2.3 复杂网络的免疫策略

选择合适的免疫策略对于传染病的预防和控制显然是极为重要的。下面介绍复杂网络

中存在的三种免疫策略：①随机免疫（Random Immunization），也称均匀免疫（Uniform Immunization）；②目标免疫（Targeted Immunization），也称选择免疫（Selected Immunization）；③熟人免疫（Acquaintance Immunization）。

(1) 随机免疫

随机免疫方法是完全随机地选取网络中的一部分节点进行免疫，它可以用作检验其他有针对性设计的免疫方法的效果的基准。定义免疫节点密度为 g。从平均场的角度看，随机免疫相当于把传播率从 λ 缩减为 $\lambda(1-g)$。对于均匀网络，随机免疫对应的免疫密度临界值 g_c[17]如下：

$$g_c = 1 - \frac{\lambda_c}{\lambda} \tag{10-36}$$

对应的稳态感染密度 ρ_g 如下：

$$\begin{cases} \rho_g = 0, & g > g_c \\ \rho_g = \frac{g_c - g}{1 - g}, & g \leqslant g_c \end{cases} \tag{10-37}$$

对于无标度网络，随机免疫的免疫密度临界值 g_c 如下：

$$g_c = 1 - \frac{\langle k \rangle}{\lambda \langle k^2 \rangle} \tag{10-38}$$

当 $\langle k^2 \rangle \to \infty$ 时，免疫密度临界值 g_c 趋于 1。这表明，对于大规模无标度网络采取随机免疫策略，需要对网络中几乎所有节点都实施免疫才能保证最终消灭病毒的传染。

(2) 目标免疫

目标免疫就是希望通过有选择地对少量关键节点进行免疫以获得尽可能好的免疫效果。例如，根据无标度网络的度分布的非均匀特性，可以选取度大的部分节点进行免疫。而一旦这些节点被免疫，就意味着它们所连的边可以从网络中去除，从而使病毒传播的可能连接途径大大减少。对于 BA 无标度网络，目标免疫对应的免疫密度临界值[17]如下：

$$g_c \sim e^{-\frac{1}{m\lambda}} \tag{10-39}$$

式(10-39)表明，即使传播率在很大范围内取不同的值，也可以得到很小的免疫密度临界值。因此，有选择地对无标度网络进行目标免疫，其临界值要比随机免疫情形下小得多。

图 10-4 是 SIS 模型在 BA 无标度网络上的数值仿真结果，其中，横坐标为免疫密度 g，纵坐标为 $\frac{\rho_g}{\rho_0}$，ρ_0 为网络未加免疫时的稳态感染密度，ρ_g 为对网络中比例为 g 的节点进行免疫后的稳态感染密度。可以看出，随机免疫和目标免疫存在明显的临界值差别。在随机免疫情形下，随着免疫密度 g 增大，最终被感染程度下降缓慢，在 $g=1$ 的时候才能使得被感染数为 0；在目标免疫的情况下，$g_c \approx 0.16$ 意味着只要对少量度很大的节点进行免疫，就有可能消除无标度网络中的病毒扩散。

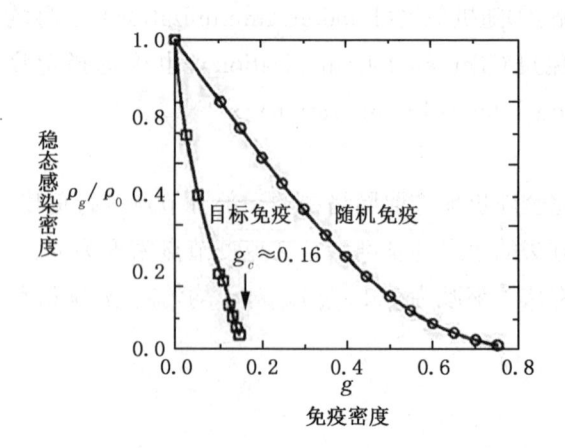

图 10-4 对 BA 无标度网络采取随机免疫和目标免疫的对比[17]

以互联网为例,用户会不断安装、更新一些反病毒软件,但计算机病毒的生命期相当长,这可能与文件扫描和更新的过程是一种随机免疫过程有关。从用户的角度来说,这种措施非常有效。但从全局范围来看,由于互联网的无标度特性,即使随机选取的大量节点被免疫,也无法根除计算机病毒的传播。

(3) 熟人免疫

目标免疫需要了解网络的全局信息以找到控制病毒传播的中心节点。然而对于庞大、复杂并且不断发展变化的人类社会和互联网来说,这是难以做到的。熟人免疫策略的基本思想[17]是从 N 个节点中随机选出比例为 p 的节点,再从每一个被选出的节点中随机选择一个邻居节点进行免疫。这种策略只需要知道被随机选取的节点以及与它们直接相连的邻居节点,从而巧妙地回避了目标免疫中需要知道全局信息的问题。

由于在无标度网络中,度大的节点意味着有许多节点与之相连,若随机选取一个节点,再选择其邻居节点,度大的节点比度小的节点被选中的概率大很多,因此,熟人免疫策略比随机免疫策略的效果好得多。注意到,几个随机选择的节点有可能拥有一个共同的邻居节点,从而使这个邻居节点有可能被多次选中作为免疫节点。[18]

10.2.4 网络中的节点传播影响力分析

无论是病毒的传播,还是观点或谣言等信息的传播,发现最具影响力的传播节点都是很重要的。现在我们介绍初始感染的源节点在网络中的位置对病毒传播范围的影响。从直观上看,在高度非均匀的网络中,度值大的中心节点的传播影响力应该相对较大,这也是目标免疫策略和熟人免疫策略的基本依据。节点的介数衡量的是通过该节点的最短路径数,因此,介数高的节点似乎应该对病毒的扩散起着相对重要的作用。然而,基萨克(Kitsak)等人在基于 SIR 模型和 SIS 模型以及实际网络数据研究最具影响力的传播源节点时发现,在单个传播源的情形下,最具影响力的节点并非那些度最大或者介数最大的节点,而是 k-壳值最大的节点。[19]

为了进一步做出量化比较,可以研究以具有给定的 k-壳值和度值(k_s,k)的节点为源节点所最终感染的人群的平均规模 M。由于具有相同(k_s,k)的节点可能不止一个,因此需要对所有这些节点取平均,即

$$M(k_s,k) = \sum_{i \in \gamma(k_s,k)} \frac{M_i}{N(k_s,k)} \quad (10-40)$$

其中,$\gamma(k_s,k)$是具有(k_s,k)值的所有 $N(k_s,k)$个节点的集合。

基于不同社会网络的研究表明,$M(k_s,k)$具有如下特征:①对于给定的度值 k,$M(k_s,k)$的分布较为广泛,特别是有一些度值较大的中心节点位于 k-壳分解的边缘(大 k,小 k),从而成为影响力较弱的传播者。②对于给定的 k-壳值 k_s,$M(k_s,k)$基本与节点度值无关,表明处于同一个 k 层的节点具有相似的传播影响力。③最有效的传播者位于 k-壳分解的最内层(具有最大 k_s),并且基本上与节点度值无关。

以具有给定的 k-壳值和介数值(k_s,C_B)的节点为源节点所最终感染的人群的平均规模 $M(k_s,C_B)$也具有与 $M(k_s,k)$相似的特征,从而说明介数值也不是刻画单个节点的传播影响力的合适指标。

可以通过计算不精确函数(Imprecision Function)进一步量化 k_s 指标在传播中的重要性。我们用 $\varepsilon_k(p)$来衡量前 pN 个具有最大 k_s 的节点的平均传播效果与网络中 pN 个最有效的节点的传播效果之间的区别(N 是网络中的节点个数,$0<p<1$)。对于给定的感染概率 β 和给定的比例 p,可以首先通过 M_i 来找出 N_p 个最有效的传播者,记为集合 Y_{eff}。类似地,我们找出 N_p 个 k_s 最高的节点,记为集合 Y_{ks}。用 k-壳方法识别节点重要性的不精确度定义 $\varepsilon_{ks}(p) \equiv 1 - \frac{M_{ks}}{M_{eff}}$,其中,$M_{ks}$ 和 M_{eff} 分别是以 Y_{ks} 和 Y_{eff} 集合中的一个节点为源节点的平均感染比例。类似地,我们可以用 $\varepsilon_k(p)$和 $\varepsilon_{C_B}(p)$分别表示前 pN 个具有最大度值和最大介数值的节点的平均传播效果与网络中 pN 个最有效的节点的传播效果之间的区别。

当然,k-壳是一个粗粒化的指标,在需要较为精细地刻画节点重要性时,有必要采用更为精细的指标。现在比较清楚的是,尽管度值和介数是很有用的重要性指标,但是在不少场合,它们未必是最合适的指标。例如,同样是基于 SIR 模型和单个传染源的情形,同时考虑两层邻居的局部中心性指标可能比度值和介数更好地刻画节点的传播影响力。[20]

10.2.5 基于复杂网络的行为传播案例

人们通常认为,网络平均距离比聚类系数对网络传播的影响更大,即与具有较高聚类系数和较长平均距离的网络相比,具有较短平均距离和较低聚类系数的网络的传播更快更广。然而,麻省理工学院斯隆管理学院的戴蒙·森托拉(Damon Centola)博士的在线社会网络实验研究表明,对于一些与社会强化(Social Reinforcement)相关的行为传播而言,结论也许是相反的。[21]

戴蒙·森托拉在网上召集了 1 528 名志愿者,共做了 6 次独立实验。每次实验的做法如下:用计算机算法生成两个网络模型。首先生成一个包含 N 个节点的最近邻规则网络,称

为"聚类格子网络"(Clustered-lattice Network),其中的每个节点都有相同的度 k,如图 10-5(a)所示。聚类格子网络具有较高的聚类系数和较大的平均距离。然后通过随机重连方法生成一个具有相同节点数并且每个节点的度值仍然保持不变的随机化网络。该网络具有较小的平均距离和较低的聚类系数,如图 10-5(b)所示。

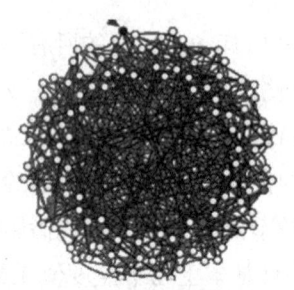

(a) 聚类格子网络　　　　(b) 随机化网络

图 10-5　聚类格子网络及其相应的随机化网络[21]

随机地把本次实验的 $2N$ 个志愿者分派到上面生成的两个网络的 $2N$ 个节点上。然后从这两个网络分别随机选取一个节点(志愿者)作为起点,向这两个节点的邻居节点发出邮件,邀请他们到某个指定的健康论坛注册。如果某个人到该论坛注册完成,那么系统就自动地再给他(她)的邻居发邮件,邀请他们也去论坛注册。整个过程中,志愿者均使用匿名的个人在线信息以保证彼此之间互不相识。

实验结果表明,具有较高聚类和较长平均距离的规则网络的平均传播范围(53.77%)明显大于具有较低聚类和较短平均距离的随机网络的平均传播范围(38.26%);规则网络中行为传播的平均扩散速度比随机网络中行为传播的平均扩散速度快约 4 倍。这说明,与社会网络中的病毒传播不同,较高聚类的规则网络中邻居之间的联系更为紧密,网络中的一个用户往往会被其周围的邻居多次邀请,因此强化了其参加网上注册的意愿。而在较短平均距离的随机网络中,由于网络的低聚类特征,单个用户被邀请的次数较少,行为强化作用较弱,从而导致个体参加活动的意愿相对不高。

韦斯皮尼亚尼(Vespignani)[22]的一篇综述以传播模型为例介绍了复杂网络上的动力学过程。值得注意的是,信息传播与疾病传播是有明显区别的。例如,信息传播具有记忆性和社会强化作用,疾病传播则没有这两种特征;对一条信息来说,传播的每条链接一般只用一次,而疾病传播的每条链接可用多次。

课程思政

网络信息传播课程的学习有助于学生掌握网络信息传播的理论与实务,提高学生在信息传播方面的理论素养与实践能力,拓展学生的专业视野。通过对网络信息传播模型和案例的学习和认识,我们可以树立主流价值观,坚持正确的政治方向和舆论导向,以建构积极的互联网职业伦理精神、树立牢固的马克思主义新闻观。

本章小结

本章详细介绍了基本的传播模型和网络信息传播与网络结构的关系。其中所介绍的病毒传播模型都是基于单个种群而言的,近年来基于尺度大空间范围的流行疫情研究的一种代表性思路就是基于复合种群(Meta-population)模型。在这类模型中,一个节点通常代表一个人口稠密的城市(子种群),而节点之间的连边表示不同城市之间的交通连接,整个国家或者全球就可以映射为由许多子种群耦合在一起的复合种群。[23-28] 基于复合种群的网络信息传播是将来拟开展的研究。

思考题

1. 阐述各类传播模型的特点。
2. 对基于复杂网络模型的网络信息传播研究模式进行优势和劣势的比较分析。
3. 分析三种免疫策略的特点,并采用数值仿真方法说明这三种免疫策略在随机网络、无标度网络及规则网络上的表现。

参考文献

[1] Wang P, Gonzalez M C, Hidalgo C A, et al. Understanding the spreading patterns of mobile phone viruses[J]. Science, 2009, 324(5930):1071-1076.

[2] Hu H, Myers S, Colizza V, et al. Wifi networks and malware epidemiology[J]. Proc. Natl. Acad. Sei. USA, 2009, 106(5):1318-1323.

[3] Castellano C, Fortunato S, Loreto V. Statistical physics of social dynamics[J]. Rev. Mod. Phys., 2009, 81(2):591-646.

[4] Chertkov M, Pan F, Stepanov M G. IEEE PES CAMS Task Force on Understanding, Prediction, Mitigation and Restoration of Caseading Failures[C]// Initial review of methods for cascading failure analysis in electric power transmission systems. IEEE Power Engineering Society General Meeting, PITTSBURGH, USA, 2008:1-8.

[5] Buldyrev S V, Parshani R, Pauig, et al. Catastrophic cascade of failures in interdependent networks[J]. Nature, 2010, 464(7291):1025-1028.

[6] Smart A G, Amaral L A N, Ottino J M. Cascading failure and robustness in metabolic networks[J]. Proc. Nall. Acad. Sci. USA, 2008, 105(36):13223-13228.

[7] Schweitzer M H, Fagiolo G, Sornette D, et al. Economic networks: the new challen-

ges[J]. Science,2009,325(5939):422—425.

[8]Garas A,Arcyrakis P,Rozenblat C,et al. Worldwide spreading of economic crisis [J]. New J. Phys,2010(12):103043.

[9]Pastor-Satorras R,Vespingnani A. Epidemie spreading in scale-free networks[J]. Phys. Rev. Lett. ,2001,86(4):3200—3203.

[10]Mendesjf F,Dorogovtsev S N,Goltsev A V. Critical phenomena in complex networks[J]. Rev. Mod. Phys. ,2008,80(4):1275—1335.

[11]杨敬辉. Bass 模型及其两种扩展型的应用研究[D]. 大连理工大学,2006.

[12]朱敬华,李亚琼,王亚珂. 基于线性阈值模型的动态社交网络影响最大化算法[J]. 四川大学学报(工程科学版),2019,051(001):181—188.

[13]胡怀雄. 基于独立级联模型的社交网络影响力最大化研究[D]. 深圳大学,2018.

[14]Pastor-Satorras R,Vespignani A. Epidemics and immunization in scale-free networks[M]//Bornholdt S,Schuster H G(eds.). Handbook of Graphs and Networks. Hoboden:WILEY-VCH,2003.

[15]Pastor-Satorras R,Vespignani A. Epidemic dynamics in finite size scale-free networks[J]. Phys. Rev. E,2002(65):035108.

[16]Castellano C,Pastor-Satorras R. Thresholds for epidemic spreading in networks [J]. Phys. Rev. Lett. ,2010,105(21):218701.

[17]Cohen R,Havlin S,Ben-Avraham D. Efficient immunization strategies for computer networks and populations[J]. Phys. Rev. Lett. ,2003,91(24):247901.

[18]Galloslk, Liljeros F,Argyrakis P,et al. Improving immunization strategies[J]. Phys. Rev. E,2007,75(4):045104.

[19]Kitsak M,Gallos L K,Havlin S,et al. Identification of influential spreaders in complex networks[J]. Nature Physics,2010,6(Ⅱ):888—893.

[20]Chen D,Shang M-S,et al. Identifying influential nodes in complex networks[J]. Physica A,2012,391(4):1777—1787.

[21]Centola D. The spread of behavior in an online social network experiment[J]. Science,2010,329(5996):1094—1097.

[22]Vespignania. Modelling dynamical processes in complex socio-technical systems [J]. Nature Physics,2012,8(1):32—39.

[23]Chen D,Zhou T. The small world yields the most effective information spreading [J]. New J. Physics,2010(13):123005.

[24]Colizzav,Barrat A,Barthelemy M,et al. The role of the airline transportation network in the prediction and predictability of global epidemic. [J]. Proc. Natl. Acad. Sci. USA,2006,103(7):2015—2020.

[25] Colizza V, Vespignani A. Epidemic modeling in metapopulation systems with heterogeneous coupling pattern: theory and simulations[J]. J. Theor. Biol., 2008(251): 450—467.

[26] Balcan D, Vespignani A. Invasion threshold in structured populations with recurrent mobility patterns[J]. J. Theor. Biol., 2011(293): 87—100.

[27] Wangl, Lix, Zhang Y-Q, et al. Evolution of scaling emergence in large-scale spatial epidemic spreading[J]. PLoS ONE. 2010, 6 (7): e21097.

[28] Shi H, Duan Z, Chen G. An SIS model with infective medium on complex networks[J]. Physica A, 2008, 387(8—9): 2133—2144.

第十一章
网络博弈与演化

全章提要

- 11.1 网络博弈与演化概述
- 11.2 博弈模型
- 11.3 演化博弈论
- 11.4 规则网络上的博弈
- 11.5 小世界网络上的博弈
- 11.6 无标度网络上的博弈
- 11.7 博弈动力学与网络拓扑共演化

课程思政

本章小结

思考题

参考文献

11.1 网络博弈与演化概述

博弈研究的对象是游戏(Game),更确切地说,是指在双方相互竞争对立的环境条件下,参与者依靠所掌握的信息,在一定的规则约束下,各自选择策略并取得相应结果(或收益)的过程。博弈论就是使用数学模型研究冲突对抗条件下最优决策问题的理论。

博弈论被认为是研究自然和人类社会中普遍存在的合作行为最有力的手段。博弈模型反映了自私的个体之间的合作竞争关系,能够很好地刻画生物系统中生物体之间的相互作用关系及演化动力学。

通常,博弈由以下 4 个部分组成:

①博弈个体:在一个博弈中至少有两位决策者(Agent)参与博弈。

②策略集:个体的博弈策略可以是纯策略,也可以是混合策略。博弈的策略集由参与博弈的个体所有可能采用的策略组成。

③收益矩阵:当博弈个体选定策略后,其所获取的收益由收益矩阵中的相应元素确定。

④策略演化:在多轮博弈过程中,博弈个体遵循自身收益最大化的最终目标,即以此目标为指导原则来进行策略调整。

在传统的演化博弈理论中,通常假设个体之间以均匀混合的方式交互,即所有个体全部相互接触。然而现实情况中,个体之间的接触总是有限的,个体仅与周围的少数其他个体接触。这样,我们就可以在博弈理论中引入网络拓扑的概念。

网络上的演化博弈研究主要集中于以下三个基本方向:

①研究网络拓扑结构对博弈动力学演化结果的影响。

②一定的网络结构下,探讨各种演化规则对演化结果的影响。

③网络拓扑和博弈动力学的共演化,主要是自适应网络上的博弈动力学,即网络拓扑调整受博弈动力学的影响。

11.2 博弈模型

11.2.1 囚徒困境

两个人因盗窃被捕,警方怀疑他们有抢劫行为,但未获得确凿证据以判他们犯了抢劫罪,除非有一个人供认或两个人都供认;即使两个人都不供认,也可判他们犯盗窃罪。犯罪嫌疑人被分离审查,不允许他们之间互通消息,并交代政策如下:如果两个人都供认,每个人都将因抢劫罪加盗窃罪被判处 2 年监禁;如果两个人都拒供,则两个人都将因盗窃罪被判处半年监禁；如果一个人供认而另一个人拒供，则供认者被认为有立功表现而免受处罚，拒供者将因抢劫罪、盗窃罪以及抗拒从严而被判处 5 年监禁。

我们将两个人面临的博弈问题表示如表 11-1 所示。

表 11-1　囚徒困境

囚徒甲＼囚徒乙	供　认	拒　供
供　认	2 年,2 年	0 年,5 年
拒　供	5 年,0 年	0.5 年,0.5 年

从表 11-1 中可以发现，如果两个囚徒都拒供，则每个人被判处 0.5 年监禁；如果每个人都供认，则每个人被判处 2 年监禁。相比之下，两个囚徒都拒供是对他们而言较好的结果，但是这个较好的结果实际上不太容易发生。因为每个囚徒都会发现，在对方拒供的情况下，自己供认可立即获得释放，自己拒供则会被判处 0.5 年监禁，因此供认是比较好的选择；在对方供认的情况下，自己供认将被判处 2 年监禁，而自己拒供则会被判处 5 年监禁，因此供认是比较好的选择。无论对方是拒供还是供认，自己选择供认始终是更好的，这就是囚徒困境。由于每个囚徒都发现供认是自己更好的选择，因此博弈论的稳定结果是两个囚徒都选择供认。我们把这种结果称为博弈的纳什均衡。

囚徒困境通常被看作个人理性冲突和集体理性冲突的典型情形。因为在囚徒困境中，每个人都会根据自己的利益做出决策，但最后的结果是集体遭殃。

我们不难发现，当每个人都追求自己的最大利益时，社会和团体不一定会达到它的最大利益，这种情况在现实中有很多例子。

难道囚徒困境真的是一个走不出的困境吗？其实不然。假如每一个拒供的囚徒都可以在刑满释放后对供认的囚徒实施报复，那么每一个囚徒都可能因担心未来的报复而在现在选择拒供，使得拒供成为均衡的结果——合作达成。不过，这种合作是脆弱的，警方可以轻易摧毁此类合作。

由报复机制形成的合作虽然脆弱，但是提供了一条走出囚徒困境的可行思路。只要对囚徒不合作行为的惩罚是足够的并且可信的，就可以使囚徒的行动转到合作的轨道上来。

11.2.2　雪堆博弈

雪堆博弈模型又称"鹰鸽博弈"或者"小鸡博弈"(Chicken Game)，是一种两人对称博弈模型，描述了两个人相遇时，是彼此合作以共同受益，还是彼此欺骗以相互报复。它揭示了个体理性和群体理性的矛盾对立。可以这样来描述雪堆博弈（如表 11-2 所示）：

在一个风雪交加的夜晚，两个人相向而行，被一个雪堆所阻。假设铲除这个雪堆使道路通畅需要的代价为 c，道路通畅带给每个人的好处量化为 b。如果两个人一起动手铲雪，则他们的收益 $R = b - \dfrac{c}{2}$；如果只有一个人铲雪，虽然两个人都可以通行，但是背叛者逃避了劳动,他的收益 $T=b$,而合作者的收益 $S=b-c$;如果两个人都不铲雪,两个人就都被雪堆挡住而无法通行,他们的收益 $P=0$。这里假设收益参数满足 $T>R>S>P$。

表 11-2 雪堆博弈

甲 \ 乙	合 作	背 叛
合作	$b-\frac{c}{2},b-\frac{c}{2}$	$b-c,b$
背叛	$b,b-c$	$0,0$

综合来看,最优解为 $(b,b-c)$ 和 $(b-c,b)$。

雪堆博弈与囚徒困境不同的是,遇到背叛者时,合作者的收益高于双方相互背叛的收益。因此,一个人的最佳策略取决于对手的策略:如果对手选择合作,则他的最佳策略是背叛;反过来,如果对手选择背叛,那么他的最佳策略是合作。这样,合作在系统中不会消亡,与囚徒困境相比,合作更容易在雪堆博弈中涌现。

11.3 演化博弈论

在传统博弈理论中,常常假定参与人是完全理性的,且参与人在完全信息条件下行事,但在现实的经济生活中,参与人的完全理性与完全信息的条件是很难实现的。在企业的合作竞争中,参与人之间是有差别的,经济环境与博弈问题本身的复杂性所导致的信息不完全和参与人的有限理性问题显而易见。有限理性这一概念最早是由西蒙(H. A. Simon)在研究决策问题时提出的——个人在以别人能够理解的方式通过语句、数字或图表来表达自己的知识或感情时是有限制的(这或许是因为他们没有掌握所必需的词汇,或许是因为这些词汇还不存在)。

演化博弈论(Evolutionary Game Theory)是把博弈理论分析和动态演化过程分析结合起来的一种理论。演化博弈论不再将人模型化为超级理性的博弈方,而是认为人类通常是通过试错的方法达到博弈均衡的,与生物进化原理具有共性,因而历史、制度以及均衡过程的某些细节均会对博弈的多重均衡的选择产生影响。在方法论上,不同于博弈论将重点放在静态均衡和比较静态均衡上,它强调的是一种动态的均衡。演化博弈理论源于生物进化论,它曾相当成功地解释了生物进化过程中的某些现象。如今,经济学家们运用演化博弈论分析社会习惯、规范、制度或体制形成的影响因素以及解释其形成过程,也取得了令人瞩目的成绩。演化博弈论是演化经济学的一个重要分析手段,并逐渐发展成一个经济学的新领域。

11.3.1　演化网络博弈基本定义

要讨论合作的涌现，必然涉及相当数量的局中人（个体），而且合理地认为这些局中人以及他们之间的关系构成一个复杂网络，随着时间的演化，每个局中人都在和他的邻居进行博弈，这就称为演化网络博弈，它的定义可以表述如下：

①数量 $N\to\infty$ 的局中人位于一个复杂网络中。

②在每一个时间演化步骤中，按一定法则选取的一部分局中人以一定频率匹配从而进行博弈。

③局中人采取的对策可以按一定法则更新，所有局中人的策略更新法则相同。这种法则被称为"策略的策略"。然而，法则更新频率比博弈低得多，使得局中人可以根据上一次更新对策成功与否选择、调整下一次更新。

④局中人可以感知环境、吸取信息，然后根据自己的经验和信念，在策略更新法则下更新策略。

⑤策略更新法则可能受到局中人所在网络拓扑结构的影响。

演化稳定策略必须满足的条件：如果几乎所有的个体都采取该策略，那么该策略的个体适应度就要比任何可能的变异策略大。

演化稳定策略的提出最初是为了精炼纳什均衡，通过借助生物界进化论中优胜劣汰的思想，丢弃参与者完全理性的假设，认为均衡是有限理性的个体随时间的推移寻求优化这一目标的长期结果。因此，演化稳定策略具有稳健性，可以抑制噪声，它是纳什均衡的精炼。

演化博弈论着重研究在一个动态过程中，有限理性的个体如何在重复博弈过程中通过自适应学习来实现自身收益最大化的问题。它把均衡看作过程调整的结果。

从经典博弈论到演化博弈论的三个关键概念的内涵式改变（演化博弈论与经典博弈论的区别）：

①策略内涵的不同：从不同行为到生物系统中的不同类型物种，策略由物种的不同表现来体现。

②均衡意义的不同：从纳什均衡到演化稳定策略（ESS）。

③个体互相作用方式的不同（博弈个体与博弈次数）。

11.3.2　复杂网络上的演化博弈

复杂网络理论为描述博弈个体之间的博弈关系提供了方便的系统框架。网络上的节点表示博弈个体，边代表与其邻居的博弈关系。在每一时间步长，节点与其所有邻居进行博弈，累积博弈获得的收益，然后根据更新规则进行策略更新，如此重复迭代。

每一个模型都可以分成几个模块，如使用的博弈模型、更新规则、网络结构等。虽然使用的博弈模型和具体的模拟细节各不相同，但基本的模拟过程是类似的，这个模拟过程是分回合进行的，每个回合包含两步：

第一步,网络中的所有参与者与其网络上的邻居博弈,并获得收益。每个参与者的收益为与其所有邻居发生博弈所得到收益的总和。

第二步,参与者将其收益与其在网络上的邻居的收益进行比较,按照一定的规则改变自己的策略。

网络演化博弈的策略更新规则:

(1)模仿最优者

在每轮博弈过后,个体采取其邻居中获得最高收益的个体的策略进行下一轮博弈。

(2)模仿优胜者

个体在策略更新时,同时参考那些收益比自己高的邻居的策略,以正比于他们所得收益的概率进行策略转变。

以上两种规则可以统称为模仿策略。模仿策略的基本思想是个体的更新策略,即模仿邻居中收益最高的个体的策略,以期获得更高的收益。

(3)配对比较

个体随机选择某一邻居进行收益比较,以某个概率(这两个个体收益差的函数)转变为对方的策略。每个节点(对应博弈者假设为 P_1)随机地选取他的一个邻居节点(对应博弈者假设为 P_2),P_1 以一定的概率 W 模仿 P_2 的策略,常用的演化规则(统计力学的费米函数)如下:

$$W(P_1 \leftarrow P_2) = \frac{1}{1 + e^{-(u_1 - u_2)/k}} \quad (11-1)$$

其中,$U_i(i=1,2)$ 表示 $P_i(i=1,2)$ 的累积收益,参数 $k>0$ 为噪声,代表了一种非理性行为发生的可能性,一般是一个很小的值,常取 0.1。当 $k \to \infty$ 时,表示所有信息都被噪声淹没,策略随机更新;当 $k \to 0$ 时,表示确定的模仿规则,即当 P_2 的累积收益高于 P_1 时,P_1 采取 P_2 的策略。

另一类演化规则:

$$W(P_1 - P_2) = \frac{U_2 - U_1}{k_{max}[\max(T,R) - \min(S,P)]} \quad (11-2)$$

其中,max 为 P_1 和 P_2 中较大度节点的度,P、T、S、R 为 2×2 收益矩阵元素。

(4)随机过程方法

通常考虑莫兰(Moran)过程(生至死或者死至生的过程),即在策略更新时,以正比于个体适应度(由收益来衡量)的概率产生一个新的个体,然后随机取代此个体的某个邻居。

莫兰过程是将查尔斯·达尔文(Charles Darwin)的进化思想直接引入演化博弈中。一个实际背景是种群中的变异入侵。以图 11-1 为例,种群中的所有个体为"C",当某个个体发生变异后,其变为"D",以后每一步考虑随机移去一个个体,并以正比于原种群中"C"个体适应度的概率生成一个新的"C"个体,否则生成一个新的"D"个体。在适应度函数满足一定条件时,"D"个体可能完全侵占(Invade)整个种群。

图 11-1 莫兰过程示意图

马丁·诺瓦克(Martin A. Nowak)等人研究了这类种群侵占问题,将某种策略从种群中仅存在一个变异个体到最终能侵占整个种群的概率定义为策略的扎根概率。当入侵策略的适应度为原策略的 r 倍时,扎根概率如下:

$$f = \frac{1-1/r}{1-1/r^N} \tag{11-3}$$

其中,N 为种群个体数量。

死生过程(如图 11-2 所示)是莫兰过程的一个自然推广,原始网络中存在合作"C"和背叛"D"两种策略,按照连边关系个体之间的博弈,获得一个累计收益。其中:b 表示合作收益,即遇到对手采取合作策略时获得收益;c 表示合作代价,即个体采取合作策略时获得负收益。随机选择一个个体死亡(假设为位于中间位置的"D"节点),则其所有邻居以正比于个体适应度的概率产生一个后代,填补个体死亡后留下的空位。重复这一过程,种群中的策略将达到动态平衡。

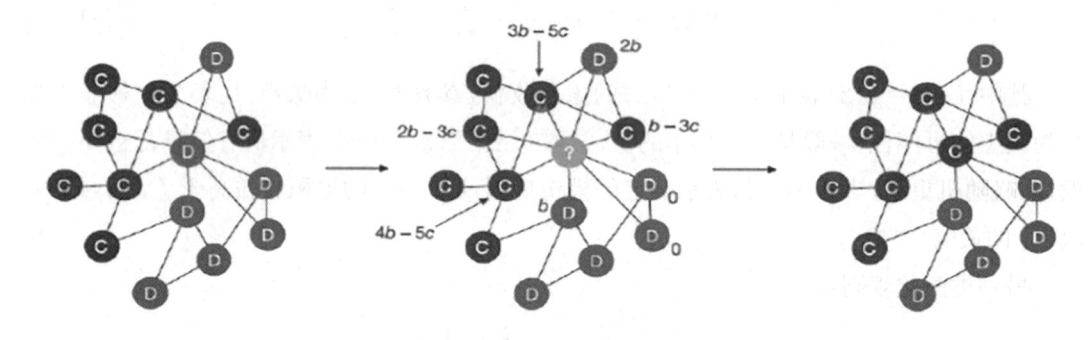

图 11-2 死生过程的示意图

11.3.3 网络个体的收益度量

技术创新网络是一种价值网络,成员通过合作创造价值并进行价值分配。谈判力成为分配依据,成员在网络中的位置决定其相对于其他成员的谈判地位。借鉴阿里尔·鲁宾斯坦(Ariel Rubinstein)的讨价还价博弈模型,对技术创新网络进行分析,可以得到唯一子博弈精炼均衡,在此基础上实现对成员谈判力的度量。成员的谈判力满足三个性质:有效性、匿名性、单调性以及局部影响性。

为提高协作运营网络的稳定性,从收益角度,我们研究协作运营网络中各协作单元的收益协调问题。首先界定协作单元、协作运营、协作运营网络和协作运营网络收益概念;基于

"合作博弈",建立协作运营网络收益协调数学模型,实现协作运营网络收益最大化和协作单元收益均衡化;借助 Shapley 值,对协作运营网络收益协调模型求解,提出基于"收益补偿"的协调策略,这对有效协调协作组织收益,提高运营过程中各协作单元的主动性和积极性具有实践价值。

在借鉴博弈理论的基础上,结合 P2P 网络的特点,提出一种基于理性博弈的激励模型,并构建该模型的有限自动机。通过引入对自私节点的惩罚机制,制定相应的行为规则,激励理性节点为使其自身收益最大化向整个网络贡献资源。仿真结果与分析表明,该模型能有效地惩罚自私节点,使其放弃自私行为。

根据进化博弈的观点,提出一种资源共享型 P2P 网络博弈激励模型。对 P2P 网络进行描述,并对节点的行为进行量化分析,建立节点资源访问的概率模型,提出共享型 P2P 网络中的个体模拟动态方程。在随机博弈收益矩阵的基础上,通过调整相关参数来引导 P2P 网络向动态平衡的状态演化。仿真实验结果验证了该模型的可行性和灵活性。

网络安全风险评估是网络系统安全管理的基础和前提,基于博弈模型的安全分析方法可以较好地刻画网络攻防博弈中人为因素对网络风险的影响。我们采用两人零和博弈模型描述网络攻防博弈过程,通过细化模型中的攻防策略,能够以较低的复杂度准确计算博弈双方的收益;此外,在网络风险计算过程中,对不同节点进行区分,引入相对重要性的概念,充分刻画不同节点对网络风险贡献的差异性,使得风险计算更加贴近网络实际。仿真实验验证了该方法的可行性与有效性。网络安全风险评估是网络系统安全管理的基础和前提,基于博弈模型的安全分析方法可以较好地刻画网络攻防博弈中人为因素对网络风险的影响。

博弈论是簇间能效优化的网络性能优化方法,通过对不可转移收益合作博弈的无线信道分配算法进行分析,约束平衡路由协议。采用极小极大合作纳什均衡信道分配方案,比较了博弈算法和贪婪算法对吞吐量的影响。根据无线网格网络中互联网接入的通信要求,簇间公平路由协议把信道资源管理操作合理地分布到簇头节点上,使得各个节点得到与其相对应的带宽权重,就得到了基于不可转移收益合作博弈的簇间公平路由和信道分配模型。基于 NS3 的仿真结果表明,该方法在吞吐量方面优于其他算法,并可有效地改进网络性能。

基于博弈论的网络中资产的安全风险评估方法,通过博弈论构建了系统管理员和攻击方在每个漏洞上进行博弈的评估模型。系统管理员对漏洞有关注或忽略的选择,攻击者则对该漏洞有攻击或不攻击的选择。从双方的收益情况进行分析,无论是系统管理员还是攻击者,都不能通过选择一种行动来保证博弈达到平衡,因此双方需要通过混合的策略使收益最大。根据博弈模型推导出了系统管理员和攻击者在博弈达到平衡时的策略,然后得到了资产的风险程度。该方法的优点是能够结合漏洞库信息实现对网络中资产风险的分析,并能为整体的网络安全风险评估提供支持。

标度网络的群聚性对合作行为的影响依赖于度量个体博弈收益的效用函数。一方面,当效用函数考虑关系成本并以平均收益度量个体的博弈收益时,无标度网络的群聚性抑制合作行为。另一方面,当效用函数同时考虑关系成本和无标度网络中心节点所具有的资源优势,并以平均收益和累积收益的加权平均度量个体的博弈收益时,随着累积收益权重的增大,无标度网络的群聚性使合作行为的影响逐渐由抑制作用转变为促进作用。

11.4 规则网络上的博弈

11.4.1 规则网络——囚徒困境模型

马丁·诺瓦克等人扩展了囚徒困境博弈模型,将参与博弈的个体置于二维格子上,每个个体与直接相邻的4个邻居进行博弈,并累计收益,然后在更新策略时,一个个体与它的邻居比较本轮的收益,取收益最高者的策略作为下一轮博弈的策略,直到网络进入稳定状态为止。马丁·诺瓦克等人引入了斑图对空间博弈加以研究,以不同的颜色代表个体策略,博弈随时演化得到的斑图被称为空间混沌(Spatial Chaos)。

为了便于理论分析,马丁·诺瓦克采用了弱囚徒困境博弈,令 $T=B>1, R=1, P=S=0$。马丁·诺瓦克指出这种弱囚徒困境所得的演化结果与 $-1 \leqslant S<0$ 时的结果相同。

马丁·诺瓦克发现,引入空间结构后,通过演化,当 b 在一定范围内 $(1 \leqslant b \leqslant 2)$ 时,合作者可以通过结成紧密的簇来抵御背叛策略的入侵,如图11-3所示。

图11-3 在方格上进行囚徒博弈的斑图[10]

虽然这种合作簇并不固定,其形状也会随时间的改变而改变,但它并不会消亡,并且最终系统中合作者的比例(被称为合作频率,是衡量系统合作涌现程度的重要指标)会趋于稳定。

在 99×99 的二维规则网格上,初始时刻位于中心格点处的个体为背叛者(背叛入侵),其余为合作者。囚徒困境博弈的收益矩阵满足 $T=B, R=1, P=S=0$,当 $1.8<b<2$,经过 $t=30$、$t=217$、$t=219$、$t=221$ 的步演化时,得到的斑图如图11-4所示。

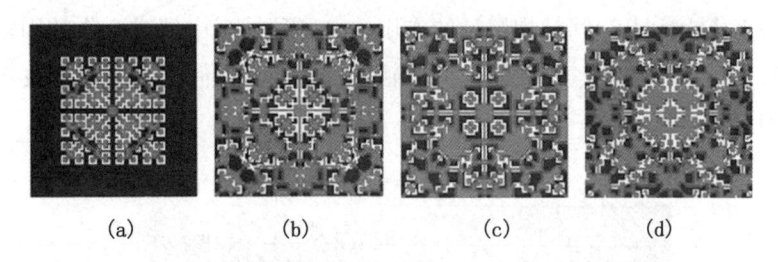

图 11-4 99×99 的二维网格上的演化囚徒困境博弈形成的空间混沌[2]

11.4.2 规则网络——雪堆模型

豪尔特(Hauert)和德贝利(Doebeli)将博弈个体置于格子上,分别针对度为 3、4、6、8 的 4 种拓扑结构情况,根据雪堆博弈模型展开演化(如图 11-5 所示),虚线表示模仿者动态下的演化稳定策略的合作频率,实线表示采用配对近似策略下的仿真结果,实心点、空心点分别代表同步演化和异步演化策略下的仿真结果,得出不一样的结论。

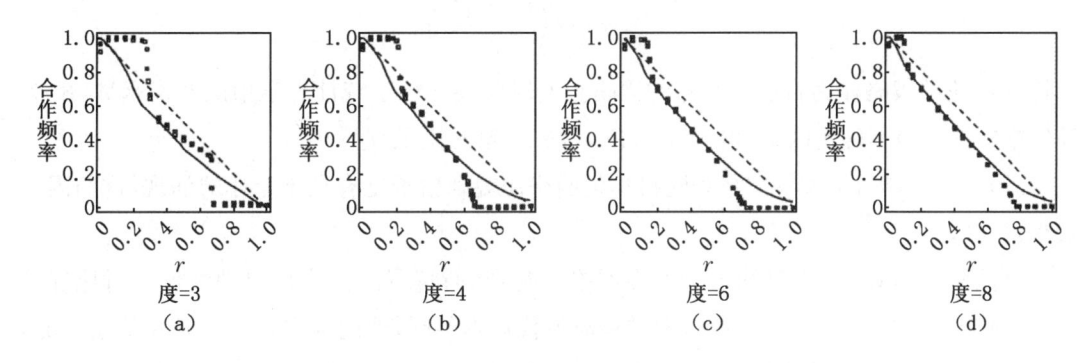

图 11-5 规则格子上的雪堆博弈[3]

规则格子上雪堆博弈的合作频率低于模仿者动态下的演化稳定策略,说明空间结构抑制了合作的产生。这是因为与囚徒困境的斑图不同,在雪堆博弈中,合作者更容易聚成丝状簇(如图 11-6 所示)。这就导致了当损益比 r 较高时,背叛者容易入侵,使系统合作频率下降,这是雪堆博弈与囚徒困境在合作演化上的本质区别。

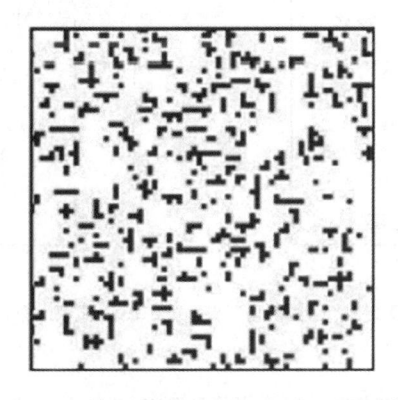

图 11-6 在方格上进行雪堆博弈的斑图[11]

豪尔特的工作揭示了空间结构辩证的作用——一种博弈中促进合作的因素可能在另一种博弈中扮演了相反的角色。这促使人们重新发掘隐藏在空间结构背后的真正推动合作涌现的决定性因素。

11.5　小世界网络上的博弈

11.5.1　小世界网络——囚徒困境

豪尔特和萨博(Szabo)基于规则方格,在保持度分布的前提下,对生成的均匀小世界网络和随机均匀网络做了研究。他们应用一种被广泛采用的随机演化策略:一个节点 x 更新策略的时候,随机地在它的 k 个邻居中选择一个 y,在下一轮中,x 以概率

$$p = \frac{1}{1+\exp\left(\dfrac{P_x - P_y}{K}\right)} \tag{11-4}$$

选择 y 本轮的策略作为自己下一轮的策略。上述公式来源于统计力学中的费米函数,K 为环境中的噪声等不确定因素,设为 0.1;P_x 为 x 本轮的累积收益。

研究表明:均匀小世界网络和随机均匀网络比规则格子更有利于合作的涌现,这归因于长程边的作用。

桑托斯(Santos)等也对均匀小世界网络与瓦茨-斯特罗加茨小世界网络做了对比性分析(如图 11-7 所示)。与豪尔特采取的策略取代规则不同,他们采用 Schlag 比例模仿策略,即如果 $P_x > p$,则下一轮博弈中,x 保持自己的策略不变;反之,以概率

$$p = \frac{P_y - P_x}{k_{max} \max(T,R) - \min(S,P)} \tag{11-5}$$

采取 y 的策略。其中,k_{max} 是 x、y 两节点中的最大度。

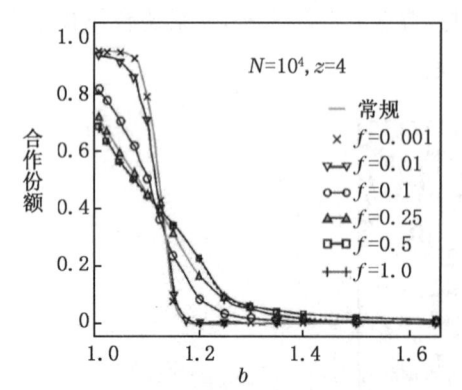

在保持节点度不变的前提下,随机交换 f 比例的边
(a) 均匀小世界网络

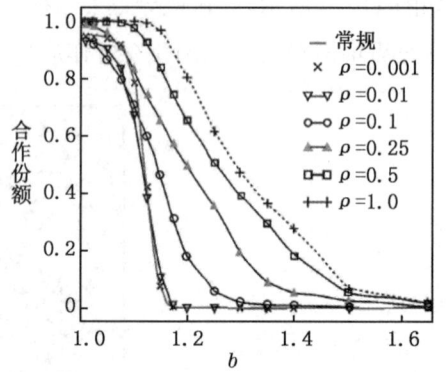

以概率 ρ 随机重连网络的边,网络平均度为4
(b) 瓦茨-斯特罗加茨小世界网络

图 11-7　比较均匀小世界网络和瓦茨-斯特罗加茨小世界网络[3]

基于此得到更一般的结果：异质因素促进合作的涌现。

①小世界网络中通过移边产生的异质性使其比规则格子更利于合作的涌现。

②具有度异质特征的瓦茨-斯特罗加茨小世界网络与度均匀分布的小世界网络比较，节点度变得异质导致了前者的合作频率比后者高，而后者合作频率的变化主要是由长程边使网络中聚类系数发生变化引起的。

11.5.2 小世界网络——雪堆博弈

托马西尼（Tomassini）等应用不同的演化规则作用在不同重连概率的小世界网络上，细致地分析了小世界网络上的鹰鸽博弈，发现小世界网络的合作行为与博弈采用的演化规则、收益比以及小世界网络的重连概率息息相关。三者的交互作用使得空间结构时而促进合作的涌现，时而抑制合作的产生。

尚丽辉等针对现实生活中朋友关系网络的距离相关特性，研究了基于距离的空间小世界网络上的雪堆博弈，发现与规则网络相比，距离无关的小世界网络促进了合作的涌现；而距离相关的小世界网络中，幂指数增加导致了长程连接的减少和短程连接的增加，这使网络在损益比较大时抑制合作的产生（如图11-8所示）。

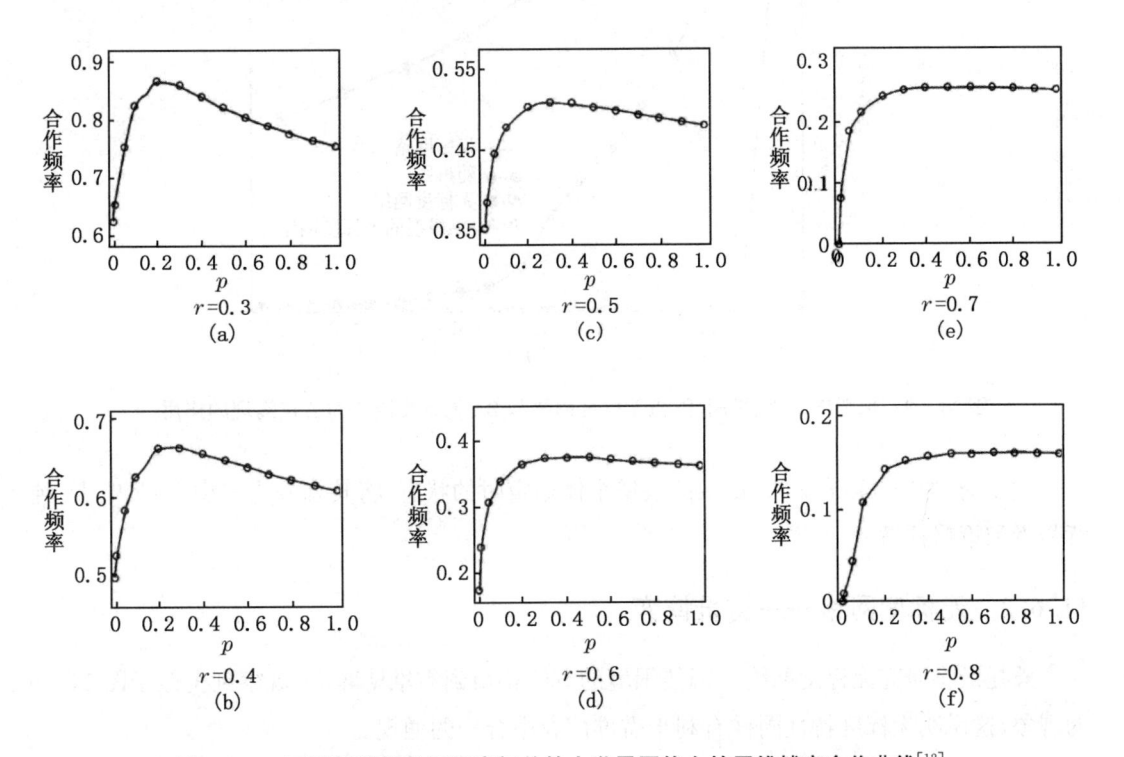

图11-8 不同幂律指数下距离相关的小世界网络上的雪堆博弈合作曲线[12]

11.6 无标度网络上的博弈

11.6.1 无标度网络——囚徒困境

实际生活中的很多网络,诸如因特网、航空网等具有无标度的特性,其节点的度分布满足某种幂律的特性。

桑托斯对比了规则格子、随机图、随机无标度网络和BA无标度网络对合作涌现的作用(如图11-9所示),认为无标度网络中节点之间的度存在极大差异,合作行为容易在大度节点之间传播,进而带动了大量小度节点在无标度网络中传播,也就是说,无标度网络是目前最有利于合作涌现的网络结构。

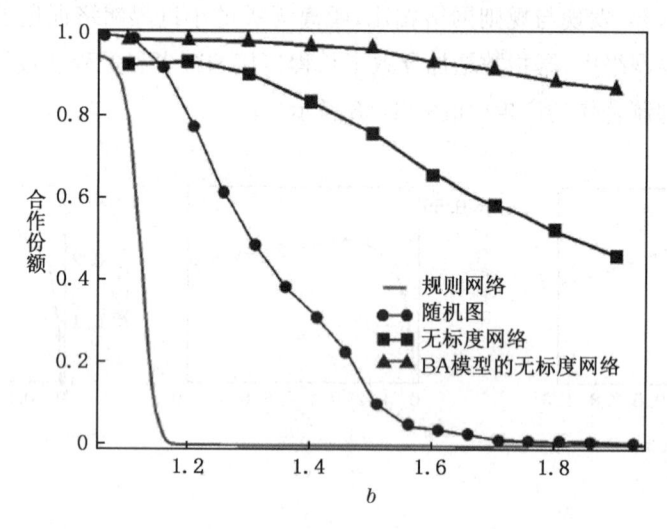

图 11-9 规则格子、随机图、随机无标度网络和BA无标度网络对合作涌现的作用[13]

戈麦斯-加登(Gomez-Gardenes)根据个体稳定时的状态,将其划分为三类:纯策略者、纯背叛者和策略摇摆者。

11.6.2 无标度网络——雪堆博弈

桑托斯将研究无标度网络上囚徒困境的方法移植到雪堆博弈上,观察到类似于图11-9的现象,这说明无标度特性同样有利于雪堆博弈中合作的涌现。

通过对小规模网络(118个节点)进行仿真,弱化了影响合作涌现的无标度网络的其他统计学特性,突出了节点度的异质性因素,再次验证了关于异质性因素促进合作涌现的一般性结论,并指出无标度网络为研究演化博弈理论提供了统一的理论框架。

荣智海等研究了无标度网络上的扩展雪堆博弈(一种可从雪堆博弈连续变化到囚徒困

境的博弈,如图 11-10 所示,横坐标为纯合作者的比例,纵坐标为策略摇摆者的密度,γ 为度指数。γ 越小,网络越异质。采用 5 000 节点平均度为 4 的无标度网络,数据经过 50 个不同网络的 10 次运行后取平均。),发现无标度网络异质性的增加使得合作的稳定性增强。而且对于相同的纯合作者的比例,纯背叛者的比例增加,策略摇摆者的比例减少。这说明越异质的网络,个体越倾向于选择稳定策略。

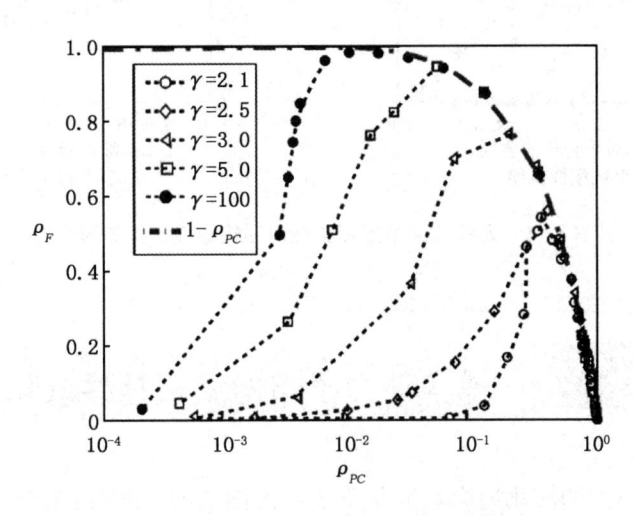

图 11-10　无标度网络上可拓展雪堆博弈的合作相图[8]

荣智海等首先研究了无标度网络的度-度相关性对合作行为的影响。研究表明,在囚徒困境中,中性网络(呈现度不相关特性的网络,如 BA 网络)的中心节点对于大度邻居与小度邻居的选择是最合理的——既与少量中心节点相连,又与它们共享少量邻居。所以其较之同配网络或异配网络的合作频率更高,更利于合作的涌现。

当无标度的网络结构呈现同配性,即连接度大的节点倾向于和连接度大的节点建立连接时,由于中心节点和边远节点(连接度一般较小)的"通信渠道"减少,因此中心节点的合作策略难以传播,网络总体的合作频率呈现下降趋势。

当无标度网络呈现度异配性时,中心节点之间的联系被切断,一方面不利于合作策略在中心节点之间扩散,抑制合作频率的上升;另一方面被孤立的中心节点可以和周围小度节点凝结成坚固的簇,即使背叛的诱惑非常大,也能有效抵御背叛策略的入侵。

对于雪堆博弈,越同配的网络,其背叛者拥有越小的平均度,这说明与囚徒困境博弈类似。由于网络变得同配后,中心节点对小度节点的控制能力减弱,因此进行雪堆博弈的背叛者主要集中在小度节点。在异配网络中,当 r 较小时,雪堆博弈的合作频率会低于均匀混合状态的均衡频率(如图 11-11 所示)。可见,度相关性对囚徒困境博弈的结论完全适用于雪堆博弈。

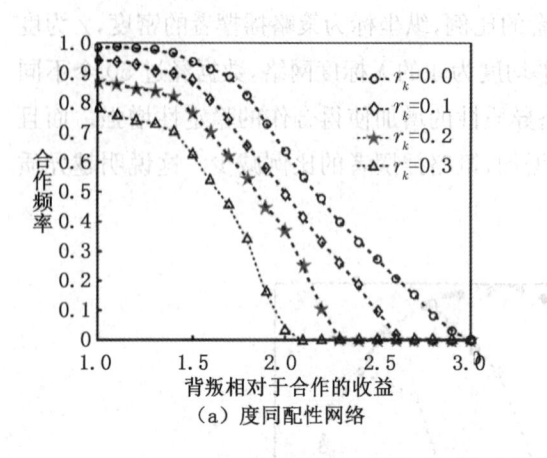

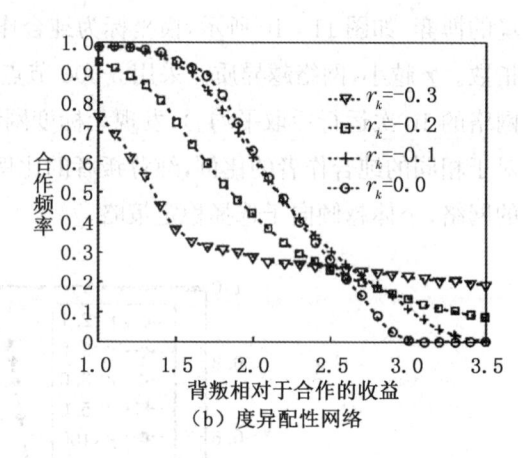

图 11-11 无标度网络度相关性对囚徒困境博弈的影响[15]

11.7 博弈动力学与网络拓扑共演化

大多数复杂网络上的演化博弈研究是基于静态网络的,即网络拓扑从博弈一开始就固定不变了。而实际上,真实网络是动态演化的,因此所考虑的静态网络只相当于真实网络的一张快照。

复杂系统最本质的特点就是反馈,并利用反馈信息实现自适应和自组织。真实社会中的博弈不但会受到社会人际关系结构的影响,而且会反过来影响社会人际关系结构。换句话说,一方面网络的拓扑结构会对其上的动力学过程产生影响,另一方面这种影响又会反过来"塑造"网络结构本身,调整网络拓扑(或社会关系)。

齐默尔曼(Zimmermann)等研究了动态网络上的演化博弈:从一个随机网络开始,个体与邻居进行囚徒困境博弈,个体模仿最优者进行策略更新。在动力学的演化过程中,如果一个背叛者发现它模仿的背叛者的收益比自己高,则这个不满意的个体就会以概率 p 移走与被模仿的背叛者之间的作用边,重新在网络中随机选择一个节点连接,这样,网络中的边数保持不变。

研究表明,只需要一个小概率 $p(\geqslant 0.01)$ 就可以使动态网络中的合作频率达到一个高值,此时网络呈现等级结构,而且随着移边概率 p 的增加,网络的聚类系数增加,网络异质性增强,这是由于越来越多的背叛者因"失道"而寡助,合作者因"得道"而可以成为中心节点。

合作者占据中心节点具有很强的稳健性:当网络演化到稳定状态时,强行把网络中收益最高的合作者变为背叛者,会使网络合作频率出现短暂震荡,然而经过一段暂态过程后,网络演化为一个新的等级网络,合作者重新占据中心节点,动态网络的合作水平与震荡前相比没有明显变化。

帕切科(Pacheco)等同样研究了个体策略与网络结构协同演化的网络博弈模型。在他们的模型中,结构演化和策略演化具有不同的时间尺度。当网络结构演化时,采取不同策略的个体以相应的概率建立连接,通过这些连接进行博弈并获取收益,策略演化则采取配对比较规则。

当网络结构的演化速度远远慢于个体进行策略更新的速度时,此博弈模型等价于在静态网络结构上的博弈演化。而当网络结构演化速度远远快于个体策略更新速度时,上面的协同演化机制则导致博弈矩阵元的数值进行了不同标度的重整化,其直接的结果是矩阵元数值大小的排序关系发生改变,从而使得原先的博弈类型发生本质性的转变,所产生的博弈动力学相当于博弈个体在一个全连接图上进行另一种类型的博弈。

博弈类型转变的直接结果是使得原先处于弱势的策略,如囚徒困境博弈中的合作策略,有可能变成处于强势的策略,从而有利于合作策略的涌现与维持。

11.7.1 动态网络下的囚徒困境模型

考虑个体带简单记忆的网络拓扑与博弈共同演化的简单模型。初始网络从规则随机图开始,每个节点与其所有邻居连续进行囚徒困境博弈 n 轮,在每一轮,节点依据配对比较更新规则进行策略调整,同时记下邻居作弊次数。博弈完 n 轮后,随机选择 m 个个体进行邻居关系调整。被选中的个体将把连到作弊次数最多的邻居的边断开,然后随机重连到该邻居的一个邻居。参数 n 和 m 可以看成博弈动力学和拓扑调整的时间尺度。在我们的模型中,策略更新采用同步方式,拓扑调整是异步的,因此,拓扑调整要比博弈动力学缓慢很多,这与现实是符合的。

从图 11-12(a)可以看出,演化的网络是异配的,即度大的节点倾向于与度小的节点相连。由于我们的拓扑调整规则是断开重连到邻居的邻居,在拓扑调整中度大的节点相较一般的节点更易被其他节点搜索连接上,因此网络呈现异配性。同时,拓扑调整也造成了网络的异质性,图 11-12(b)显示了网络度的方差变化情况[其中的插图是终态时网络的累积度分布图,$N=10^4$,$(k)=8$,$b=1.2$,$n=6$,$K=0.02$,$m=100$]。可以看出,随着网络的演化,网络变得越来越异质,而异质性是利于合作产生的。因此在拓扑和博弈的共同作用下,合作水平会慢慢增强,如图 11-12(c)所示。图 11-12(d)显示了网络中 C-C/C-D/D-D 边的比例变化情况。C-C 边数不断增多,C-D 和 D-D 边最终受到抑制而消失。这说明,拓扑调整加强了合作者和合作者之间的同配连接,削弱了 C-D 和 D-D 之间的连接,使得整个网络向有利于合作者的方向演化,最终使得合作者占上风。

从图 11-13 中可以发现,在保持平均度、博弈轮数不变的情况下,对于固定的 b,存在调整拓扑次数的临界值 mc,当 $m>mc$ 时,合作者的比例会演化到 100%。图中的插图提供了固定其他参数时,mc 随 b 的变化情形,即随着作弊收益 b 的增加,必须使调整拓扑次数相应增加,才能保证合作者占上风。结果表明,拓扑和博弈动力学共同演化是促进合作水平提高的一个重要机理。

上述模型中假设个体断开与作弊次数最多的邻居相连的边,再重连到此邻居的邻居。

(a) 度相关系数

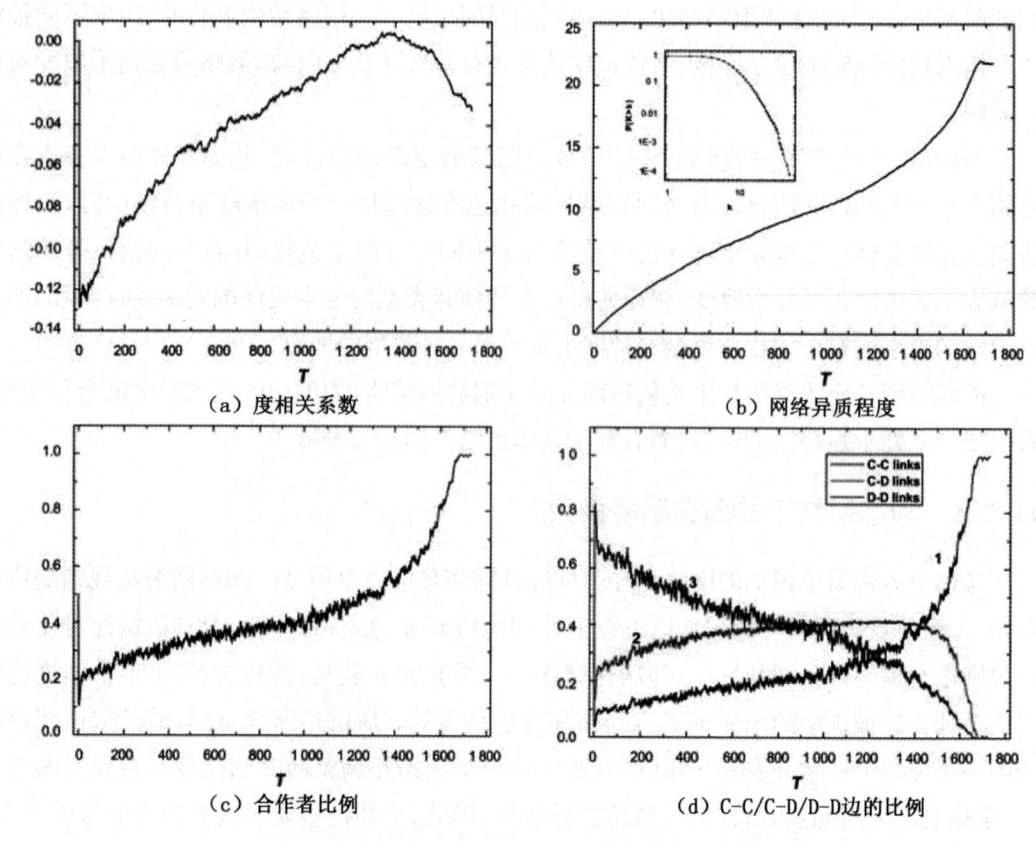

(b) 网络异质程度

(c) 合作者比例

(d) C-C/C-D/D-D边的比例

图 11-12　网络拓扑随着个体调整邻居关系而变化的过程[16]

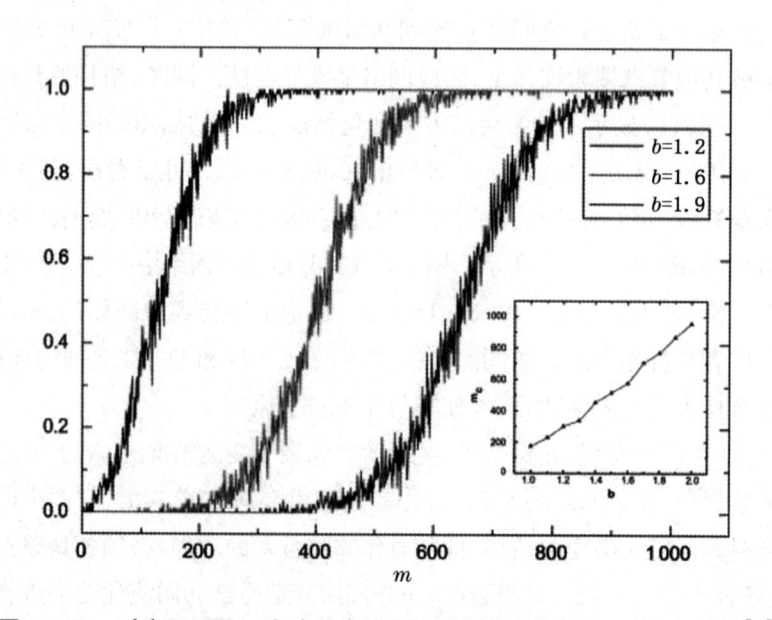

图 11-13　对应于不同 b 时,合作者的比例随调整拓扑次数 m 的变化结果[16]

事实上，更为合理的情形是，个体断边重连时，既可以与邻居的邻居形成新边，也可以与除邻居之外的节点相连。因此，基于以上模型，我们假设个体断边重连时，以概率 p 连到邻居的邻居；反之，以 $1-p$ 的概率随机选择除邻居之外的节点相连。这里，参数 p 的大小表明个体与个体之间产生新边时的"有序性"与"随机性"的对比。当 $p \to 0$ 时，个体随机选择除邻居之外的节点产生新边（完全随机性）；当 $p \to 1$ 时，个体选择邻居的邻居产生新边（有序性）；当 $0 < p < 1$ 时，个体重连的新边介于完全随机性与有序性之间。

因此，这个假设良好地反映了现实情形中社会网络的演化特点：通常，人们可以通过朋友介绍来认识朋友的朋友，也可以偶然地不通过朋友介绍结交一个新朋友。

图 11-14 反映了演化到全 C 的仿真次数比例随 p 的变化情况。每个数据点对应从初始条件 C 和 D 等比例随机分布开始的 10^3 次独立仿真结果。$N=10^3$，$\langle k \rangle = 4$，$K=100$，$b=1.4$，$n=6$，$m=50$。从中可以发现，在博弈关系和策略更新共同演化的情形下，断开旧边、产生新边中的"有序性"的倾向越大，越不利于合作的产生。换言之，在共同演化情形下，断边重连到邻居的邻居并不利于合作。相反地，如果随机地选择除邻居之外的节点作为新的博弈对象，就有助于合作现象的涌现。

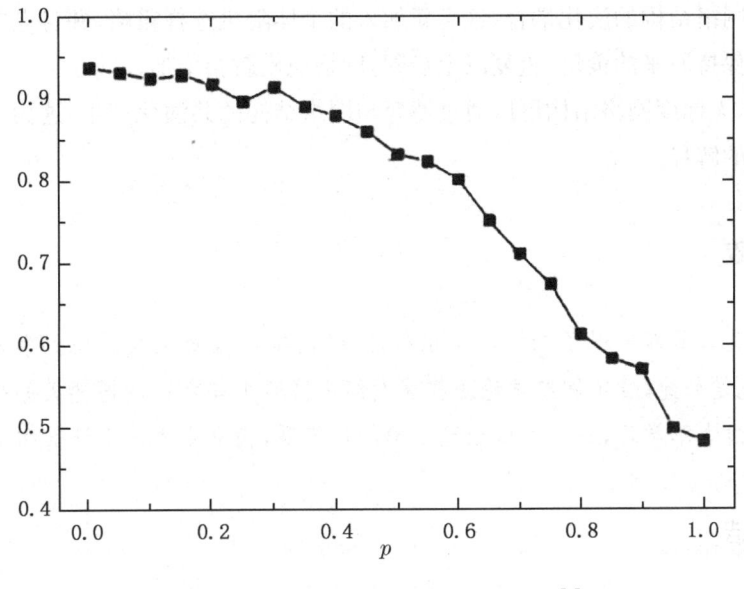

图 11-14 合作水平随参数 p 的变化[2]

11.7.2 动态网络下的雪堆博弈模型

桑托斯等人考虑了网络拓扑调整与博弈演化之间的时间尺度关系，并假设不满意博弈结果的节点以一定概率断开与邻居中背叛者的边，并随机重连到背叛者的邻居，发现存在时间尺度之比的临界值，一旦超过这个临界值，合作将占上风。采用雪堆博弈模型，初始有 $m_0 = 10$ 个随机连接的节点，每个节点的初始状态随机赋予 C 或 D。所有个体同时博弈并根据收益矩阵计算所得的收益,然后任意一个节点 i 随机选择一个邻居 j 来更新自己的策略,i 学习 j 策略的概率由它们之间收益的差别决定,即

$$p_{ij}=\frac{1}{1+\exp[(M_i-M_j)/T]} \tag{11-6}$$

其中,M_i 和 M_j 是 i 和 j 在上一轮博弈中的总收益。这里,T 刻画决策中的噪声,也即随机因素。

注意:对于不同的网络结构,噪声起不同的作用。因为网络规模是不断增加的,所以很难保证噪声起相同的作用,因此在模型的演化过程中将 T 固定为 0.1。

当个体策略更新结束后,一个新的个体加入已有网络,并且连接 m 个已有的老的个体,偏好连接的概率正比于已存在节点上个体的收益:

$$\Pi_{new \to i}=\frac{M_i+W}{\sum_j(M_j+W)} \tag{11-7}$$

其中,M_i 和 M_j 是 i 和 j 在博弈过程中的总收益,W 是一个可调参数,反映个体加入系统之初的原始资本。为简单起见,设 W 为常数。

这种基于收益的偏好选择规则反映了社会系统中"富者越富"的马太效应,也将博弈的演化动力学与网络结构的演化耦合,这个新加入的个体随机选择策略,并且老的个体在下一轮博弈开始时保持原来的策略,重复以上步骤,网络规模就会增加。

结果表明,无标度网络结构可以通过博弈与网络结构的共演化产生,这为无标度网络的产生提供了新的解释。

课程思政

网络的演化与博弈体现了"运动、变化和发展"的辩证唯物主义思想。事物是不断发展的,网络结构也是如此,复杂网络理论为描述网络中博弈个体之间的博弈关系提供了方便的系统框架。通过本章学习,我们可以塑造正确的价值观,树立牢固的辩证唯物主义思想。

本章小结

复杂网络上的演化博弈研究是近年来随着复杂网络研究的兴起而逐渐引起关注的一个重要研究领域。目前,大部分工作集中在囚徒困境博弈或雪堆博弈研究上,对其他类型的博弈还缺乏系统的研究。因此,有必要进一步考虑多人博弈的情形,如公用品博弈、多策略博弈、石头-剪刀-布博弈等。

目前,大多数工作得到的只是一些数值仿真结果,由于数学工具的不足,因此对复杂网络上的博弈动力学进行解析非常困难。一些近似方法,如平均场方法、对估计方法对异质程度很大的网络很有可能失效。因此,寻求有效的数学工具,探求更好的理论结果,将一些数值结果命题化、严格化、一般化,将是十分有意义的。

思考题

1. 为什么将网络拓扑概念引入博弈理论?
2. 演化博弈和经典博弈理论的三个关键概念的区别是什么?
3. 演化博弈可以找到纳什均衡吗?

参考文献

[1]刘波,钱金金,邹杰涛,等.基于复杂网络上的演化博弈[J].数学的实践与认识,2015,45(1):261—265.

[2]荣智海.复杂网络上的演化博弈与机制设计研究[D].上海交通大学,2008.

[3]杨阳,荣智海,李翔.复杂网络演化博弈理论研究综述[J].复杂系统与复杂性科学,2008,5(4):47—55.

[4]张宏娟,范如国.基于复杂网络演化博弈的传统产业集群低碳演化模型研究[J].中国管理科学,2014,22(12):41—47.

[5]范厚明,李筱璇,刘益迎,等.北极环境治理响应复杂网络演化博弈仿真研究[J].管理评论,2017,29(2):26—34.

[6]徐莹莹,綦良群.基于复杂网络演化博弈的企业集群低碳技术创新扩散研究[J].中国人口资源与环境,2016,26(8):16—24.

[7]李春发,冯立攀.考虑外部性的生态产业共生网络演化博弈分析[J].复杂系统与复杂性科学,2014,11(3):58—64.

[8]杨涵新,汪秉宏.复杂网络上的演化博弈研究[J].上海理工大学学报,2012(2):166—171.

[9]田炜,邓贵仕,武佩剑.基于复杂网络与演化博弈的群体行为策略分析[J].计算机应用研究,2008(8):2352—2354+2376.

[10]Nowak M,May R. Evolutionary games and spatial chaos[J]. Nature,1992(359):826—829.

[11]Hauert C,Doebeli M. Spatial structure often inhibits the evolution of cooperation in the snow drift game[J]. Nature,2004,428(6983):643—646.

[12]Shang L H,Li X,Wang X F. Cooperative dynamics of snow drift game on spatial distance-dependent small-world networks[J]. European Physical Journal B,2006,54(3):369—373.

[13]Santos F C,Pacheco J M. A new route to the evolution of cooperation[J]. Journal of Evolutionary Biology,2010,19(3):726—733.

[14] Rong Z H, Li X, Wang X F. The emergence of stable cooperators in heterogeneous networked systems[C]//2008 IEEE International Symposium on Circuits and Systems. Seattle, Washington, USA, 2008.

[15] Rong ZH, Li X, Wang X F. Roles of mixing patterns in cooperation on a scale-free networked game[J]. Physical Review E, 2007, 76(2): 027101.

[16] Feng Fu, Xiaojie Chen, Lianghuan Liu, Long Wang. Promotion of cooperation induced by the interplay between structure and game dynamics[J]. Physica A: Statistical Mechanics and its Applications, 2007, 383(2): 651—659.

第十二章
复杂系统的可靠性预计

全章提要

- 12.1 可靠性理论概述
- 12.2 典型系统模型
- 12.3 网络分析法
- 12.4 马尔可夫状态链法
- 12.5 故障树分析法

课程思政

本章小结

思考题

参考文献

12.1 可靠性理论概述

可靠性理论起源于20世纪30年代,最初是采用统计学的方法作为分析方法,主要应用于工业产品的质量控制。第二次世界大战期间,军用电子设备飞速发展,与此同时遇到了设备因可靠性很差而严重影响使用效果的问题,因此需要一套科学的方法,将可靠性问题贯穿于产品的研制、生产、使用和维修的全过程。由此,美国率先开始了对可靠性问题的正规研究。1952年美国国防部下令成立由军方、工业界及学术界组成的电子设备可靠性顾问组(AGREE),并于1957年提出了著名的报告——《电子装备的可靠性》。

经过数十年的研究和发展,可靠性的研究领域已从军事技术扩展到民用技术,融入了现代社会的各个领域,渗透到国民经济中具有可靠性要求的方方面面。随着科学技术的发展和进步,现代社会对产品各方面的要求越来越高,使得产品的可靠性问题日益突出并受到前所未有的重视,与之相关的研究也越来越多、越来越广、越来越深入。同时,现代技术的不断进步以及研究方法的改善大大推动了可靠性理论的迅速发展,促进了可靠性理论的日趋完备。时至今日,可靠性已经发展成为由故障分类学、统计学、失效物理学、环境科学和系统工程等学科综合而成的综合性学科,形成了可靠性数学、可靠性物理、可靠性工程三个主要技术领域,其研究对象由最初的硬件可靠性扩展到软件可靠性、人因可靠性等,研究方向从常规可靠性扩展到模糊可靠性、稳健可靠性和灰色可靠性等,研究方法从数理统计到运筹学、模糊数学、图论、计算机学等,形成了各具特色的流派和分支,取得了许多重大理论成果和实践经验。可靠性理论与国民经济和国防科技息息相关,其逐渐在理论研究和实际应用中走向成熟,其地位也越来越重要,必将在未来的科技和经济发展中得到更加广泛和深入的研究和应用。

随着科学技术的发展,特别是近二十年来,各种技术取得了突破性的进展,使得现代的各种系统朝着综合化、电子化、集成化、普遍化等方向迅猛发展,导致系统变得越来越复杂。这种复杂性不仅体现在系统的结构和规模上,而且体现在以下几个方面:

一是系统的动态特性复杂。科技的进步和生产的发展使得人们接触和应用到的系统越来越广泛,其中有许多系统虽然结构简单、规模相对较小,但部件或子系统之间的关系密切、关联性强、影响因素众多且影响程度不一,因此,系统通常具有比较复杂或特殊的动态特性,如部件失效率变化规律、系统失效形式等,这就使得人们对系统可靠性的研究产生很大的困难。

二是系统的工作条件复杂。现有研究已经证明,工作条件的变化会对系统可靠性产生不同的影响。这些影响条件既包括温度、湿度和电压等环境条件,也包括操作人员或维修人员的生理状况、心理状况等人因条件。工作条件的复杂性一方面体现为影响因素较多、影响效果不一,另一方面体现为影响因素大多具有不确定性,很难建立精确的数学模型以对其进行描述和分析。

三是系统功能层次复杂。此类系统通常有多个功能模块和多层结构,每个模块和层次都由不同的部件或子功能组成,部分部件或子功能的失效并不代表整个系统的失效。由于系统结构和运行机理的复杂性、现实条件的限制以及人们认识上的局限性,系统的某些部件、子功能或者整个系统的真实状态是不可测或无法定量分析的,因此对于此类系统,采用传统的方法很难对其进行全面而有效的研究。

四是系统复杂性的提高也导致了系统可靠性问题的日益突出,系统越复杂,其承载的信息量越大,功能越强,应用范围越广,一旦系统失效,所带来的损失将是巨大的甚至是灾难性的。如果能够快速、有效、准确地对复杂系统的可靠性进行分析研究,则无论是正确估计实际系统的性能,还是进行可靠性增长设计,对减少投资、减轻风险都具有极为重要的意义。

系统可以分为可修复系统与不可修复系统两类。可修复系统是指通过维修来恢复功能的系统;不可修复系统是指系统或组成单元一旦发生故障,就不再修复,处于报废状态的系统。

12.2 典型系统模型

12.2.1 串联系统

组成系统的所有单元中,任一单元的故障都会导致整个系统的故障,该系统称为"串联系统"(如图 12-1 所示)。

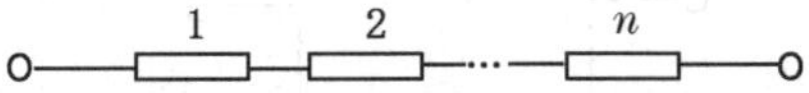

图 12-1 串联系统的可靠性框图

系统由 n 个部件组成,其中,第 i 个部件的寿命为 x_i,可靠度为 $R_i = P{x_i > 1}$ ($i=1,2,\cdots,n$)。假定 $x_1, x_2, x_3, \cdots, x_n$ 相互独立,若初始时刻为 0 时,所有部件都是新的,且同时工作,则串联系统的寿命如下:

$$X_s = \min{x_1, x_2, \cdots, x_n} \tag{12-1}$$

系统可靠性如下:

$$\begin{aligned} R_s(t) &= P(X_s > t) \\ &= P{\min(x_1, x_2, \cdots, x_n) > t} \\ &= P{x_1 > t, x_2 > t, \cdots x_n > t} \\ &= \prod_{i=1}^{n} P{x_i > t} \end{aligned}$$

$$= \prod_{i=1}^{n} R_i(t) \qquad (12-2)$$

当第 i 个部件的故障率函数为 λ_i 时,系统的可靠度如下:

$$\begin{aligned} R_s(t) &= \prod_{i=1}^{n} e^{-\int_0^t \lambda_i(u)du} \\ &= e^{-\int_0^t \sum_{i=1}^{n} \lambda(u)du} \\ &= e^{-\int_0^t \lambda_s(u)du} \end{aligned} \qquad (12-3)$$

串联系统的故障率如下:

$$\lambda_s(t) = \sum_{i=1}^{n} \lambda_i(t) \qquad (12-4)$$

平均寿命如下:

$$MTTF = \frac{1}{\sum_{i=1}^{n} \lambda_i} \qquad (12-5)$$

设计串联系统时,应当选择可靠度较高的元件,并尽量减少串联的元件数。

12.2.2 并联系统

当组成系统的所有单元都发生故障时,系统才发生故障,该系统称为"并联系统"。并联系统是最简单的冗余系统(有储备模型),其可靠性框图如图 12-2 所示。

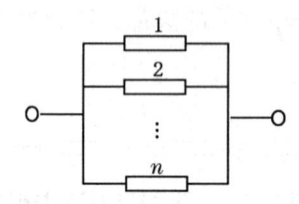

图 12-2 并联系统的可靠性框图

系统由 r 个部件组成,其中,第 i 部件的寿命为 x_i,可靠度为 $R_i = Px_i > t (i=1,2,\cdots,n)$。假定 $x_1, x_2, x_3, \cdots, x_n$ 相互独立。当初始时刻为 0 时,所有部件都是新的,且同时工作,则并联系统的寿命如下:

$$X_s = \max x_1, x_2, \cdots, x_n \qquad (12-6)$$

那么,系统可靠性如下:

$$\begin{aligned} R_s(t) &= P \max(x_1, x_2, \cdots, x_n) > t \\ &= 1 - P \max(x_1, x_2, \cdots, x_n) \leqslant t \\ &= 1 - P x_1 \leqslant t, x_2 \leqslant t, \cdots, x_n \leqslant t \\ &= 1 - P(x_1 \leqslant t) P(x_2 \leqslant t) \cdots P(x_n \leqslant t) \end{aligned}$$

$$=1-\prod_{i=1}^{n}[1-R_i(t)] \tag{12-7}$$

推出

$$F_s(t)=\prod_{i=1}^{n}F_i(t) \tag{12-8}$$

当部件寿命服从参数为 λ_i 的指数分布 $R_i(t)=e^{-\lambda_i t}(i=1,2,\cdots,n)$ 时，系统的可靠度如下：

$$R_s(t)=\sum_{i=1}^{n}e^{-\lambda_i t}-\sum_{1\leqslant i<j\leqslant n}e^{-(\lambda_i+\lambda_j)k}+\sum_{1\leqslant i<j<k\leqslant n}e^{-(\lambda_i+\lambda_j+\lambda_k)k}+\cdots+(-1)^{n-1}e^{-(\sum_{i=1}^{n}\lambda_i)t} \tag{12-9}$$

系统平均寿命如下：

$$MTTF=\sum_{i=1}^{n}\frac{1}{\lambda_i}-\sum_{1\leqslant i<j\leqslant n}\frac{1}{\lambda_i+\lambda_j}+\cdots+(-1)^{n-1}\frac{1}{\lambda_1+\lambda_2+\cdots+\lambda_n} \tag{12-10}$$

当 $n=2$ 时，系统的可靠度如下：

$$R_s(t)=e^{-\lambda_1 t}+e^{-\lambda_2 t}-e^{-(\lambda_1+\lambda_2)t} \tag{12-11}$$

平均寿命则如下：

$$MTTF=\frac{1}{\lambda_1}+\frac{1}{\lambda_2}-\frac{1}{\lambda_1+\lambda_2} \tag{12-12}$$

故障率如下：

$$\lambda_s(t)=\frac{\lambda_1 e^{-\lambda_1 t}+\lambda_2 e^{-\lambda_2 t}-(\lambda_1+\lambda_2)e^{-(\lambda_1+\lambda_2)}}{e^{-\lambda_1 t}+e^{-\lambda_2 t}-e^{-(\lambda_1+\lambda_2)t}} \tag{12-13}$$

12.2.3 混联系统

混联系统是串联系统和并联系统混合而成的系统（如图 12-3 所示）。

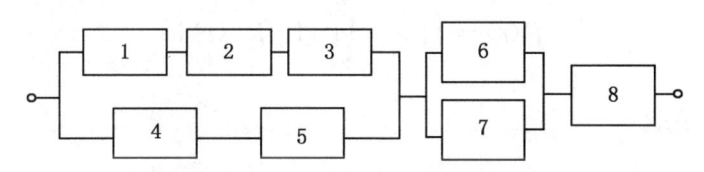

图 12-3 混联系统的可靠性框图

混联系统由于是串联系统和并联系统混合而成的，因此又分为串-并联系统和并-串联系统。

(1) 串-并联系统

由一部分单元先串联组成一个子系统，再由这些子系统组成一个并联系统，称为"串-并联系统"（如图 12-4 所示）。

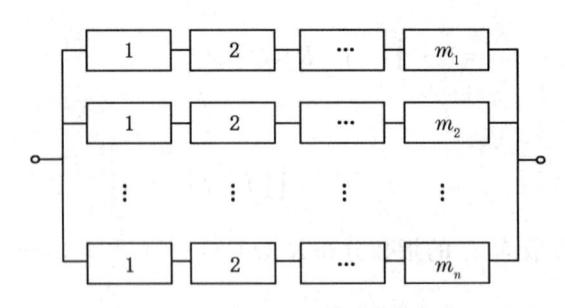

图 12-4 串-并联系统的可靠性框图

此时,串-并联系统的可靠性如下:

$$R(t)=1-\prod_{i=1}^{n}\left[1-\prod_{j=1}^{m_i}R_{ij}(t)\right] \tag{12-14}$$

(2)并-串联系统

由一部分单元先并联组成一个子系统,再由这些子系统组成一个串联系统,称为"并-串联系统"(如图 12-5 所示)。

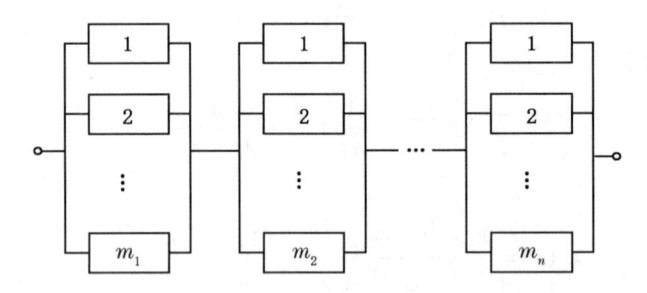

图 12-5 并-串联系统的可靠性框图

此时,并-串联系统的可靠性如下:

$$R(t)=\prod_{j=1}^{n}1-\prod_{i=1}^{m_i}\left[1-R_{ij}(t)\right] \tag{12-15}$$

12.2.4 表决系统

设系统由 n 个部件组成,系统成功地完成任务需要其中至少 k 个部件是好的,这种系统称为 $k/n(G)$ 结构(如图 12-6 所示),或称 n 中取 k 表决系统,其中 G 表示系统完好。

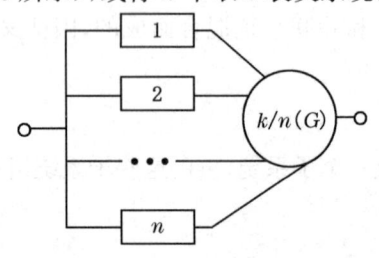

图 12-6 $k/n(G)$ 结构的可靠性框图

$n/n(G)$系统等价于 n 个部件的串联系统，$1/n(G)$ 系统等价于 n 个部件的并联系统，$M+1/(2m+1)$ 系统称为"多数表决系统"。

表决系统的解算定义：

$$x_i = \begin{cases} 1 & \text{第 } i \text{ 个部件正常,正常的概率为 } R \\ 0 & \text{第 } i \text{ 个部件故障,故障的概率为 } Q(1-R) \end{cases}$$

利用二项式定理：

$$(R+Q)^n = R^n + C_n^1 R^{n-1} Q + C_n^2 R^{n-2} Q^2 + \cdots + Q^n = 1 \qquad (12-16)$$

由于 $k/n(G)$ 满足 $\sum_{i=1}^{n} x_i \geqslant k$，因此，系统可靠度如下：

$$R_s(t) = \sum_{i=k}^{n} \binom{n}{i} R^i (1-R)^{n-i} \qquad (12-17)$$

当部件的寿命服从指数分布时，系统可靠度如下：

$$R_s(t) = \sum_{i=k}^{n} \binom{n}{i} e^{-i\lambda t} (1-e^{-\lambda t})^{n-i}$$

$$MTTF = \int_0^{\infty} R_s(t) \mathrm{d}t$$

$$= \sum_{i=k}^{n} \binom{n}{i} \int_0^{\infty} e^{-i\lambda t} (1-e^{-\lambda t})^{n-i} \mathrm{d}t$$

$$= \sum_{i=k}^{n} \frac{1}{i\lambda} \qquad (12-18)$$

12.2.5 非工作储备模型

组成系统的各个单元中只有一个单元工作，当工作单元出现故障时，通过转换装置接到另一个单元继续工作，直到所有单元都出现故障时系统才出现故障，称为"非工作储备系统"，又称"旁联系统""储备系统"（如图 12-7 所示）。

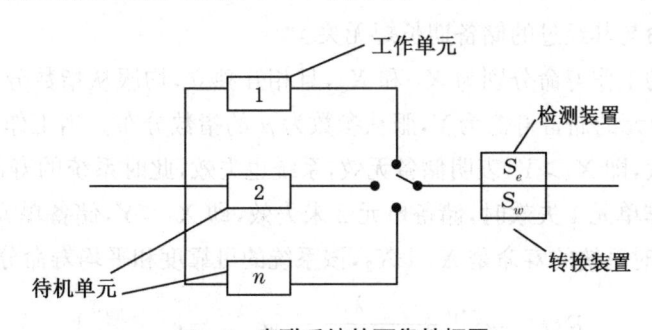

12-7 旁联系统的可靠性框图

旁联系统与并联系统的区别在于：并联系统中的每个单元一开始就处于工作状态，而旁联系统中仅有一个单元工作，其余单元处于待机状态。

旁联系统可分为两种情况：一种是储备单元在储备期内失效率为 0，另一种是储备单元在储备期内可能失效。

(1)储备单元完全可靠的旁联系统

储备单元完全可靠,是指备用的单元在储备期内不发生失效,也不劣化,储备期的长短对以后的使用寿命没有影响。转换开关完全可靠,是指使用开关时,开关完全可靠,不发生故障。

若系统由 n 个单元组成,其中,1 个单元工作,$n-1$ 个单元备用,第 i 个单元的寿命为 X_i,其分布函数为 $F_i(t)(i=1,2,\cdots,n)$,且相互独立;系统的工作寿命为 X,故有 $X=\sum_{i=1}^{n}X_i$,系统的可靠度如下:

$$R(t)=P(X>t)$$
$$=P(\sum_{i=1}^{n}X_i>t)$$
$$=1-P(\sum_{i=1}^{n}X_i\leqslant t)$$
$$=1-\iint_{x_1+x_2+\cdots+x_n\leqslant n}\mathrm{d}F_1(t)\mathrm{d}F_2(t)\cdots\mathrm{d}F_n(t)$$
$$=1-F_1\times F_2\times\cdots\times F_n \tag{12-19}$$

式中,$F_1\times F_2\times\cdots\times F_n$ 表示卷积。

系统的平均寿命如下:

$$\theta=E(\sum_{i=1}^{n}X_i)=\sum_{i=1}^{n}E(X_i)=\sum_{i=1}^{n}\theta_i \tag{12-20}$$

式中,θ_i 指的是第 i 个单元的平均寿命。

(2)储备单元不完全可靠的旁联系统

在实际使用中,储备单元由于受到环境因素的影响,在储备期间,失效率不一定为 0,当然,这种失效率不同于工作失效率,其一般比工作失效率小得多。如果两个单元组成的旁联系统中,一个为工作单元,另一个为备用单元,两个单元工作与否相互独立,则储备单元进入工作状态后的寿命与其经过的储备期长短无关。

设两个单元的工作寿命分别为 X_1 和 X_2,且相互独立,均服从指数分布,失效率分别为 λ_1 和 λ_2;第二个单元的储备寿命为 Y,服从参数为 μ 的指数分布。当工作单元 1 失效时,储备单元 2 已经失效,即 $X_1>Y$,表明储备无效,系统也失效,此时系统的寿命就是工作单元 1 的寿命 X_1;当工作单元 1 失效时,储备单元 2 未失效,即 $X_1<Y$,储备单元 2 立即接替工作单元 1 的工作,此时系统的寿命是 X_1+X_2,该系统的可靠度和平均寿命分别如下:

$$R(t)=e^{-\lambda_1 t}+\frac{\lambda_1}{\lambda_1+\mu-\lambda_2}[e^{-\lambda_2 t}-e^{-(\lambda_1+\mu)t}] \tag{12-21}$$

$$\theta=\frac{1}{\lambda_1}+\frac{\lambda_1}{\lambda_1+\mu-\lambda_2}\left(\frac{1}{\lambda_2}-\frac{1}{\lambda_1+\mu}\right)$$
$$=\frac{1}{\lambda_1}+\frac{1}{\lambda_2}\left(\frac{\lambda_1}{\lambda_1+\mu}\right) \tag{12-22}$$

特别地，当 $\lambda_1=\lambda_2=\lambda$ 时，系统的可靠度和平均寿命分别如下：

$$R(t)=e^{-\lambda t}+\frac{\lambda}{\mu}[e^{-\lambda t}-e^{-(\lambda+\mu)t}] \tag{12-23}$$

$$\theta=\frac{1}{\lambda}+\frac{1}{\lambda+\mu} \tag{12-24}$$

12.3 网络分析法

根据系统的可靠性框图，用弧表示单元的每个框并标明方向，然后在各框的连接处标上节点，就构成系统的网络图(如图 12-8 所示)。网络图是分析复杂系统的基础。

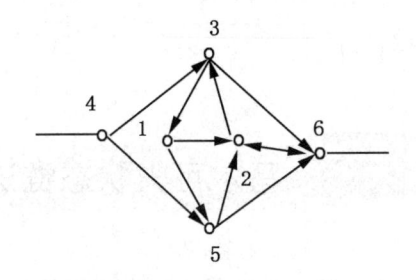

图 12-8 网络图示例

路：从指定输入节点 1 经过一串弧序可以到达输出节点 2，称这个弧序列为从 1 到 2 的一条路。

最小路：从节点到节点的弧序称为一条最小路。

最小路的长度：最小路中包含的弧的数量。

割集：指一些弧的组合，若该组合中所有元素(弧)都出现故障，就使得信息不能从输入节点到达输出节点，则称该弧集为一个割集。

最小割集：指一个割集合，且满足最小性，即集合中除去一个元素(弧)后就不是割集，则称之为一个最小割集。在一个割集中增加任意一个其他单元，就可使系统正常工作。

最小路与最小割的关系：利用摩根定律可以实现最小路与最小割的互换。假设最小路集为 $A_i(i=1,2,\cdots,m)$，每一条最小路由弧 x_{ij} 构成，即任意一条最小路为 $A_i=\bigcap\limits_{x_i\in A_i} x_{ij}$，系统成功事件 $S=\bigcup\limits_{i=1}^{m}A_i$，利用摩根定律：$S=\bigcup\limits_{i=1}^{m}A_i=\overline{\bigcap\limits_{i=1}^{m}\overline{A_i}}=\overline{\bigcap\limits_{i=1}^{m}(\bigcup\limits_{x_i\in A_i}\overline{x_{ij}})}$。

最小割集：$C_k=\bigcap\limits_{x_{kw}\in C_k}\overline{x_{kw}}$。

最小路集法思路：找出系统中可能存在的所有最小路集 $L_1,L_2,\cdots,L_n$，系统正常工作表示至少有一条路集畅通，即和事件。系统的可靠度 $R=P(\bigcup\limits_{i=1}^{n}L_i)$。

由概率加法公式得

$$R = \sum_{i=1}^{n} P(L_i) - \sum_{i<j=2}^{n} P(L_i L_j) + \sum_{i<j<k=3}^{n} P(L_i L_j L_k) + \cdots + (-1)^{n-1} P(L_1 L_2 \cdots L_n)$$

(12—25)

最小割集法：用最小割集法分析一个系统的可靠性的思路是找出系统中可能存在的所有最小割集 $G_1,G_2,\cdots,G_m$。系统失效表示至少有一条割集中所有弧对应的单元均失效，系统失效为和事件。系统的不可靠度 $F = P(\bigcup_{j=1}^{n}\overline{G}_j)$，$\overline{G}_j$ 表示第 j 条割集中所有弧对应的单元均失效。

由全概率加法公式可得

$$F = \sum_{j=1}^{m} P(\overline{G}_j) - \sum_{j<k=2}^{m} P(\overline{G}_j \overline{G}_k) + \sum_{j<k<l=3}^{m} P(\overline{G}_j \overline{G}_k \overline{G}_l) + \cdots + (-1)^{m-1} P(\overline{G}_1 \overline{G}_2 \cdots \overline{G}_m)$$

(12—26)

最后得到系统可靠度 $R = 1 - F$。

12.4　马尔可夫状态链法

设 $\{X(t),t \geqslant 0\}$ 是取值在 $E=\{i_1,i_2,\cdots,i_n\}$ 状态空间的一个随机过程。若对任意自然数及任意时刻点 $0 \leqslant t_1 \leqslant t_2 \leqslant t_n$ 均有

$$P\left\{X(t_n) = \frac{i_n}{X(t_1)} = i_1,\cdots,X(t_{n-1}) = i_{n-1}\right\} = P\left\{X(t_n) = \frac{i_n}{X(t_{n-1})} = i_{n-1}\right\}$$

$$i_1,i_2,\cdots,i_n \in E \quad (12-27)$$

则称 $\{X(t),t \geqslant 0\}$ 为离散状态空间上连续时间的马尔可夫过程。

定义状态概率 $P_j(t) = P\{X(t) = j\}$。

状态转移概率如下：

$$P_{ij}(\Delta t) = PX(t + \Delta t) = \frac{j}{X(t)} = i \quad (12-28)$$

齐次马尔可夫过程的性质：对任意的 $u,t > 0$，$PX(t+u) = \frac{j}{X(u)} = i = P_{ij}(t)$，$i,j \in E$ 与 u 无关，则称为齐次马尔可夫过程。

$$\begin{cases} P_{ij}(t) \geqslant 0 \\ \sum_{j \in K} P_{ij}(t) = 1 \\ \sum_{k \in E} P_{ik}(u) \cdot P_{kj}(v) = P_{ij}(u+v) \end{cases} \quad (12-29)$$

对单部件可用度建模。假设：系统的部件只能取两种状态——正常或者故障；部件的状态转移率（故障率和修复率）均为常数，即部件的故障分布和维修时间分布均服从指数分布；

状态转移可以在任意时刻进行,但在相当小的时间区间内不会发生两个及两个以上的部件转移,即同时发生两次或两次以上故障的概率为 0,每次故障或修理的时间与其他时间无关(如图 12-9 所示)。

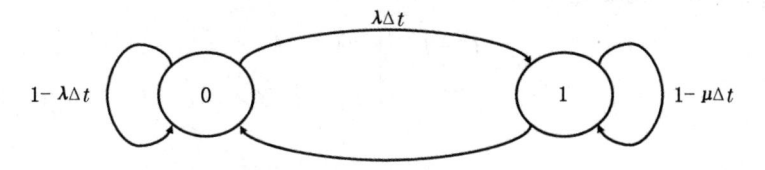

图 12-9 状态转移图

寿命 X 和维修时间 Y 服从指数分布。定义状态 $E=\{0,1\}$,0 表示部件正常,1 表示故障。

$$PX \leqslant \Delta t = 1 - e^{-\lambda \Delta t} = \lambda \Delta t + o(\Delta t)$$
$$PY \leqslant \Delta t = 1 - e^{-\mu \Delta t} = \mu \Delta t + o(\Delta t)$$

状态转移概率如下:

$$P_{00}(\Delta t) = PX(t+\Delta t) = 0/X(t) = 0 = 1 - \lambda \Delta t + O(\Delta t)$$
$$P_{01}(\Delta t) = PX(t+\Delta t) = 1/X(t) = 0 = \lambda \Delta t + O(\Delta t)$$
$$P_{10}(\Delta t) = PX(t+\Delta t) = 0/X(t) = 1 = \mu \Delta t + O(\Delta t)$$
$$P_{11}(\Delta t) = PX(t+\Delta t) = 1/X(t) = 1 = 1 - \mu \Delta t + O(\Delta t)$$

状态转移概率矩阵如下:

$$P_{ij}(\Delta t) = \begin{bmatrix} 1-\lambda \Delta t & \lambda \Delta t \\ \mu \Delta t & 1-\mu \Delta t \end{bmatrix}$$

全概率公式如下:

$$P(A) = P(A/B_1)P(B_1) + P(A/B_2)P(B_2)$$

令 $P(A) \rightarrow P_0(t+\Delta t), P(B_1) \rightarrow P_0(t), P(B_2) \rightarrow P_1(t)$。

利用全概率公式:

$$P_0(t+\Delta t) = P_0(t)P_{00}(\Delta t) + P_1(t)P_{10}(\Delta t)$$
$$= (1-\lambda \Delta t)P_0(t) + \mu \Delta t P_1(t) + o(\Delta t)$$

则

$$P_0'(t) = \lim_{\Delta t \to 0} \frac{P_0(t+\Delta t) - P_0(t)}{\Delta t}$$
$$= -\lambda P_0(t) + \mu P_1(t) \tag{12-30}$$

令 $P(A) \rightarrow P_1(t+\Delta t), P(B_1) \rightarrow P_0(t), P(B_2) \rightarrow P_1(t)$。

利用全概率公式:

$$P_1(t+\Delta t) = P_0(t)P_{01}(\Delta t) + P_1(t)P_{11}(\Delta t)$$
$$= \lambda \Delta t P_0(t) + (1-\mu \Delta t)P_1(t) + o(\Delta t)$$

$$P_1'(t)=\lim_{\Delta t\to 0}\frac{P_1(t+\Delta t)-P_1(t)}{\Delta t}$$
$$=\lambda P_0(t)-\mu P_1(t) \tag{12-31}$$

定义状态转移速率矩阵如下：
$$V=\frac{P-I}{\Delta t}=\begin{bmatrix}-\lambda & \lambda \\ \mu & 1-\mu\end{bmatrix} \tag{12-32}$$

则有
$$\begin{cases}P_0'(t)=-\lambda P_0(t)+\mu P_1(t)\\ P_1'(t)=\lambda P_0(t)-\mu P_1(t)\end{cases} \tag{12-33}$$

在将马尔可夫状态链法用于求解不可修系统问题时，如图 12-10 所示。

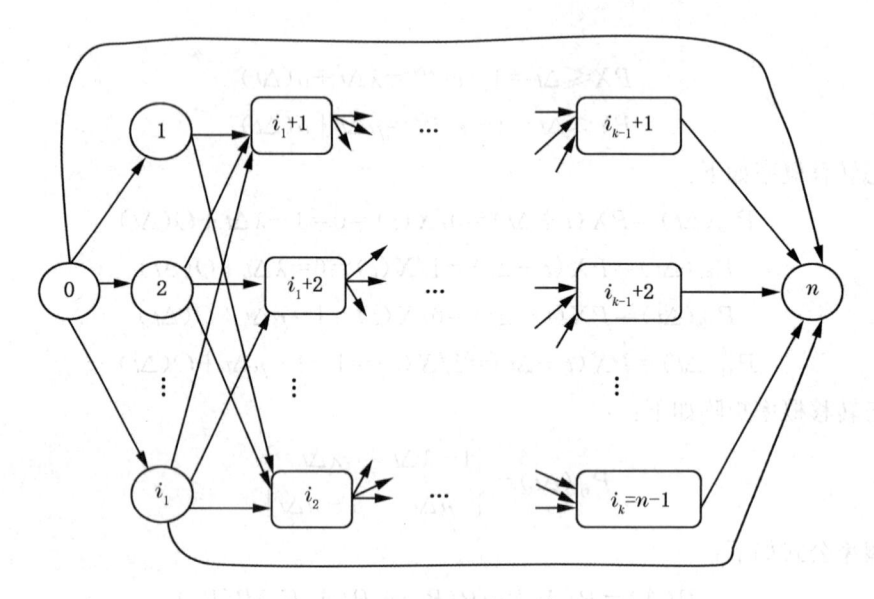

图 12-10 不可修系统

状态分为完好状态、一次故障状态、二次故障状态……k 次故障状态……n 次故障状态。当状态转移链长为 1 时，如图 12-11 所示。

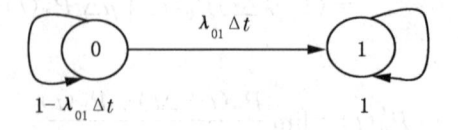

图 12-11 状态转移链长为 1

易得
$$P_1^{c_1}(t)=\frac{\lambda_{01}}{\lambda_{00}}(1-e^{-\lambda_{00}t}) \tag{12-34}$$

当状态转移链长为 2 时，如图 12-12 所示。

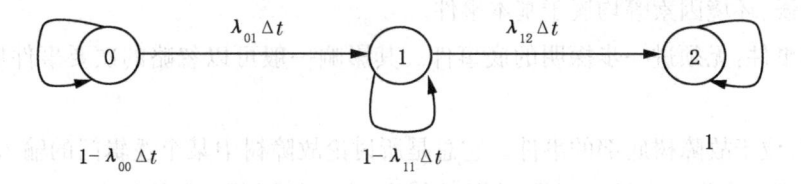

图 12-12　状态转移链长为 2

可得

$$P_2^{c_2}(t)=\frac{\lambda_{01}\lambda_{12}}{\lambda_{00}\lambda_{11}}\left(1-\frac{\lambda_{00}}{\lambda_{00}-\lambda_{11}}e^{-\lambda_{11}t}-\frac{\lambda_{11}}{\lambda_{11}-\lambda_{00}}e^{-\lambda_{00}t}\right) \quad (12-35)$$

当状态转移链长为 n 时，如图 12-13 所示。

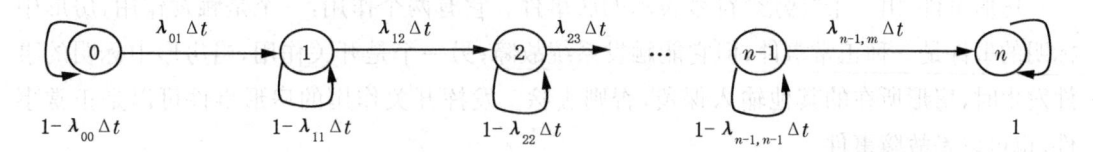

图 12-13　状态转移链长为 n

n 步链故障概率通式如下：

$$P_n^{c_n}(t)=\prod_{r=0}^{n-1}\frac{\lambda_{r,r+1}}{\lambda_{r,r}}\left[1-\sum_{k=0}^{n-1}\frac{\prod_{r=0}^{n-1}\lambda_{rr}}{\lambda_{kk}\prod_{\substack{r=0\\r\neq k}}^{n-1}(\lambda_{rr}-\lambda_{kk})}e^{-\lambda_{kt}}\right] \quad (12-36)$$

12.5　故障树分析法

故障树分析法（Fault Tree Analysis，FTA）是一种评价复杂系统的可靠性与安全性的方法。

早在 20 世纪 60 年代初，故障树分析法就由美国贝尔实验室首先提出并应用在民兵导弹的发射控制系统安全性分析中，用它来预测导弹发射的随机故障概率。后来，美国波音公司研制出故障树分析法的计算机程序，美国洛克希德公司将故障树分析法用于大型旅客机 L-1011 的安全可靠性评价。20 世纪 70 年代故障树分析法被应用到核电站事故风险评价中，计算出了初因事件的发生概率，令人信服地得出了核能是一种非常安全的能源的结论。

(1)故障树的基本组成：事件与逻辑门

故障树：一种特殊的树状逻辑因果关系图，它用规定的事件、逻辑门和其他符号描述系统中各种事件之间的因果关系。逻辑门的输入事件是输出事件的"因"，逻辑门的输出事件是输入事件的"果"。

基本事件：已经探明或尚未探明但必须进一步探明其发生原因的底事件，基本元部件故障或人为失误、环境因素等均属于基本事件。

非基本事件:无须进一步探明的底事件。其影响一般可以忽略的次要事件属于非基本事件。

底事件:位于故障树底部的事件。它总是所讨论故障树中某个逻辑门的输入事件,它在故障树中不进一步往下发展。通常,在故障树中,底事件用"圆形"符号表示。

顶事件:所分析的系统中不希望发生的事件。它位于故障树的顶端,因此它总是逻辑门的输出而不可能是任何逻辑门的输入。通常,在故障树中,顶事件用"矩形"符号表示。

中间事件:除了顶事件外的其他结果事件。它位于顶事件和底事件之间,是某个逻辑门的输出事件,又是另一个逻辑门的输入事件。通常,在故障树中,中间事件也用"矩形"符号表示。

房形事件:由一个"房形"符号表示的底事件。它有两个作用:一个是触发作用,房形中标明的事件是一种正常事件,但它能触发系统故障;另一个是开关作用,当房形中标明的事件发生时,房形所在的其他输入保留,否则去除。发挥开关作用的房形事件可以是正常事件,也可以是故障事件。

菱形事件:准底事件或称非基本事件,一般表示那些可能发生但概率值比较小或不需要进一步分析或探明的故障事件。通常,在故障树中,小概率事件用"菱形"符号表示。

条件事件:与逻辑门连用,用"椭圆形"符号表示。当椭圆形中注明的条件事件发生时,逻辑门的输入才有作用,输出才有结果。

(2)建树方法:人工建树和自动建树

人工建树原则:①故障事件应精确定义,指明故障是什么、在何种条件下发生,必须在框中叙述清楚;②问题的边界条件应定义清楚,明确限定故障树的范围,并做一定的假设,如导线不会发生故障、不考虑人为失误等;③建树应逐级进行,不允许"跳跃",即不允许门与门直接相连、事件与事件直接相连。只有门的全部输入事件确定清楚,输出有结果事件才能与另一个门相连。遵循这一原则能够保证每一个门的输出都是清楚的,输入都是确定的。

单调关联系统具有下述性质:①系统中的每个元部件对系统可靠性都有一定影响,只是影响程度不同而已。②系统中所有元部件发生故障,则系统一定发生故障;反之,系统中所有元部件正常,则系统一定正常。③系统中故障部件的修复不会使系统由正常转为故障;反之,系统中正常元部件故障不会使系统由故障转为正常。④任何一个单调关联系统的故障概率都不会比由相同部件构成的串联系统低,也不会比由相同元部件构成的并联系统高。

$$底事件 x_i = \begin{cases} 1 & 当底事件 e_i 发生时 \\ 0 & 当底事件 e_i 不发生时 \end{cases}$$

$$顶事件 \varphi(\vec{X}) = \begin{cases} 1 & 当顶事件 T 发生时 \\ 0 & 当顶事件 T 不发生时 \end{cases}$$

$$结构函数 \varphi(\vec{X}) = \varphi(x_1, x_2, \cdots, x_n)$$

割集:若集合中每个事件都发生故障,即引起顶事件发生,则称为故障树的一个割,所有符合以上定义的集合称为割集。

最小割集:若一个割,从中任意去掉一个事件后就不是割,则称其为一个最小割。

12.5.1 故障树定性分析

(1)下行法求最小割集

从顶事件往下逐级进行,用各门的输入基本事件来置换各门的输出,直到全部输入都是基本底事件为止。这种算法的原理:与门只能增加割集的元素数,而或门则能增加割集的数量。因此,置换的具体做法:将与门的输入事件排成行(增加一个割集的容量),将或门的输入事件排成列(增加割集的数量),列举矩阵-列表示全部用基本事件表示的割集,如图12-14所示。

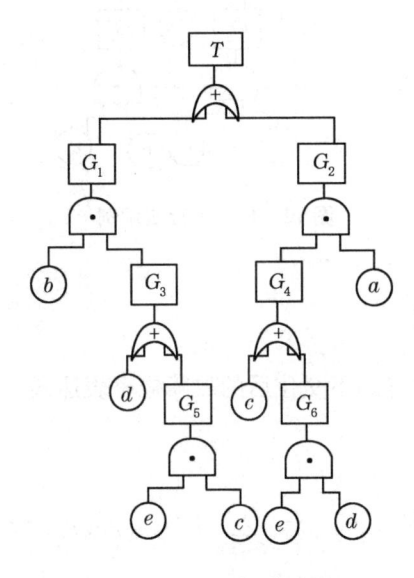

图 12-14 下行法示例

由表 12-1 易得最小割集:bd、ac、aed、bec。

表 12-1 下行法步骤示例

步骤1	步骤2	步骤3	步骤4	步骤5	步骤6
G_1	bG_3	bd	bd	bd	bd
G_2	G_2	bec	bec	bec	bec
		G_2	aG_4	ac	ac
				aG_6	aed

(2)上行法求最小割集

上行法是由下而上进行的,每做一步都利用集合运算规则进行简化。

为了书写方便,用"+"代替"∪",且省去"∩"符号。

如图12-15所示,最下级:$G_5=ec$,$G_6=ed$;往上一级:$G_3=d+ed$,$G_4=ed+c$;再往上一级:$G_1=bd+bec$,$G_2=ac+aed$;最上级:bd,ac,aed,bec。

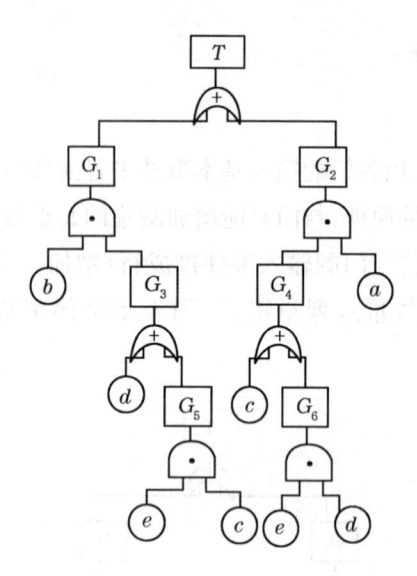

图 12-15 上行法示例

12.5.2 故障树定量评定

对于最小割集,同样可以得到不交化后的故障概率表达式:

$$F_s = P(\bigcup_{i=1}^{l} C_i)$$
$$= \sum_{i=1}^{l} P(C_i) - \sum_{i<j=2}^{l} P(C_i C_j) + \sum_{i<j<k=3}^{l} P(C_i C_j C_k) + \cdots + (-1)^{l-1} P(\bigcap_{i=1}^{l} C_i)$$

(12-37)

容斥定理公式有2^l-1项,l为最小割集数,不能太多,当$l=40$时,$2^{40}-1=1\times10^{12}$出现所谓"组合爆炸"的问题。由于复杂系统组成部件经常有成百上千个,因此最小割集的数目大于40的情况很多。所以,求最小割集的方法只能用于小型故障树。

由上述故障树的分析步骤可以看出,任何一个复杂的故障树分析不仅包括建造故障树,而且包括求最小割集、最小割集不交化及计算顶事件故障概率等,其计算量是巨大的。一般对于复杂系统而言,故障树的计算量随故障树规模的加大呈指数增长。为了减少故障树分析的计算量,常采用以下措施:

(1)割顶点法

绕开重复事件,从而分解出更多模块,如图12-16所示。

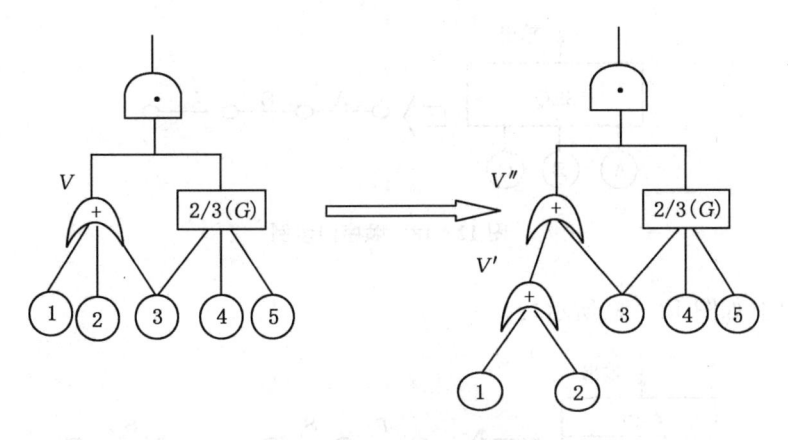

图 12‑16　割顶点法示例

(2)故障树早期不交化

一般故障树分析存在"组合爆炸"的问题,故障树的要害是繁,因此在进行故障树分析时,提倡"三早",即早期分解模块、早期进行逻辑简化、早期不交化。

早期不交化是故障树的"早期修剪术":早去复枝,免其繁衍。"复枝"是重复事件。

(3)动态故障树评定——马尔可夫过程

功能触发门(如图 12‑17 所示):

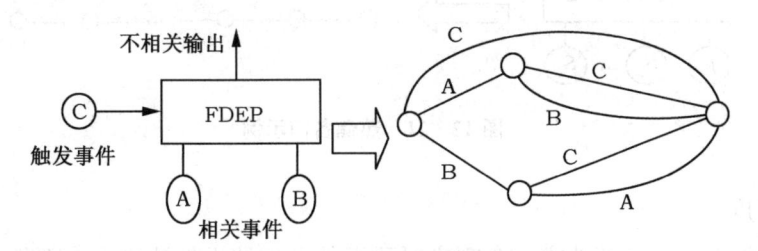

图 12‑17　功能触发门示例

优先与门(如图 12‑18 所示):

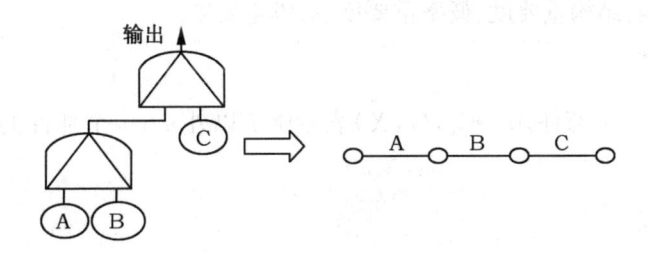

图 12‑18　优先与门示例

顺序门(如图 12‑19 所示):

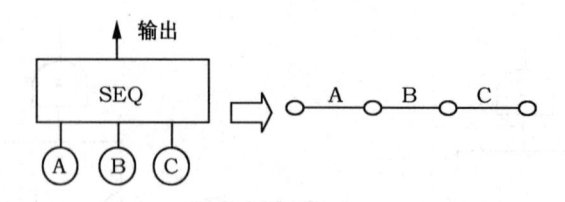

图 12-18 顺序门示例

冷储备门(如图 12-20 所示):

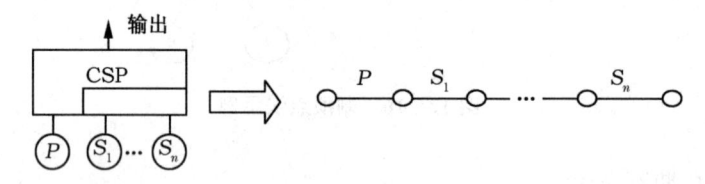

图 12-20 冷储备门示例

热储备门(如图 12-21 所示):

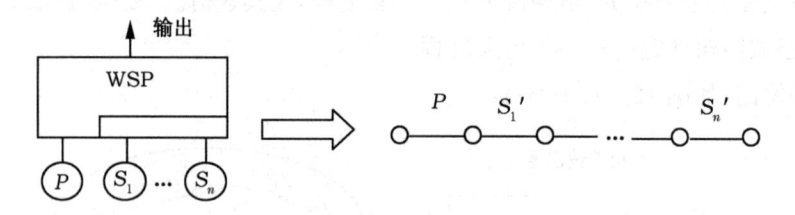

图 12-21 热储备门示例

(4)重要度

重要度的定义:一个部件或一个割集对顶事件发生的贡献被称为该部件或割集的重要度。重要度在可靠性工程中是非常重要的概念,它不仅可以用于可靠性优化、可靠性分配,而且可以指导系统运行和维修。

重要度的分类:结构重要度、概率重要度、关键重要度。

①结构重要度

关键向量:针对 i 部件,$0_i \to 1_i$,$(i, \vec{X})$ 表示除 i 以外 $n-1$ 个部件的状态,$\varphi(1_i, \vec{X}) - \varphi(0_i, \vec{X}) = 1$

关键向量的和:

$$n_\varphi(i) = \sum_{2^{n-1}} \varphi(1_i, \vec{X}) - \varphi(0_i, \vec{X}) \tag{12-38}$$

结构重要度:

$$I_\varphi(i) = \frac{1}{2^{n-1}} n_\varphi(i) \tag{12-39}$$

② 概率重要度

$$I_i^P(t) = \frac{\partial F_s(t)}{\partial F_i(t)} \tag{12-40}$$

其中：$F_i(t)$表示第i个部件或割集的故障概率，$F(t)$表示系统的故障概率，S系统故障概率包含了对系统结构的影响。因此，概率重要度既考虑了系统结构，又考虑了各部件的可靠度指标。

③ 关键重要度

$$I_i^{CR}(t) = \lim_{\Delta F_i(t) \to 0} \frac{\frac{\Delta F_s(t)}{F_s(t)}}{\frac{\Delta F_i(t)}{F_i(t)}} = \frac{F_i(t)}{F_s(t)} I_i^P(t) \tag{12-41}$$

考虑第i个部件故障概率的变化率引起系统故障概率的变化率。把改善一个较可靠的部件比改善一个不太可靠的部件难这一性质考虑进去，关键重要度比概率重要度合理。

课程思政

复杂系统的可靠性预计重点培养学生的系统化思维，我们对待任何事物，既要有深入细节的能力，也需要宏观把握整体问题的高度。本章的学习可以培养我们锐意创新的科学精神，通过实验实践法将可靠性概念进行标准化和颗粒化拆分，在促进对专业知识的理解和掌握的同时，深化文化自信，增强实事求是、锐意创新、全局与细节相结合的科学精神。

本章小结

复杂网络是复杂系统的抽象，现实中几乎所有复杂系统都可以用网络模型来描述其内部结构关系，因此基于系统的网络特性，将其转化为网络模型，利用网络研究系统可靠性，是未来可靠性研究发展的方向。针对某一系统，如何选取节点和连接边，构建能够表征系统拓扑结构的网络模型，不仅是基于网络研究系统可靠性的基础，而且是研究重点之一。

现有基于网络的复杂系统可靠性研究大多是对系统拓扑结构可靠性的分析，均未考虑部件的可靠性属性。因此，在系统拓扑网络模型的基础上，用来表征组成系统的各组分相互关系的拓扑结构和用来表征系统组分的节点可靠性属性/功能可靠性属性以构建评价系统可靠性的测度指标进而研究系统的可靠性，在国内尚属空白，然而却是研究复杂系统可靠性的新思路。

思考题

1. 系统的复杂性体现在哪些方面？
2. 典型系统模型有哪些？
3. 有哪些方法可以评价系统可靠性？

参考文献

[1] 孔伟. 复杂系统可靠性工程相关理论及技术研究[D]. 重庆大学, 2002.

[2] 覃庆努. 复杂系统可靠性建模、分析和综合评价方法研究[D]. 北京交通大学, 2012.

[3] 黄进永, 冯燕宽, 张三娣. 复杂系统理论在复杂网络系统可靠性分析上的应用[J]. 质量与可靠性, 2009(5): 23—27.

[4] 于丹, 李学京, 姜宁宁, 等. 复杂系统可靠性分析中的若干统计问题与进展[J]. 系统科学与数学, 2007, 27(1): 68—81.

[5] 马华孝. 复杂系统运行可靠性的逻辑分析与概率计算[J]. 成都科技大学学报, 1981(1): 152—179.

[6] 贾利民, 林帅. 系统可靠性方法研究现状与展望[J]. 系统工程与电子技术, 2015, 37(12): 2887—2893.

[7] Stavros Yannopoulos and Mike Spiliotis. Water Distribution System Reliability Based on Minimum Cut-Set Approach and the Hydraulic Availability[J]. Water Resources Management, 2013, 27(6): 1821—1836.

[8] Harish Garg. Reliability analysis of repairable systems using Petrinets and vague Lambda-Tau methodology[J]. ISA Transactions, 2013, 52(1): 6—18.

[9] Yong Chen, et al. A New Algorithm of GO Methodology Based on Minimal Path Set[J]. AASRI Procedia, 2012(3): 368—374.

第十三章 区块链网络模型中的复杂系统分析

全章提要

- 13.1 区块链概述及复杂网络
- 13.2 复杂网络在区块链中的应用
- 13.3 区块链网络用于隐私计算分析

课程思政

本章小结

思考题

参考文献

本章从复杂系统分析的角度对区块链进行了相关分析。区块链作为一种分布式存储技术,在金融、医疗、影视等多个领域有极大的应用前景。从复杂性视角来看,区块链是一个由多种节点相互联系构成的复杂系统。在区块链中,区块为节点,区块之间的联系为连边,因此,区块链也可以看成一种由社会网络构成的复杂系统。

13.1 区块链概述及复杂网络

区块链起源于国外,2008年中本聪(Satoshi Nakamoto)发表了一篇名为"比特币:一种点对点电子现金系统"的论文,描述了一种全新的电子现金系统——比特币。2009年1月3日第一个序号为0的创世区块诞生,2009年1月9日出现序号为1的区块,并与序号为0的创世区块相连接形成了链,标志着区块链的诞生。区块链虽然是因为比特币而进入大家的视野,但是区块链并不等于比特币,一般人认为,比特币是区块链的1.0时代。2013年底,维塔利克·布特林(Vitalik Buterin)发布了《以太坊:下一代智能合约和去中心化应用平台》,将智能合约引入区块链,提出了区块链的更多应用可能,也开启了区块链的2.0时代。2013年,泰达(Tether)公司发行了全球第一个稳定币——泰达币(USDT)。泰达币锚定美元,保持1∶1的兑换比例。也就是说,泰达公司每发行一个泰达币,就必须在其账户中增加一美元的储备。这种机制被称为"储备证明机制"(Proof of Reserves),而这类以法币为抵押发行的加密数字货币被称为法定资产抵押型稳定币。

国际上,区块链行业在向突破金融壁垒、降低金融交易摩擦成本不断迈进,国内区块链技术和企业也在飞速成长。2016年12月28日,区块链首次被写入《"十三五"国家信息化规划》;2017年6月27日,中国人民银行印发《中国金融业信息技术"十三五"发展规划》,根据公告,中国人民银行将积极推进区块链和人工智能等新技术的开发。同年,央行等七部门联合发布公告,正式叫停包括首次币发行(ICO)在内的"代币发行融资",不承认发源于国际上的虚拟货币的现实交易价值。2019年10月24日,中央政治局集中学习区块链,提出区块链技术是关键核心技术。随后,区块链发展进入快车道。2020年4月20日,国家发改委首次明确新型基础设施的范围,基于区块链的新技术基础设施是其中的重要组成部分。2020年中国人民银行研发的数字人民币(DCEP)开始在无锡、苏州、深圳等地测试。数字人民币是数字货币,虽然用到区块链的部分关键技术,但不是基于"区块链"的数字货币,数字人民币明确对标M0。

区块链可以说是目前在可能的应用程序领域方面具有很高期望的技术之一。它是一个全局分类账,可以有效地记录交易。每个块都包含在系统中创建和调度的一组事务。此外,每个块都包含一个时间戳、一个到上一个块的链接,并由其哈列值进行标识。所有事务都通过加密哈希函数进行签名和哈希。因此,该结构提供了一个不可篡改的日志,其中包含了所有交易历史。参与区块链的节点通过点对点(P2P)网络连接。每个节点都会维护整个事务历史记录的复制版本。

区块链存在多种形式。虽然比特币仍然是公众熟知的,但以太坊可能是最有效的解决方案之一。这是因为以太坊提供了大量由智能合约构成的应用程序。以太坊可以用术语"世界计算机"来描述,因为这个平台能够运行分布式应用程序。它提供了一种创建自我执行合同的方法。它们的执行是通过事务来触发的。一旦生成,就成为在点对点中的节点。区块链还可以通过执行相关的代码进行并发运算,所有计算程序都被记录在区块链中。因此,通过区块链,所有节点都会同步运算。

在以太坊,智能合约被认为是内部账户,可以与自己和外部拥有的账户进行交互,这些账户实际上是使用该系统的用户。这两种账户都有自己的运行方式,以一种被称为"以太"的分布式货币表示。以太是在以太坊运行的"燃料"。以太坊的每一笔交易都是通过平台的客户向执行所要求操作的机器付款而实现的。这辅助了一些应用程序,从加密货币交换到金融应用程序、代币和数字资产的存储和管理、公证系统、身份管理、投票系统,以太坊技术被应用于方方面面,尤其在医疗保健、供应链、物联网领域发挥了巨大的价值。

区块链(或区块链的一个子集)中发生的交易流可以表示为一个网络,其中,节点是以太坊账户(外部账户或智能合约)。在以太坊场景中,事务可以表示某种加密货币传输、智能合约的创建或调用合约。在区块链中记录的每个交易都对应于在网络中创建一个新链路的情况。这是因为,复杂的网络提供了合适的模型来表示一个区块链复杂系统,以及精妙的概念和方法来定义复杂性的本质。

通过改变提取记录事务的块的数量,我们获得了不同大小和复杂性的网络。这些网络呈现不同的特征,如大多数节点的访问程度较低、只有少量链接,这表明区块链中的交互水平很低。这些信息对于认识哪些是区块链演化的主要贡献很重要。

区块链是一种在区块中记录交易的分布式分类账。[1-2] 每个块包含一组事务,它有一个到前一个块的链接,从而创建一个按时间顺序排列的块链。假设块内的事务同时发生。在典型的场景中,交易记录了数字货币的交换,但实际上它们可以用来记录任何类型的事件。区块链技术吸引人的原因在于,点对点系统、加密技术、分布式共识方案和伪名的使用相结合,确保了已确认的交易集成为公开、可跟踪和防篡改的状态。后两个属性是通过使用加密哈希函数将后续块链接在一起而获得的,以便对块 A 中事务数据的修改更改后续块 B 中包含的哈希,从而更改块 B 的内容等。该区块链以点对点的方式跨多个节点进行复制。[3] 因此,任何改变区块链的尝试都会产生所有副本容易检测到的不一致性。

区块链使用数字假名(地址),通常是公钥的哈希,以提供某种程度的匿名性。因此,每个人都可以用一个给定的笔名跟踪一个实体的活动,但将一个笔名与一个特定的实体或个人关联起来在计算上是昂贵的(尽管不是不可能的)。[4-5] 以太坊是一个特定的基于区块链的软件平台,它能够构建和运行智能合同以及所谓的分布式应用程序。这样的平台也是一种相关的虚拟货币的基础,被称为"以太"。对于智能合约的定义,以太坊提供了一种图灵完整的编程语言,允许在区块链上创建程序并运行它们。以太坊使用账户及其余额来运作,这些余额通过状态转换来改变。该状态表示所有账户的当前余额,以及其他可能的额外数据。在所有无许可区块链中,为了提供匿名性,账户是匿名的,并链接到一个或多个地址。以太坊有两种账户类型:外部拥有的账户和合同账户。外部拥有的账户由个人控制。因此,与比特币类似,每个人都有自己的私钥,用于在以太坊区块链中进行交易。

复杂网络理论允许分析一个给定的真实系统或合成系统,并提取几个描述它的数学性质。[1]通常将点对点和分布式网络、通信网络、社交网络、生物网络及其他各种现象作为复杂网络。为了将一种现象描述为一个网络,实体通常被表示为网络节点,而这些实体之间的交互是连接这些节点的链接。根据相互作用的对称或不对称性质,这些链接可能分别是无向或有向的,关于复杂网络的统计指标可以参考本书第四章的内容。

13.2 复杂网络在区块链中的应用

将复杂的网络机制应用于分析区块链,可以有效地获取区块链中的网络基本特征和演化情况。在区块链中交互的账户可以被表示为网络节点,它们的交互可以被视为连接。[1,6]更具体地说,交互表示不同账户之间的事务。也可以将权重与每个连接相关起来,这可以进一步描述相互作用。例如,计数器可以关联和跟踪在一定时间间隔内进行的交易的数量;或者,它可能代表一些其他价值,如在两个账户之间转移的货币。[7-9]区块链中的网络形态如图 13-1 所示。

图 13-1 大约 1 小时的交互日志的以太坊网络图[1]

13.2.1 以太坊网络结构

表 13-1 显示了 6 个不同区块网络的相关度量指标,这些网络是通过考虑不同数量的区块中包含的事务集来获得的,网络中区块的数量可以分为 1、10、100、1 000、10 000、

100 000。正如我们所期望的那样,如果我们考虑包含在一个块中的事务,我们将得到一个非常简单的网络,节点和边都很少。由于节点数大于边数,因此我们可能会期望有与多个收件人相关的事务。由于事务的选择随机性,事务可能会涉及不同的节点,因此,所得到的网络有时候非常稀疏。

表 13-1　以太坊中网络的一般指标

区块	节点	平均聚类系数	元组
1	55	0	15
10	846	0	199
10^2	7 507	0.001	729
10^3	47 469	0.006	2 848
10^4	284 630	0.013	10 770
10^5	1 367 960	0.036	40 276

以太坊中区块链的组件有两种结构:星形结构和链式结构(如图 13-2 所示)。

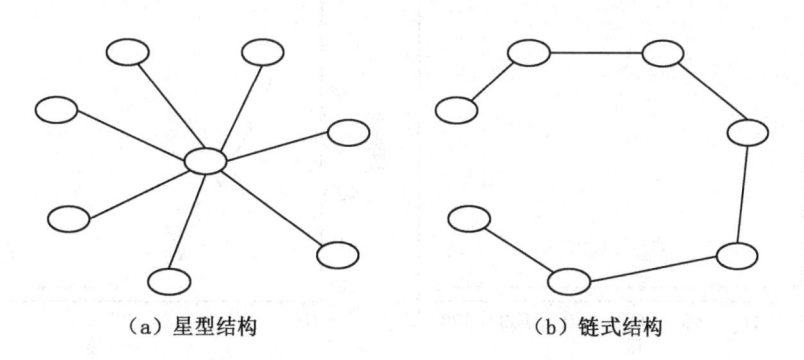

（a）星型结构　　　　　（b）链式结构

图 13-2　以太坊中区块链的组件结构[1]

13.2.2　区块的度分布

在以太坊网络中,区块的度分布是如何的,其是否遵循幂律函数? 在以太坊中,绝大多数节点执行单一的事务,它们的度等于 1。如果我们用对数尺度看以太坊中的度分布,就可以看到度的分布几乎线性下降,有一个长尾巴(如图 13-3 和图 13-4 所示),这表明这些度遵循幂律函数。值得提及的是,加密货币为用户收到的每一笔付款创建一个新的地址,这是为了了解不同事务的接收者,并增加匿名性的级别。加密货币的钱包能够管理不同的用户地址/账户,而新地址使得跟踪加密货币更加困难。实际上,每次用户参与其中作为事务的输出时,大多数在线钱包会自动创建一个新地址。此外,为了评估所考虑的网络的小世界特性,我们将其主成分的聚类系数和平均路径长度与等价随机图的聚类系数和平均路径长度进行比较(等价随机图是采用相同数量的节点和边随机分布在这些节点之间生成的)。如前所述,使用少量的块,只考虑有限的事务集。因此,我们的网络非常简单,联通子图很小。当我们增加块的量时,所得到的网络的聚类系数几乎为0。这就可以得出结论:以太坊区块链中的网络并不是一个小世界网络。[1]

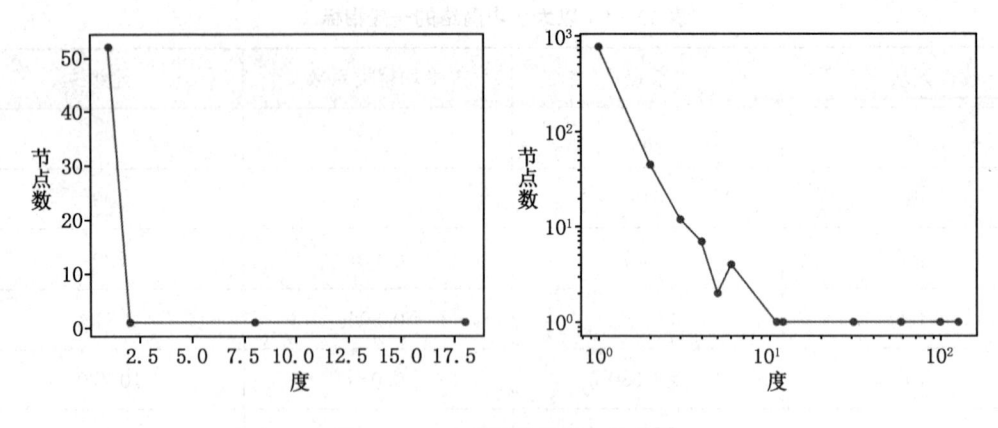

图13-3 一条区块链的度分布[1]

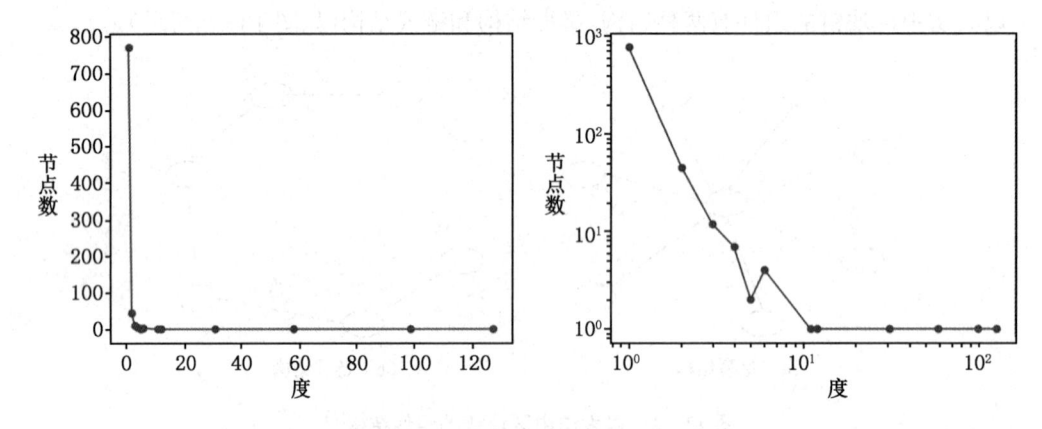

图13-4 十条区块链的度分布[1]

13.2.3 以太坊网络的变化

作为进一步的分析,本章试图了解以太坊网络是否会随时间的推移而变化,即本章试图了解以太坊区块链的演化是否会对相关网络产生影响。为了回答这个问题,我们对区块链进行不同的切片。由于区块链结构复杂,且连边较多,计算机难以捕捉到精细的结构,因此利用快照技术,及时捕获区块链的网络结构。根据不同尺度,设计了不同的区块快照规模:1 000 000、2 000 000、3 000 000、4 000 000、5 000 000、6 000 000和7 000 000。每个区块链切片的大小是1 000个块(大约4小时)。当我们考虑从区块链的不同点获得的网络时,图13-5显示了不同的网络指标。这些指标度量了网络的相关特性[网络中的节点总数、连同子图的节点数量、连边的数量(包括整个网络和联通子图)、网络的连同子图的数量和平均最短路径长度]。总体来看,所有这些图都显示了网络在节点和交互方面是如何随时间增长的。

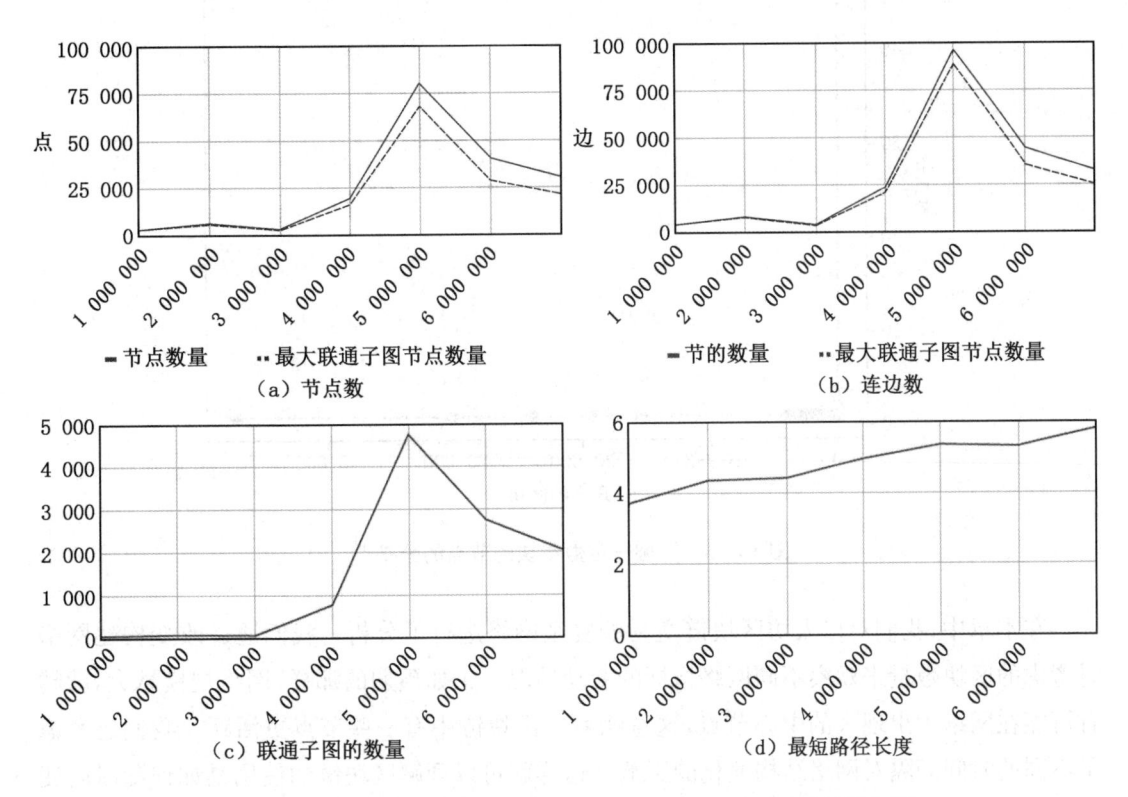

图 13‑5　包含 1 000 个区块的区块链的网络指标描述性统计特征[1]

13.2.4　矿工分布

区块链的分析允许检索不同类型的信息,这些信息与块的生成有关。除了在区块链中进行交互的账户数量,另一个有趣的指标与生成区块的矿工有关。特别是,了解矿工的分布是否真的是分散的,或者一小部分矿工是否控制了区块链,可能很有用。

图 13‑6 显示了挖掘一定数量块的节点的分布。在 x 轴上是由同一个矿工开采的区块数量。在 y 轴上,我们有挖掘该数量块的节点数量。在这种情况下,我们考虑了一个 1～180 000 块的子集。可以观察到,大多数矿工只能在考虑的时间间隔内开采一个区块,但也有一些节点已经开采了大量区块。特别地,似乎有 6 个节点挖掘了超过 10 000 个区块,一个节点开采了 47 193 个区块。这些节点可能是采矿池,即一组共享其处理能力的节点,其目标是根据对找到区块所贡献的工作量进行奖励分配。这一结果与区块链网站(如 https://www.etherchain.org/)提供的统计数据一致。

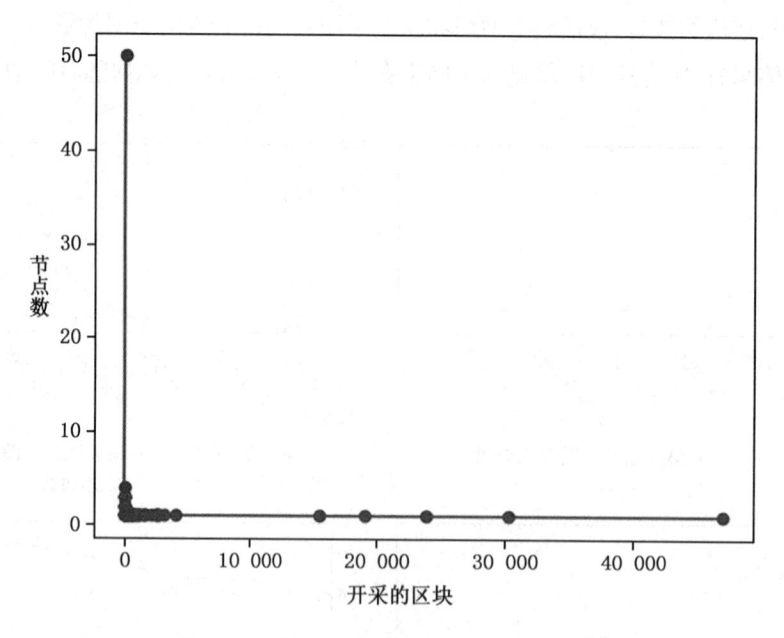

图 13-6　挖掘一定数量块的节点的分布[1]

在本章中,我们对以太坊区块链交易的复杂网络进行了分析。我们通过改变构建网络时考虑的区块数量来观察不同网络指标的变动情况。正如预期的那样,网络规模越大,就越有可能在网络中出现大的中心节点,这意味着在区块链中有一些节点更活跃。我们还考虑了不同的时间间隔对网络结构演化的影响。这样就可以理解区块链的使用是如何随时间变化的。由于以太坊账户是匿名的,因此不可能直接将外部账户映射到给定用户,我们可能会假设中心节点对应于知名账户,这可能代表流行的智能合约或允许交换以太的外部账户,如需要真实身份进行交易的服务(如在线钱包服务、货币兑换服务等)。在以太坊等公共区块链中,账户匿名是通过使用假名来代表一个账户,以及同一个用户与系统的不同交互之间的不可链接性而获得的。如果一个账户是网络中的枢纽节点,并且它不是一个流行的智能合约,就意味着相关的现实世界实体经常使用同一个账户进行交易。

13.3　区块链网络用于隐私计算分析

随着大数据时代的到来,如何保护隐私数据和防止敏感信息泄露成为当前面临的重大挑战。在具体应用中,隐私即数据,所有者不愿意披露的敏感信息包括敏感数据以及数据所表现的特性。[10] 含有隐私的信息在网络传播的过程中,隐私感知、隐私保护、隐私分析都依赖对隐私信息的定量化描述、对隐私信息处理过程中的形式化描述、对隐私度量演化的公理化描述体系。隐私计算模型是基于多维度的隐私定义、刻画及演化理论构建的计算模型,可利用信息论、博弈论、优化理论、计算复杂性理论等工具,提出隐私的量化定义,建立一整套隐私信息处理过程中隐私变换的描述和计算规则,揭示隐私度量、隐私泄露收益损失比、隐私保护与分析复杂性代价以及隐私保护效果之间的内在联系,为隐私保护技术提供一套科学的、体系化的理论工具。

13.3.1 隐私计算的概念与模型

隐私计算是面向隐私信息全生命周期保护的计算理论和方法,是隐私信息的所有权、管理权和使用权分离时隐私度量、隐私泄漏代价、隐私保护与隐私分析复杂性的可计算模型与公理化系统。[11]隐私计算涉及 6 个因素(X,S,R,C,φ,Σ)。X 为隐私信息集合,其概率分布的定义与隐私度量紧密相关;S 为信息所有者集合;R 为信息接收者集合(信息接收者拥有其知识背景、兴趣点、主观感受和理解力等);C 为隐私泄露收益损失比;φ 为信息利用时的约束条件集合(包含时间、空间、所用设备等的环境条件);Σ 为对隐私信息操作的集合,隐私感知、隐私保护、隐私分析、隐私信息的交换和二次传播、隐私信息更新等都可定义为对隐私信息集合的特定操作,将其抽象为符号化的描述,根据取值集合上定义的隐私度量可以定义隐私运算的规则,形成隐私计算的公理化体系。

隐私计算模型的核心是刻画隐私度量、隐私保护复杂性代价、隐私保护效果以及隐私泄露收益损失比四个量之间的关系,其中,隐私计算模型的研究范围如下:

①隐私信息产生:用户在使用互联网服务过程中产生的图片、位置、兴趣爱好、电话号码等各类文本、图像或音视频等隐私信息。

②隐私感知:从包含隐私的信息中构建隐私变量集合,或从变量集合中确定变量的取值或取值范围,产生隐私元数据,对隐私进行标记和编码,确定隐私变量的概率分布,从而对隐私变量中隐私度量的大小进行计算,为实施隐私保护提供支撑。

③隐私保护:根据隐私感知得到数据及其标记,选用相应的隐私保护方法,包括密码学方法、信息隐藏方法和数据扰乱方法。

④隐私发布:研究隐私信息在公众网络中传播的隐私计算机制。

⑤隐私信息存储:主要研究隐私保护之后的数据高效存储,使数据分类、组织、快速检索、判断不同方案的隐私保护信息的同源去重、同源同系统/同源不同系统的一致性维护。

⑥隐私信息的融合处理:研究设计一套协议和封装描述方法,可根据不同的隐私属性、场景、隐私信息等级来自适应地选择不同的隐私保护措施,充分发挥现有隐私保护技术的作用。

⑦隐私交换:研究新型的代理重加密、防密钥泄漏、跨系统交换的访问控制以及追责等机制来完成不同信息系统之间的隐私信息交互。

⑧隐私分析:从施加隐私保护方案的数据中提取隐私信息的值或确定其取值范围的过程,是隐私保护的逆过程。

⑨隐私销毁:在不再需要隐私信息,或隐私信息所有者希望终止隐私信息传播的场景中,需要将隐私数据永远不可逆地删除或销毁的确定性删除技术。

综上，研究者提出的隐私保护技术仅是隐私计算模型的部分内容，不足以涵盖隐私计算模型。为此，需要分析归纳泛在网络和大数据环境下的信息服务演化规律，提炼隐私保护的需求；研究基于多维度的隐私定义、刻画及演化理论，构建隐私计算模型，为隐私保护技术提供一套科学的、体系化的理论工具。

区块链的出现为隐私计算和隐私保护提供了丰富的应用场景——区块链作为一种分布式存储软件，可以对用户和企业信息上链，对上链后的信息进行分布式加密存储。

13.3.2 区块链的隐私性问题

数据是数字经济时代的土壤，是商业化过程中的核心竞争优势，用户与数据构成了现在数字经济竞争的基本逻辑法则。区块链是新一代的基于信任机制的分布式技术，在数据爆炸的现代商业经济中，在区块链建立这种多中心化技术信任的同时，最急需解决的问题是如何满足商业隐私的保护和操作权限的控制。因此，隐私计算成为区块链规模化商业应用中的核心问题之一。[12] 这里我们用公有链举例，意味着每一个参与用户都能够获得完整的数据备份，所有交易数据都是公开和透明的，这是区块链的优势特点——数据开放、透明、共享。然而，对于区块链上层应用场景来说，这是缺点，因为在很多情况下，不仅用户希望保护自己的账户隐私和交易信息，企业应用需求更是不想把这些商业机密公开分享给同行，隐私计算可以为应用场景提供安全隐私可透明的解决方案。[13—15]

(1) 零知识证明

零知识证明(Zero-knowledge Proof)指的是证明者能够在不向验证者提供任何有用信息的情况下，使验证者相信某个论断是正确的。零知识证明实质上是一种涉及两方或更多方的协议，即两方或更多方完成一项任务所需采取的一系列步骤。证明者向验证者证明并使其相信自己知道或拥有某一消息，但证明过程不能向验证者泄露任何关于被证明消息的信息。

在公有链中，不泄露的消息通常指的就是交易信息数据，它可以让交易数据更具隐私性，除了交易者外，其他人无法知道实际交易的信息。

举例：A 拥有 B 的公钥，A 没有见过 B 而 B 见过 A 的照片，某天两个人见面了，B 认出了 A，但 A 不能确定面前的人是不是 B，这时，B 要向 A 证明自己是 B，有以下两种方法：

① B 把自己的私钥给 A，A 用公钥对某个数据加密，然后用 B 的私钥解密，如果正确，则证明对方确实是 B。

② A 提供一个随机值，并使用 B 的公钥对其加密，然后将加密后的数据交给 B，B 用自己的私钥解密并向 A 展示，如果与 A 提供的随机值相同，则证明对方是 B。

第二种方法属于零知识证明。零知识证明对于保护数据隐私而言是一个非常重要的手段。

(2) 安全多方计算

安全多方计算(MPC)协议作为密码学的一个子领域，也是解决隐私计算的重要方案之一,其允许多个数据所有者在互不信任的情况下进行协同计算,输出计算结果,并保证任何一方均无法得到除应得的计算结果之外的其他任何信息。换句话说,安全多方计算技术可以获取数据使用价值,却不泄露原始数据内容。

安全多方计算理论主要研究参与者之间协同计算及隐私信息保护问题,其特点包括输入隐私性、计算正确性及去中心化等特性。

输入隐私性:安全多方计算研究的是各参与方在协作计算时如何对各方隐私数据进行保护,重点关注各参与方之间的隐私安全性问题,即在安全多方计算过程中必须保证各方私密输入独立,计算时不泄露任何本地数据。

计算正确性:多方计算参与各方就某一约定计算任务,通过约定安全多方计算协议进行协同计算,计算结束后,各方得到正确的数据反馈。

去中心化:传统的分布式计算由中心节点协调各用户的计算进程,收集各用户的输入信息;而在安全多方计算中,各参与方地位平等,不存在任何有特权的参与方或第三方,提供一种去中心化的计算模式。

(3)同态加密

同态加密是基于数学难题的计算复杂性理论的密码学技术,也是解决隐私计算的重要方案之一,同态加密技术比较公认的是可以在云计算环境下,为了保护用户隐私及数据安全,先对数据加密,再把加密后的数据放在云服务端。使用全同态加密,可以在不暴露明文数据的情况下,由数据使用者对密文数据进行计算,而数据拥有者可以解密得到明文结果,该结果同样是对明文数据做此运算得到的结果。同态加密可对区块链上的数据进行加密。

(4)环签名

环签名是一种简化的群签名。环签名中只有环成员,没有管理者,不需要环成员之间的合作,它因为签名由一定的规则组成一个环而得名。在环签名方案中,环中一个成员利用他的私钥和其他成员的公钥进行签名,但不需要征得其他成员的允许,而验证者只知道签名来自这个环,但不知道谁是真正的签名者。环签名解决了对签名者完全匿名的问题。环签名允许一个成员代表一组人进行签名而不泄露签名者的信息。

13.3.3　区块链网络隐私计算方案及应用

隐私计算对于区块链的应用场景拓展、安全性与可靠性、商业化应用等方面具有重要意义,在新技术体系下的新基础设施与分布式商业的应用场景中,隐私计算将为分布式基础设施提供安全、高效、可靠的计算解决方案。一切皆可计算,我们将搭建新一代隐私计算网络为分布式商业经济体系提供全新的运行环境。我们在保护数据主权和隐私的基础上促进数据和价值的转化与升级,并基于区块链建立数据共享市场。

区块链网络隐私计算应用主要包括下列几个步骤:

(1)数据可信记录与认证

数据记录:数据信息、文件材料、图片记录等信息皆可在区块链上记录和存储,并保留在各用户账户地址中,区块链上存储的信息可通过哈希值存证。

数据认证:链上记录的信息可通过其他参与方对数据进行签名确认的方式进一步提高数据可信度。

数据验证:可通过对哈希值的验证匹配,实现对信息篡改的快速识别。

(2)数据安全共享和追溯

区块链的多节点特性可保证多方之间的数据实时共享,并且可按用户、业务、交易对象等不同层次实现数据和账户的隐私保护设置;基于链上数据的记录与认证,可通过智能合约设置,实现按照唯一标识对链上相关数据的关联,构建数据的可追溯性;用户或需求方可通过去中心化应用直接访问区块链上的数据记录,提高数据增信能力。

(3)资产确权与数字化流通

通过区块链组建的联盟链,可连通核心企业、多级供应商、保理公司、银行等相关机构,通过在链上登记、确权、资产数字化操作,将链上资产的发行、流通、拆分、兑付等操作进行实时同步,使各关联方之间的信息更加对称。由技术不可篡改和不可抵赖性建立起的互信机制,可以打通供应链金融中的信任传导通道,将原本不可拆分的金融资产(票据)数字化,提升资产流动性,降低中小企业的融资成本。

(4)数据协同操作

"安全多方计算"是一个新兴的热词,区块链+安全多方计算使原始数据在无须归集与共享的情况下,实现多节点之间的协同计算和数据隐私保护;同时,能够保护数据所有权,解决大数据模式下存在的数据过度采集、数据隐私保护,以及数据储存单点泄露等问题。

(5)数据协同管理

区块链+安全多方计算的运用还可以有效连接政务各部门的数据孤岛,解决共享或归集难题,在数据不做归集、数据存储不发生迁移的情况下,为企业提供数据信息或事务办理的协同操作;解决政务信息共享的"最后一公里"问题,改善企业办事多头跑、重复提交材料的现状。

(6)区块链与存证和溯源

在数据登记环节,基于区块链技术记录产品生产各环节信息,形成数码数据、环节生产数据、流通数据、消费查询数据的全方位信息档案,并且支持扫描设备读取信息后直接加签上链,确保一手信息来源。在信息查询与验证阶段,用户可自主选择联盟节点进行信息查询,数据处理逻辑是通过智能合约维护为用户提供原始数据验证渠道。

(7)区块链与医疗健康

医院的数据基本不会分享给企业,并且监管机构推行分级诊疗——小病小地方看,大病大地方看;另外,存在药品追溯体系不健全,病患医疗信息在医院之间不互通,重复检查,纸质票据、处方不利于保存,有安全风险等问题。

假如把这些数据使用区块链共享起来,会发生什么呢?

①结合物联网技术对药品进行实时追踪监管,辅助质量监管,杜绝假药。

②在确保患者隐私的情况下,实现患者医疗信息"脱敏"及机构之间共享,减少重复检查,提高诊治效率。

③重要票据和处方上链存证,处方不能被篡改。

④可信数据存证及智能合约使医疗保险赔付更准确、便捷。

⑤利用区块链去中心化存储,限制数据的访问权限,以保障就医者的信息、诊断记录、基因数据等医疗信息的安全。

课程思政

本章主要介绍区块链基础知识。区块链包含计算机科学与技术、软件工程、网络空间安全、法学、应用经济学等多个一级学科知识,是学习隐私安全、分布式身份管理、可信的智能合约、互操作性、标准化与规范化的基础。通过在复杂系统课程中介绍区块链技术的应用,能够推进区块链技术和产业创新发展,培养我们的爱国主义情怀和科技自信。此外,通过介绍区块链应用的技术风险,可以帮助我们树立良好的世界观,培养用创新、理性的思维处理问题的能力。最后,通过接触区块链技术等新型产业技术,可以培养我们主动探索前沿科学和技术的能力,使我们具备格物致知精神。

本章小结

本章对区块链网络模型中的复杂系统分析和区块链隐私计算进行了阐述。在区块链网络模型中的复杂系统分析方面,本章结合一个以太坊网络挖矿实例,对以太坊中的网络基本指标和网络结果演化过程及状态进行了阐述,分析了区块链网络模型中网络规模以及连边的增长情况,对以太坊的工作机制和基本原理进行了系统阐述。在区块链隐私计算方面,结合前沿研究与现有资料,对区块链中的隐私、隐私计算、隐私保护等进行了详细说明。本章旨在为区块链及复杂网络爱好者提供一定的学习参考。

思考题

1. 区块链技术产生的背景和当前政策准入有哪些?
2. 区块链技术解决了哪些行业痛点与难点问题?
3. 区块链技术在研究和应用中的重要意义体现在哪里?

参考文献

[1]Ferretti S.,D'Angelo G.. On the ethereum blockchain structure:A complex networks theory perspective[J]. Concurrency and Computation:Practice and Experience,2020,32(12):e5493.

[2]Z. Alhadhrami,S. Alghfeli,M. Alghfeli,J. A. Abedlla,and K. Shuaib. Introducing blockchains for healthcare[R]. 2017 International Conference on Electrical and Computing Technologies and Applications (ICECTA),2017(11):1—4.

[3]A. Anoaica and H. Levard. Quantitative description of internal activity on the ethereum public blockchain[R]. 2018 9th IFIP International Conference on New Technologies,Mobility and Security (NTMS),2018(2):1—5.

[4]A. M. Antonopoulos. Mastering bitcoin:unlocking digital crypto-currencies[M]. O'Reilly Media,Inc. ,2013.

[5]Y. N. Aung and T. Tantidham. Review of ethereum:Smart home case study[R]. 2017 2nd International Conference on Information Technology(INCIT),2017(11):1—4.

[6]A. Baumann,B. Fabian,and M. Lischke. Exploring the bitcoin network[J]. WEBIST,2013(1):369—374.

[7]W. Chan and A. Olmsted. Ethereum transaction graph analysis[R]. 2017 12th International Conference for Internet Technology and Secured Transactions (ICITST),2017(10):498—500.

[8]T. Chen,Y. Zhu,Z. Li,J. Chen,X. Li,X. Luo,X. Lin,and X. Zhange. Understanding ethereum via graph analysis[R]. IEEE INFOCOM 2018— IEEE Conference on Computer Communications,2018(4):1384—1392.

[9]G. D'Angelo and S. Ferretti. Highly intensive data dissemination in complex networks[J]. Journal of Parallel and Distributed Computing,2017(99):28—50.

[10]刘雅辉,张铁赢,靳小龙,程学旗. 大数据时代的个人隐私保护[J]. 计算机研究与发展,2015,52(1):229—247.

[11]李凤华,李晖,贾焰,俞能海,翁健. 隐私计算研究范畴及发展趋势[J]. 通信学报,2016,37(4):1—11.

[12]刘峰,杨杰,李志斌,齐佳音. 区块链舆情存证方案设计及应用挑战[J]. 中国科学基金,2020,34(6):786—793.

[13]刘峰,杨杰,李志斌,齐佳音. 一种基于区块链的泛用型数据隐私保护的安全多方计算协议[J]. 计算机研究与发展,2021,58(2):281—290.

[14]梁伟,张政,冯明,何志强. 基于区块链的可信数据交换技术与应用[J]. 信息通信技术与政策,2020(4):91—96.